KB112290

칼 세이건의 말

Conversations with Carl Sagan
edited by Tom Head

칼 세이건의 말

우주 그리고 그 너머에 관한 인터뷰

칼 세이건

김명남 옮김

마음산책

옮긴이 김명남

카이스트 화학과를 졸업하고 서울대학교 환경대학원에서 환경 정책을 공부했다. 인터넷 서점 알라딘에서 편집팀장을 지냈고 전문 번역가로 활동하고 있다. 제55회 한국출판문화상 번역 부문을 수상했다. 옮긴 책으로 『지구의 속삭임』 『지상 최대의 쇼』 『암흑 물질과 공룡』 『고맙습니다』 『틀리지 않는 법』 『우리는 모두 페미니스트가 되어야 합니다』 『행동』 『우리 본성의 선한 천사』 등이 있다.

칼 세이건의 말

우주 그리고 그 너머에 관한 인터뷰

1판 1쇄 발행 2016년 12월 5일
1판 6쇄 발행 2024년 10월 5일

지은이 | 칼 세이건
엮은이 | 톰 헤드
옮긴이 | 김명남
펴낸이 | 정은숙
펴낸곳 | 마음산책

등록 | 2000년 7월 28일(제2000-000237호)
주소 | (우 04043) 서울시 마포구 잔다리로3안길 20
전화 | 대표 362-1452 편집 362-1451 팩스 | 362-1455
홈페이지 | www.maumsan.com
블로그 | blog.naver.com/maumsanchaek
트위터 | twitter.com/maumsanchaek
페이스북 | facebook.com/maumsan
인스타그램 | instagram.com/maumsanchaek
전자우편 | maum@maumsan.com

ISBN 978-89-6090-285-5 03400

* 책값은 뒤표지에 있습니다.

우리의 지혜와 신중함은

자신의 불완전함을 이해하는 데서 나옵니다.

■ 일러두기

1. 이 책은 『Conversations with Carl Sagan』(2006)을 우리말로 옮긴 것으로 각 인터뷰는 해당 매체 또는 저자가 저작권을 소유한다.
2. 외국 인명·지명·작품명 및 독음은 외래어표기법을 따르되 관용적인 표기와 동떨어진 경우 절충하여 실용적 표기를 따랐다.
3. 서문에 나오는 원주(출전)는 권말에 달았다. 옮긴이 주는 글줄 상단에 맞추어 작게 표기했다.
4. 국내에 번역된 책은 번역된 제목을 따랐고, 아직 번역되지 않은 책은 원어 제목을 독음대로 적거나 필요한 경우 우리말로 옮기고 원어를 병기했다.
5. 영화명, 프로그램명, 곡명, 잡지와 신문 등의 매체명은 〈 〉로, 장편소설과 책 제목은 『 』로, 단편소설과 논문 제목, 기타 편명은 「 」로 묶었다.

서문

톰 헤드 엮은이/작가·시인

"사랑에 빠지면, 세상 사람들에게 알리고 싶은 법입니다." 칼 세이건은 생애 마지막 인터뷰에서 이렇게 말했다.[1] "진 과학과 사랑에 빠졌고, 따라서 사람들에게 과학을 이야기하는 건 세상에서 제일 자연스러운 일로 느껴집니다." 세이건이 이 인터뷰에서 드러낸 과학에 대한 열정은 순전히 전문가로서의 흥미에만 바탕을 둔 것은 아니었다. 그것은 우주에 대한 몹시 개인적이고 진실한 호기심에도, 그리고 그 속의 취약한 인류를 보호해야 한다는 종교적 헌신에 가까운 믿음에도 바탕을 둔 것이었다. 세이건 이전에도 수백 년 동안 과학자들은 지구가 우주의 중심이 아니라고 주장해왔고 실존주의자들은 인간의 생명이 특별히 보호할 자격이 있는 대상은 아니라고 주장해왔지만, 그런 생각은 보통 추상적인 방식으로 표현되는 추상적인 관념에 지나지 않았다. 철학자들과 과학자들은 그런 믿음을 공히 널리 받아들였지만, 이것이 인간과 우주에 대해서 우리가 시각화하고 이해할 수 있는 형태의 명료하고 유의미한 모형으로서 함께 대중에게 소개되진 않았다. 세이건은 바로 이런 두 이미지를 하나로 결합하려고 시도했으며, 그로부터 우주를 묘사하는 독창적인 방법을 알아냈다. 그는 1996년에 잡지 〈인터뷰〉에 이렇게 말했다.

> 우리는 한 평범한 태양 주변을 도는 이름 없는 바위와 금속 덩어리 위에서 살고 있습니다. 그 태양은 4000억 개의 다른 별로 이뤄진 지극히 평범한 은하의 외곽에 놓여 있고, 그 은하는 또 우주를 구성하는 약 1000억 개의 은하 중 하나일 뿐이며, 그 우주는 또 현재의 추측에 따르면 무수히 많은—어쩌면 무한히 많은—다른 폐쇄 우주 중 하나일 뿐입니다. 이런 관점에서 보자면 우리가 중심에 있다는 생각, 우리가 우주에서 조금이라도 중요한 존재라는 생각은 우스꽝스러울 따름입니다.[2]

세이건의 인터뷰들에서는 휴머니즘이 느껴진다. 인류의 잠재력에 대한 확신, 하지만 우리에게 무관심한 우주 속에서 언제라도 쓸려 없어질 수 있는 작디작은 공동체에 불과한 우리의 취약함을 인식함으로써 살짝 누그러진 확신이 느껴진다. 이 사실은 그가 왜 과학에 열정을 느끼는지를 설명하는 한 이유가 되어준다. 과학은 형언할 수 없으리만치 강력하고 신비롭고 맹목적인 자연의 힘으로부터 인류가 스스로를 보호할 수 있는 유일한 수단이기 때문이다. 세이건은 〈U.S.뉴스앤드월드리포트〉의 스티븐 부디안스키에게 이렇게 말했다. "과학자들이 과학을 선호하는 선입견을 갖고 있는 건 아닙니다. 다만 과학은 다른 무엇보다 잘 작동하는 방식이라는 사실이 증명되어왔습니다. 어떤 것이 다른 것보다 더 잘 통한다면 우리는 그걸 선호하기 마련입니다."[3]

하지만 비록 세이건이 무섭도록 거대하고 신비로운 우주의 지대한 위험을 이야기하긴 했어도 그는 또한 그 속에서 경이로움을 찾아냈다. 그는 의혹과 모호함을 잘 견디는 성질을 타고난 듯했고, 우리가 평생 추구할 만한 신비를 담고 있으며 언젠가는 우리에게 이해될지 모를 우주

앞에서 경외감을 느꼈다. 그는 〈인터뷰〉에 "어디서나 똑같은 자연법칙이 적용된다는 사실은 어쩐지 대단히 아름답고 금욕적이고 찬란하고 장엄하게 느껴진다"라고 말했다.[4] 세이건이 느끼는 취약함과 회의주의는 우주의 장엄함에 느끼는 경이로움, 그리고 새로운 천문학적 발견이 나타날 때마다 느끼는 흥분과 늘 긴장 관계를 이루었다. 그는 1981년 인터뷰에서 에드워드 웨이킨에게 이렇게 말했다. "우리가 과학을 들여다보면 그 속에서 정교함, 깊이, 탁월한 아름다움을 발견하게 되는데, 전 그것이 어느 관료주의적 종교가 제공하는 이야기보다 훨씬 더 강력하다고 믿습니다."

칼 세이건은 우주에 대한 이런 호기심과 경이감을 모든 아이가 타고난다고 생각했다. "모든 아이는 타고난 과학자입니다. 하지만 우리가 아이들로부터 그 능력을 빼앗죠." 그는 1996년 〈사이콜로지투데이〉에 말했다. 칼은 다섯 살 꼬마였을 때 1939년 뉴욕만국박람회에 구경하러 가서 놀라운 우주와 그 속에서 펼쳐질 인류의 영감 어린 미래를 보여주는 전시들에 깊은 감명을 받았다. 흥미는 나이가 들수록 더 커지기만 했다. 세이건은 〈하이라이츠포칠드런〉과의 인터뷰에서 "겨울에 일찍 잠자리에 들면 창밖으로 별을 볼 수 있었는데, 별들은 우리 동네의 다른 무엇과도 달라 보였습니다"라고 말했다.[5] 아홉 살 때 그는 별을 더 알고 싶어져서 어머니에게 설명해달라고 했다. 어머니는 새로 만든 도서관 회원증으로 직접 조사해보라고 권했고, 그래서 그는 곧 도서관에서 천문학책을 읽고 앉아 있게 되었다. 어느 날 책을 읽으면서 보냈던 오후란 여느 아이의 인생에서는 쉽게 잊고 말 일이겠지만 세이건에게는 평생의 관심사가 결정되는 순간이었다. 그는 〈하이라이츠포칠드런〉에 이렇게 말했다. "그때 도서관에서 그 책을 읽던 순간, 우주의 방대한 규모가 제

눈앞에 펼쳐졌습니다. 거기에는 뭔가 아름다운 것이 있었습니다."[6]

과학책, 만화, 에드거 라이스 버로스Edgar Rice Burroughs, 1875~1950가 쓴 화성 소설들에 푹 빠진 세이건은 지적 생명과 헤아릴 길 없는 수수께끼가 가득한 흥미진진한 우주를 머리에 그렸다. 그가 훗날 세상에 이름을 알릴 유명 과학자로서의 위상 밑에 깔린 열정이 차츰 꼴을 갖춰가던 건 바로 이때, 인생의 아주 이른 시기였다. 세이건의 위치에 오른 다른 사람이라면 외계 생명에 대한 성인다운 과학적 관심과 유년기의 몽상을 확실히 구분하려고 들 수도 있겠지만, 세이건은 성인으로서의 열정과 유년기의 열정이 많은 면에서 아주 비슷하다고 말하는 데 거리낌이 없었다. 과학에 대한 세이건의 헌신은 아이 같은 경이감에 뿌리를 두고 있었으며, 그는 그런 경이감이 세련되지 못하다고 여기지 않았다. 그는 〈뉴욕타임스〉 기자 보이스 렌스버거에게 1977년에 이렇게 말했다. "아이들의 지성을 과소평가하는 건 위험합니다. 아이들은 꽤 심오한 것도 이해할 줄 압니다."[7]

20여 년이 흐른 1960년 6월, 26세의 칼 세이건은 시카고대학교에서 천문학과 천체물리학 전공으로 박사 학위를 받았다. '행성의 물리적 연구Physical Studies of the Planets'라는 제목의 학위논문은 외계 생명의 가능성과 그것이 존재할 수 있는 조건을 추론한 내용이었다. 이미 결혼을 하고 아들을 낳아 기르면서도, 교육을 받은 과학자 칼 세이건은 호기심 많은 아이 칼 세이건과 똑같은 관심사를 많이 공유했다. 그러나 한편으로는 그동안 천문학과 과학적 기법을 공부해온 덕분에 적잖은 수준의 회의주의적 태도도 갖추고 있었다. 그가 공적인 경력에서 대부분의 기간에 성공적인 과학 옹호자가 될 수 있었던 것은 바로 이런 경이감과 회의주의의 긴장 덕분이었다. 그는 과학자가 아닌 사람들의 마음을 끌기 위해서

아들 니컬러스와 함께

는 경이감을 전달해야 했지만, 자신이 소개하는 과학에 충실하기 위해서는 회의주의자가 되어야 했다. 이 점에서 그는 과학이 제기하는 문제가 한 인간에게 반영된 존재라고도 할 수 있었다. 세이건에 따르면, 효과적인 과학은 늘 잠정적이어야 하지만 그것도 어느 지점까지만 그렇다. 어느 시점이 되면 결국 하나의 생각에 헌신해야 하는 때가 온다. 그는 웨이킨에게 "우리가 생존하려면 창조성과 의심을 적절히 섞어서 갖고 있어야 합니다"라고 말했다.

세이건은 외계 생명의 가능성을 열정적으로 지지하면서도 외계인이 지구를 방문했다는 가설은 대단히 가능성 낮은 일로 여겼다. 그는 〈인터뷰〉에서 UFO가 외계 우주선이라는 생각을 지지하는 증거는 "박약하다"라며, "과학계를 설득하기는 고사하고 법정을 설득하는 데도 한참 부족한 수준"이라고 말했다.[8] 외계인에게 납치되었다는 주장들은(1994년 앤 칼로시와의 인터뷰에서 세이건이 "땅딸막하고, 뚱하고, 부루퉁하고, 섹스에 집착하는 존재" 같다고 묘사했던 외계인을 직접 만났다고 주장하는 이야기들은) 그보다 더 의심스럽다고 보았다. 1970년대 초반이면 세이건은 자신의 페르소나에서 추론적인 측면과 회의적인 측면을 양쪽 모두 확실히 구축한 터였다.

이 시기에 세이건은 서서히 그리고 거의 우연히 유명 인사가 되었다. 그는 여느 과학자들과는 달리 거침이 없었고 카리스마가 있었으며 직설적이었고 단정적이었다. 과학의 한 흥미로운 분야(우주생물학)에 대해서 거리낌 없이 말했으며, 대중의 관심을 꺼리지 않았다. 〈타임〉이 화성에 생명이 존재할 가능성에 관한 기사를 실었을 때 기사 내내 세이건의 말을 인용했던 것은 그저 그가 같은 기사에 소개된 다른 어떤 과학자들보다도 흥미진진한 말을 들려준 때문이었다. 1973년에 우주생물학을 주제로 한 책 『우주적 연결The Cosmic Connection: An Extraterrestrial Perspective』을 출간했을 때 그는 황금 시간대에 출연할 준비가 되어 있었다. 적어도 심야 시간대에 출연할 준비가 되어 있었다. 그는 조니 카슨이 진행하는 〈투나잇 쇼〉와 여러 차례 인터뷰를 했고 특집에도 출연했다.(열정적이고 매혹적인 30분짜리 속성 천문학 강의를 들려준 적도 있었다.) 그 덕분에 책은 50만 권이 넘게 팔렸고, 세이건은 불과 몇 주 만에 미국에서 제일 유명한 과학자가 되었다. 그는 그 성공을 〈롤링스톤〉과의 긴 인터뷰로 이어갔다. 이 인터뷰는 보통은 천문학자와의 긴 인터뷰에 관심이 없는 독자들도 매료했다. 세이건은 과학을 좀 더 인기 있는 것으로 만들었고, 그 과정에서 남은 평생 그의 정체성이 될 공인으로서의 역할을 수립했다. 세이건의 전기를 쓴 윌리엄 파운드스톤은 이렇게 말했다.

> 이것은 과학과 청년 문화를 조화시키려던 그의 이전 시도에서 자연스럽게 자라 나온 결과였다. 많은 사람이 과학을 미심쩍은 것으로 여기던 시절에 이 인터뷰는 세이건에게 사회적 의식이 있는 우상파괴적 과학자라는 평판을 다져주었다. (…) 〈롤링스톤〉에는 보통 과학자가 소개되지 않지만, 페리스(인터뷰어 티머시 페리스)는 정확하게도 세이건이라면 멋진 인터뷰이가 되리란 걸 감지했다.[9]

NASA가 1977년에 심우주 탐사선 보이저호Voyager를 설계할 때, 그들은 세이건에게 어쩌면 수십 년, 수백 년, 수백만 년 뒤에 우주선을 마주칠지 모를 외계인을 위한 타임캡슐 '골든 디스크'의 내용을 결정할 위원회를 이끌어달라고 부탁했다. 그 디스크에는 우리은하 속 우리 태양의 위치가 (확인하기 쉬운 여러 펄서들에 대한 상대 위치로) 기록되었을 뿐 아니라 청각 자료와 시각 자료도 담겼다. 90분 분량의 음악이 담겼고(바흐에서 일본 피리 연주까지 다양했다), 지구의 역사와 지리, 생물학과 진화 과정, 인간의 생애에서 여러 측면을 묘사한 100여 장의 사진도 담겼다.

하지만 사람들이 세이건 하면 맨 먼저 떠올리는 것은 뭐니 뭐니 해도 1980년에 PBS에서 방영되었던 열네 시간 분량의 다큐멘터리 시리즈 〈코스모스〉다. 세이건은 그 미니시리즈와 짝이 되는 책을 만드는 데 꼬박 2년을 바쳤다. 대규모 제작진이 주어져 있었고 820만 달러의 예산도 있었지만, 그래도 세이건은 그 프로젝트에 관해서 조사하고 촬영하느라 여유 시간이 거의 없었다. 사적으로도 스트레스가 심한 시기였다. 그는 두 번째 아내와 이혼을 협상하고 있었고, 아버지는 폐암으로 죽어가고 있었다.

인터뷰를 거의 하지 않았던 1979년의 보기 드문 인터뷰에서, 〈사이언스다이제스트〉의 데니스 메러디스와 나눈 대화였는데, 세이건은 시리즈의 목표를 이렇게 요약했다. "시각적으로 무척 자극적이어서, 그런 개념에 흥미가 없는 사람이라도 특수 효과 때문에라도 볼 시리즈였으면 좋겠습니다. 그리고 조금이라도 생각을 해볼 마음이 있는 사람은 정말로 자극을 받는 시리즈였으면 좋겠습니다." 1980년 9월에 첫 방송이 나간 〈코스모스〉는 금세 PBS 역사상 최고 시청률을 올렸고, 함께 나온 책은 〈뉴욕타임스〉 베스트셀러 목록에 70주 동안 올랐다. 세이건의 터틀넥 스웨터와 갈색 코듀로이 재킷, 실존주의적 음악을 깔고서 그 위에 녹음된 그의 감미로운 목소리, 초현실적인 천문학적 풍경을 광활하게 담아낸 카메라 숏은 이후 평생 세이건 하면 떠오르는 이미지가 되었다.

조니 카슨은 "수십억의 수십억"이라는 문구를 폭죽 터지듯 발음하면서 시리즈를 패러디했다.(사실 〈코스모스〉에는 이 표현이 한 번도 안 나온다.) 그런데 시리즈가 일반적으로 인기 있었는데도 불구하고 몇몇 비평가들은 세이건이 지나치게 오만해 보인다고 느꼈다. 세이건 입장에서는 이것을 주로 희한한 영상 탓으로 돌렸다. 미니시리즈에는 거대한 민들레 씨앗 모양의 "상상의 우주선"이 은유적 장치로 등장했는데, 세이건은 그 장치가 조금 감상적이라고 느꼈다. 그리고 그것이—1985년 〈뉴욕타임스〉 인터뷰에서 그가 "경외감에 휩싸인 듯한 내 모습을 끝도 없이 클로즈업한 화면"[10]이라고 표현했던 반응 숏과 더불어—자신이 스스로의 지성과 사랑에 빠진 사람이라는 인상을 준 데 큰 책임이 있다고 여겼다. 세이건은 제작의 그런 측면을 반기지 않았지만, 최종 결정권은 그에게 있지 않았다. 촬영은 예산을 넘길 위기였고 반응 숏은 원래 제작 팀이 사용하려 했던 추가의 특수 효과보다 훨씬 더 싸게 빈틈을 메울 수 있는 방법이었다.

하지만 오만하다는 비판은 〈코스모스〉에만 국한되지 않았다. 세이건은 책에서나 미니시리즈에서나 조직화한 종교들의 형이상학적 교리에 경의를 표하지 않았으며, 가끔은 노골적으로 그것을 공격하기도 했다. 1981년에 '신과 칼 세이건이 한 우주에?'라는 제목으로 〈U.S.가톨릭〉의 에드워드 웨이킨과 가진 인터뷰에서 세이건은 회유적인 방식으로 자신의 입장을 설명하려고 노력하되 한 치도 물러서지 않았다.

> 종교는 과학에 과학이라는 사업의 사회적 토대에 대해서, 과학의 목표에 대해서, 우리가 과학을 할 때 늘 염두에 두어야 할 인간적 가치에 대해서 말해줄 수 있을 겁니다. (…) 과학도 종교에 해줄 말이 꽤 있을 것 같은데, 주로 증거의 속성에 관한 이야기일 것입니다. (…) 종교의 권위주의적 측면은 우리의 생존에 진지한 위험

이 될 거라는 걱정이 듭니다.

그 자신으로 말하자면, 세이건은 어떤 조직화한 종교적 전통에도 속하지 않았다. 그는 〈U.S.가톨릭〉에 이렇게 말했다. "신의 존재를 확신하는 것과 신의 부재를 확신하는 것은, 의혹과 불확실성이 가득하기 때문에 좀처럼 자신만만하기 어려운 이 주제에서, 둘 다 지나치게 자신만만한 양극단으로 보입니다." 1996년의 어느 인터뷰에서 종교적 신념이 무엇이냐는 질문을 받았을 때 세이건은 또렷하게 대답했다. "저는 불가지론자입니다."[11] 그러나 그는 자신의 불가지론을 그다지 대수롭지 않게 여겼다. 유신론이니 불가지론이니 무신론이니 하는 용어는 전부 거의 무의미하다고 여겼기 때문이다. NPR의 〈프레시에어Fresh Air〉 진행자 테리 그로스에게는 이렇게 말했다. "누군가에게 '신을 믿습니까?'라고 물어서 '그렇다' 혹은 '아니다' 하는 대답을 듣는 것만으로는 그 사람의 신앙에 대해서 아무것도 알아낼 수 없습니다. 무수히 많은 종류의 신 가운데 당신이 염두에 두는 게 어떤 신인지를 밝혀야만 합니다."[12] 그는 또 오만한 과학자가 겸손한 종교 지도자를 공격한다고 보는 고정관념에 이의를 제기했다. 그는 웨이킨에게 이렇게 말했다. "과학은 겸손합니다. 과학은 자신의 견해를 우주에 강요하지 않습니다." 1996년 2월에 오랜 친구 린다 옵스트Lynda Obst, 1950~와 인터뷰할 때 세이건은 우주의 속성에는 기이할 정도의 우아함이 있는 것 같다고 말하면서 전통적 신을 믿는 사람들에게 일말의 공감을 드러냈다.

> (우아함은) 자연법칙이 어떻게 구성되어 있는가 하는 질문에 직접적으로 연관되어 있습니다. 그 답은 아무도 모릅니다. 아무도!

제가 볼 때는, 대단히 우아한 어떤 창조주가 그런 법칙을 만들었다는 가설도 완벽하게 타당한 것 같습니다. 하지만 우리가 그 논리를 계속 이어간다면, 그다음에 따라올 게 뻔한 질문들까지 물을 용기를 내야만 합니다. 그 창조주는 어디에서 왔을까요? 그의 우아함은 어디에서 왔을까요? 그리고 만일 그것은 늘 존재했던 거라고 대답한다면 왜 자연법칙도 그처럼 늘 존재했다고 말함으로써 중간 단계를 하나 생략하는 건 안 됩니까?[13]

세이건은 말년에 사회운동에 가담하여 환경보호와 핵 감축을 주장했다. 이때 그는 천문학자로서 최초로 수행했던 연구를 활용했는데, 금성의 뜨거운 표면 온도는 온실효과 탓일 수 있다는—당시에는 급진적이었지만 현재는 널리 사실로 인정되는—가설을 주장한 연구였다. "라디오 토크쇼 진행자들이 제대로 된 정보도 모르면서 정치적 동기에서 온실효과는 거짓말이라고 말할 때, 우리는 진짜 온실효과가 뭔지 알려면 금성을 보라고 말해줘야 합니다. 금성은 아주 훌륭한 현실 검증 자료죠." 그는 〈인터뷰〉에 이렇게 말했다.[14] 세이건은 그것을 강력한 이미지로 여겼고, 정치가 환경문제에 무관심한 데 대해서 좌절했다. "다른 나라의 우두머리를 악마화하는 것은, 특히 그 나라가 우리와 다른 문화일 때는 훨씬 더 쉬운 일입니다." 그는 1992년 UN 지구정상회의에서 인터뷰어 폰치타 피어스에게 이렇게 말했다. "눈에 보이지 않는 기체에 대한 대중적 관심을 일으키는 것이 훨씬 더 어렵습니다." 세이건의 핵 감축 찬성 논리는 어떤 면에서 환경보호 주장보다 영향력이 더 컸다. 그는 1983년에 〈사이언스〉에 실은 논문으로 핵겨울이라는 용어와 개념을 대중화했던 다섯 과학자 중 한 명이었다. 온 세상이 거대한 재 구름에 뒤

덮여서 살기 힘든 곳이 되리라는 무서운 상상은 사람들에게 널리 반향을 일으켰다. 두 대의는 모두 조화와 세계 평화를 추구하는 세이건의 더 큰 철학에 통합된 요소였으며 또한—그의 많은 발상이 그렇듯이—인류의 취약성에 바탕을 둔 생각이었다.

세이건의 관심을 끈 대의는 그 밖에도 있었다. 그는 1980년대와 1990년대 내내 과학 지원금을, 특히 천문학 지원금을 늘리자고 주장했다. "우리는 사람들을 깡통에 담아 200마일약 320킬로미터 상공으로 쏘아 올린 뒤, 그곳에서 영원도롱뇽목의 동물들이 잘 번식하니 마니 하는 내용을 보고하고는 그럼 이만, 하고 내려옵니다. NASA는 그걸 탐사의 최전선이라고 부릅니다. 하지만 뉴욕에서 보스턴까지도 200마일은 넘습니다." 세이건은 1996년 인터뷰에서 이렇게 불평했다. "진짜 탐사를 하자고요."[15] 그는 또 과학교육의 현 상태를 걱정했다. "과학 교사가 과학적 발견을 우리가 그 정보를 얻어낸 기법에 관해서는 전혀 설명하지 않은 채 꼭 시나이 산에서 받은 계율처럼 고스란히 건네기만 하는 경우가 많습니다."[16] 이런 상황은 어느 나라에서든 문제가 되겠지만, 그는 이것이 산업화한 민주주의국가에서는 특히 심각한 문제일 것이라고 느꼈다. 그는 1995년에 앤 칼로시에게 이렇게 말했다. "우리는 과학기술에 절대적으로 의존하는 사회에서 살고 있습니다. 그러면서도 거의 아무도 과학기술을 이해하지 못하도록 만드는 사회를 교묘하게 구축해두었습니다. 이것은 재앙으로 가는 확실한 처방입니다."[17] 세이건은 이른바 과학 문해력이 과학기술을 이해하는 데만 유용한 게 아니라 열린 사회에서 꼭 필요한 비판적 사고 기술을 함양하는 데도 유용하다고 주장했다. 그는 〈U.S.뉴스앤드월드리포트〉에 이렇게 말했다. "민주주의와 과학은 회의주의적 태도를 공유합니다. 권위자의 말에 부족한 데가 있음을 깨닫는 감각, 자신이 제기하는 주장의 타당성을 회의주의자들에게 증명해 보여야 한다는 감각 말입니다."[18]

세이건은 두 가지 걱정을 『창백한 푸른 점』에서 하나로 합하여 보여주었다. 책의 제목은 1990년에 보이저호가 태양계 가장자리에서 찍은 사진, 즉 지구가 작디작아서 거의 눈에 띄지 않는 푸른 점으로만 드러난 사진에서 딴 것이었다. 책은 세이건의 지구적 윤리와 도덕적 전망의 총정리였다. 그가 인류의 운명에 대해서 해왔던 모든 이야기가 그 책에 담겼다. 그는 책에서 지구가 지극히 취약하다고 주장했다. 우리에게 의미 있는 모든 것이 무모한 인류나 무심한 우주 때문에 언제든 말살될 수 있다고 말했다. 그는 보이저호 사진을 언급하며 이렇게 말했다.

> 다시 이 빛나는 점을 보라. 그것은 바로 여기다. 우리 집이다. 우리 자신이다. 우리가 사랑하는 모든 사람, 우리가 아는 모든 사람, 우리가 이름을 들어본 모든 사람, 지금껏 존재했던 모든 사람이 바로 그 위에서 저마다의 삶을 살아갔다. (…) 이 점의 한 부분을 잠깐이나마 다스리는 득의양양한 지배자가 되기 위해서 그 많은 장군들과 황제들이 흘리게 만들었던 유혈의 강을 생각해보라. (…) 우리 행성은 거대한 우주의 어둠에 둘러싸인 외로운 티끌 하나에 불과하다. 이 어둠 속에서, 이 광막한 공간 속에서, 우리 자신으로부터 우리를 구원해줄 도움의 손길이 외부로부터 뻗어 올 징조는 전혀 없다. (…) 천문학은 곧잘 겸손과 인격 수양의 학문이라고 일컬어졌다. 우리의 작은 세상을 멀리서 찍은 이 사진만큼 인간이 가진 자부심의 어리석음을 잘 알려주는 건 없을 것이다.[19]

핵무기, 화학무기, 생물무기와 환경 파괴가 위협을 가하는 형편이니, 세이건은 인류가 평화롭게 협동하는 방법을 익히지 못한다면 지구에 장기적 희망은 거의 없다고 보았다. "어떤 사람들은 지구적 해법이라는 발상을 좋아하지 않을지도 모릅니다." 그는 1985년 인터뷰에서 인정했다. "하지만 다른 출구가 없습니다. 우리의 기술은 지구적 해법만이 통할 수준에 이르러 있습니다."[20] 마찬가지로 그는 적대적인 우주가 이따금 우리에게 가하는 위협에도 주목했다. 1995년 3월에 목성을 때렸던 슈메이커-레비 혜성과 비슷한 크기의 혜성이라면 거의 틀림없이 지구 생명 대부분을 몰살할 테고 어쩌면 인류를 아예 끝장낼지도 모른다. 세이건은 우리가 국제 협력, 핵 감축, 환경보호, 과학 지원금의 상당한 증대를 통해서 그런 위협을 해결할 수 있다고 믿었다. 그는 인류가 직면한 과제가 아주 심각하다고 생각했지만, 그래도 인류가 전반적으로는 발전하고 있으며 계속 그렇게 해나간다면 장기적 생존 가망이 충분하다고 믿었다. 그는 1985년에 〈U.S.뉴스앤드월드리포트〉에 이렇게 말했다.

> 보통 사람이 자신을 동일시하는 집단의 규모만 살펴봐도 장기적 경향성이 뚜렷하다는 걸 알 수 있습니다. 10만 년 전에는 사람들이 자신을 수렵 채집인 집단과 동일시했죠. 아마 100명쯤 되었을 겁니다. 오늘날 전형적인 소속감의 대상은 1000만 명, 심지어 1억 명쯤 되는 집단이죠.[21]

세이건은 이렇게 인류의 미래 생존을 위한 주장을 펼쳤지만 그동안 그 자신의 생존은 새로운 위협에 직면했다. 1994년 12월, 그는 골수형성이상을 진단받았다. 골수형성이상은 결함이 생긴 줄기세포가 빠르게 퍼지는 바람에 적혈구가 부족하게 생성되는 희귀한 골수 질병이다. 그는 1995년 4월에 세 차례에 걸쳐 여동생으로부터 골수를 이식받았고, 이후 1년 넘게 차도가 있는 듯했다.

이 시기에 세이건은 일에 많은 시간을 들였다. 그는 『창백한 푸른 점』에서 주장한 지구 윤리를 선전하기 위해서 건강이 허락하는 한 최대한 많은 학회·인터뷰·심포지엄에 참가했고, 여러 편의 새 과학 논문을 공동으로 썼고, 1985년에 썼던 소설 『콘택트』를 원작으로 삼은 개봉 예정 영화의 제작을 거들었고, 코넬대학교에서 강의를 재개하기로 일정을 잡았으며, 『악령이 출몰하는 세상』이라는 새 책을 마무리했다. 『악령이 출몰하는 세상』은 과학적 기법을 지지하는 세이건의 선언문으로, 여기서 그는 독자들이 뭔가 의심스러운 주장을 평가할 때 쓸 수 있는 단계별 추론 지침, 이른바 "헛소리 감지 도구"를 제공했다. 책에서 세이건은 이성을 캄캄한 세상을 밝히는 촛불에 비유했던 계몽주의의 은유를 되살렸다. 이성은 개개인이 자유롭게 사고하고 스스로의 운명을 통제하도록 힘을 부여해주는 도구라고 주장했다.

세이건에게 점성술, 수정 요법Crystal Therapy, 외계인 납치 같은 사이비 과학적 개념들은 궁극적으로 권위에의 따분한 호소에 지나지 않았다. 그는 우리가 물 샐 틈 없는 추론으로 흐리멍덩한 사고를 물리침으로써 과학적 태도를 함양할 수 있다고 주장했으며, 그럼으로써 인류가 새로운 발상을 받아들이고 중요한 직면 과제들을 풀어낼 가능성도 높일 수 있다고 주장했다. 몇몇 비판자들이 과학적 기법 또한 새로운 발상을 저지하곤 한다고 반론했지만, 세이건은 그런 생각에 코웃음을 쳤다. 그는 PBS 방송의 다큐멘터리 〈노바Nova〉에서 이렇게 말했다. "과학자들이 처음부터 선입견을 갖고 있다고는 생각하지 않습니다. 선입견은 말 그대로 사전에 판단하는 것입니다. 과학자들은 사후에 판단합니다. 증거를 살펴본 뒤에야 비로소 더 이상 일고할 가치가 없다고 결정합니다."[22]

영화 〈콘택트〉는 주인공인 과학자 엘리 애로웨이 역을 조디 포스터가 맡아서 한창 제작되는 중이었다. 영화는 소설과 마찬가지로 지구와 외계 지적 생명과의 첫 접촉, 그리고 그 접촉이 인류에 가져올 충격에 대한 이야기다. "(만일) 우리가 메시지를 받는다면, 그것은 분명 우리보다 훨씬 더 똑똑한 존재에게서 온 메시지일 것입니다. 우리보다 멍청한 존재라면 메시지를 보낼 줄 모를 테니까요. 우리도 불과 얼마 전에야 전파를 발명하지 않았습니까." 세이건은 1994년에 아이라 플래토에게 이렇게 말했다. "그것은 곧 인간 지식의 모든 분야가 재고의 대상이 된다는 뜻일 것입니다. (…) 우리가 천문학의 기본에서 틀린 게 있었을까? 수학의 어느 대목에서 실수한 게 있었을까? 사람들이 아주 초조해할 모습이 눈에 선하죠. 그래도 그런 지식에 접촉한다는 것은 처음 학교에 들어가는 것과 같을 겁니다." 1997년에 개봉한 〈콘택트〉는 비평가들의 찬사를 받았고, 세계적으로 1억 7100만 달러를 벌어들였다. 하지만 세이건은 살아서 개봉을 보지 못했다.

1996년 12월이 되자 골수형성이상과 골수이식수술이 끼친 피해가 깊어졌다. 세이건은 죽음에 임해서도 인간의 취약성에 대해서 철저하게 솔직했다. 아이들이 병실을 방문할 때면 활기가 살아났으나, 그는 자신의 생존 확률을 잘 알았다. "당신은 내가 죽는 걸 지켜보고 있는 거야." 세이건은 아내이자 동료인 앤 드루얀에게만 살짝 말했다. "난 죽을 거야." "아니야." 드루얀은 그에게 말했다. "당신은 이겨낼 거야. 예전에 희망이 없어 보였을 때도 그랬던 것처럼." 그는 이렇게 대답했다. "글쎄, 이 문제에서는 누가 옳은지 두고 보자고."[23] 1996년 12월 20일 자정에 가까운 시각, 그는 폐렴으로 숨을 거뒀다.

세이건이 62세라는 비교적 이른 나이에 죽었다는 사실은 그의 팬들과 동료들을 충격에 빠뜨렸다. 그는 강의에서 은퇴하지도 않은 터였고, 사망 직후 많은 연구 논문이 유고로 발표되었다. 하지만 그는 인간의 취약성을 깨달은 것과 똑같은 시각에서, 자신이 삶에서 이룬 것을 해낼 기회가 있는 시기를 살았다는 건 행운이라고 느꼈다. 일찍이 1973년에도 그는 자신이 매리너Mariner 화성 탐사를 비롯한 여러 행성 탐사 프로젝트에 참가할 수 있었던 건 행운이었다고 말했다. 그는 『우주적 연결』에서 이렇게 말했다.

> 만일 내가 50년만 더 일찍 태어났다면 이런 활동을 하나도 할 수 없었을 것이다. 그때는 이런 것이 모두 상상에 가까운 추론에 지나지 않았다. 만일 내가 50년만 더 늦게 태어났다면 아마도 (외계 생명 수색) 작업을 제외하고는 역시 이런 활동을 전혀 할 수 없었을 것이다. (…) 인류 역사에서 이런 모험이 실시되는 바로 그 순간에 살고 있는 나는 엄청난 행운아다.[24]

세이건의 인생에는 별난 추신이 여럿 따라붙었다. 그중 공적인 측면에서 가장 의미 있는 추신은 그가 죽을 때 작업하고 있던 책이다. 생전에 그는 조니 카슨이 웃기게 패러디한 "수십억의 수십억"이라는 표현을 말한 사람으로 20년 가까이 알려져 있었는데, 사실 그는 그 말을 쓴 적이 한 번도 없었고, 곧 그 말에 몹시 짜증을 내게 되었다. 그랬던 세이건이 1997년에 출간될 새 책을 작업할 때 붙였던 가제가 '수십억의 수십억'이었다. 그는 삶의 마지막에 다다라서 제 공적 페르소나의 진지한 측면뿐 아니라 덜 진지한 측면과도 화해했던 것이다.

세이건이 처음으로 했던 인터뷰는 1966년의 것으로, 테이프에 녹음된 여섯 시간 분량의 그 미발표 대화는 현재 미국물리단체연합회American Institute of Physics, AIP에 보관되어 있다. 세이건이 이후에 한 여러 인터뷰는 상징적인 것이 되었다. 가령 1973년 〈롤링스톤〉 인터뷰에 대해서, 전기 작가들은 그것이 세이건을 유명 인사로 탈바꿈하는 데 중요한 역할을 한 인터뷰라고 언급하곤 한다. 이 책에 수록된 열여섯 편의 인터뷰는 1973년에서 1996년까지 23년의 세월을 아우르며 시간순으로 배열되어 있다. 인터뷰들은 원래 공개되었던 모습 그대로 실렸고 이렇다 할 편집은 가하지 않았다. 대부분은 세이건이 인터뷰 시점에 하고 있던 작업에 관한 내용이지만, 몇몇은 환경보호, 종교, 외계 생명의 가능성처럼 좀 더 구체적인 주제에 초점을 맞춘 내용이다.

이 책은 협동이라는 단어의 모든 의미에서 협동의 산물이다. 이 책은 내 글이 아니라 칼 세이건의 글을 모은 것이므로, 나는 그저 이 인터뷰 모음이 그가 살았던 삶을, 그가 남긴 업적을, 그가 긍정했던 인간적 가치들을 제대로 보여주기만을 바랄 뿐이다. 이런 책은 학자다운 객관적 태도로 접근해야 하는 법이지만 나는 연구자이면서 또한 팬으로서 이 책을 엮었다. 세이건의 공적 경력은 워낙 방대한 것이었기에, 나 또한 지적으로 성장하는 과정에서 많은 부분 그의 작업으로부터 크나큰 영향을 받았다.

차례

우리 몸을 이루는 물질은

원래 별의 중심에서 만들어졌습니다.

우리는 별의 물질로 이뤄진 존재들입니다.

아주 미미한 지구

요즘처럼 도발적이지만 비합리적인 헛소리가 횡행하는 시절, 도발적이지만 합리적인 소리를 좀 들어보는 것도 좋을 것이다. 칼 세이건이 뛰어난 천문학자이면서도 설명을 쉽게 해내는 재주가 있다는 평을 듣게 된 건 소련 천문학자 이오시프 시클롭스키Iosif S. Shklovsky, 1916~1985와 함께 쓴 책 『우주의 지적 생명Intelligent Life in the Universe』이 출간된 1965년 무렵부터였다. 비록 베스트셀러는 되지 못했지만 『우주의 지적 생명』은 지금까지 나온 대중 과학책 중에서도 가장 흥미진진한 책으로 손꼽혔다.

세이건은 매리너 프로젝트에 참여했던 여세를 몰아(카메라를 여러 대 장착한 위성을 화성 궤도에 안착시키는 프로젝트였다) 다섯 권의 책을 더 쓰거나 글을 보탰으며, 그 책들은 모두 올해 출간될 예정이다. 대부분 세이건의 전공인 우주생물학, 즉 지구 밖에 존재하는 생명을 다루는 신생 과

이 인터뷰는 1973년 6월 7일 자 〈롤링스톤〉에 수록되었다. 인터뷰어 티머시 페리스(Timothy Ferris, 1944~)는 미국의 저명한 과학 저술가로 『자유의 과학The Science of Liberty』 『우리은하에서의 성년Coming of Age in the Milky Way』 등을 냈으며 〈롤링스톤〉의 편집자로 일하기도 했다. 그는 칼 세이건과 보이저 골든 레코드 제작을 함께했으며 『지구의 속삭임』의 공저자이기도 하다.

학 분야에 중점을 둔 내용이다.

천문학, 물리학, 생물학, 유전학을 공부한 세이건은 아내와 세 아이와 함께 뉴욕 주 이타카에 살며 코넬대학교에서 행성학실험실을 운영하고 있다. 눈이 날리는 어느 1월 오전, 우리는 그 실험실에서 마주 앉아 이야기를 나눴다.

페리스 언론에서 화성 탐사를 보도해온 방식에 대해 묻고 싶습니다. 초기 매리너 탐사선들이 화성을 지나쳤을 때 쏟아진 수많은 사설과 기사를 보면서 어떤 생각이 들었나요? 기사들은 다들 그 행성을…….

세이건 죽은 행성.

페리스 ……'죽은 행성'이라고 불렀죠. "화성에는 생명이 존재하지 않는다는 사실이 밝혀졌다" 어쩌고저쩌고하는 식으로. 그리고 제일 최근의 매리너 프로젝트에 대해서는—다른 행성의 기후를 관찰할 특별한 기회를 제공했는데도 불구하고—많은 사람이 실망스럽다고 평가했습니다. 처음에 먼지 때문에 화성 표면이 가려져서 안 보였다는 이유 때문에 말입니다. 사람들의 의식을 확장시키는 좋은 기회가 될 사건을 언론이 오히려 거꾸로 활용하고 있다는 게 실망스럽지 않습니까?

세이건 네, 실망스럽습니다. 하지만 전 정확히 이런 일이 벌어지리란 걸 예전부터 예상해왔습니다. 그리고 '죽은 행성'에 대한 초기 보도들은 꽤 흥미로운 데가 있었습니다. 그들이 썼던 논리는 다른 분야에서라면 누구도 쓰지 않을 법한 논리였죠.
예를 들어 매리너 4호는 1965년 바스티유의 날프랑스혁명 기념일인 7월 14일을 말한다에 화성을 근접 비행하면서 1킬로미터 해상도의 상세한 사진을 20장 찍었습니다. 그런데 만일 우리가 지구의 사진을 1킬로미터 해상도로 20장 찍는다면, 거기에서 생명을 발견할 가능성은 전혀 없을 겁니다. 만약에 몸길이가 1킬로미터인 코끼리들이 서로 바싹 붙은 채 온 지구를 뒤덮고 있더라도 우리는 그들의 존재를 알아차리지 못할 겁니다. 그런데도 사람들은 "글쎄, 저 행성에서 살아 있는 건 아무것도 안 보이니까, 아마 죽은 행성인가 봐" 하고 말합니다. 얼마나 형편없는 논리인가요. 어떻게 다들 그런 논리를 쓸 수 있죠?
〈뉴욕타임스〉는 1965년에 '죽은 행성'이라는 제목으로 사설을 실어, 우주선에 탑재된 자기계가—아시겠지만 자기장을 측정하는 기계입니다—자기장을 전혀 감지하지 못했으니 화성은 지질학적으로 죽은 행성이 틀림없다고 말했습니다. 그런데 지금 우리가 얻은 사진들을 보면 화성은 지질학적으로 죽은 행성이 아니죠. 그런데도 그때 사람들은 지질학적으로 죽은 행성은 그냥 죽은 행성이니까 거기에는 생명이 없다고 결론 내렸습니다. 화성은 생명이 없는 행성이라고요.

페리스 심지어 그런 결론을 내리지 못해 안달하는 것처럼 보이기까지 했습니다.

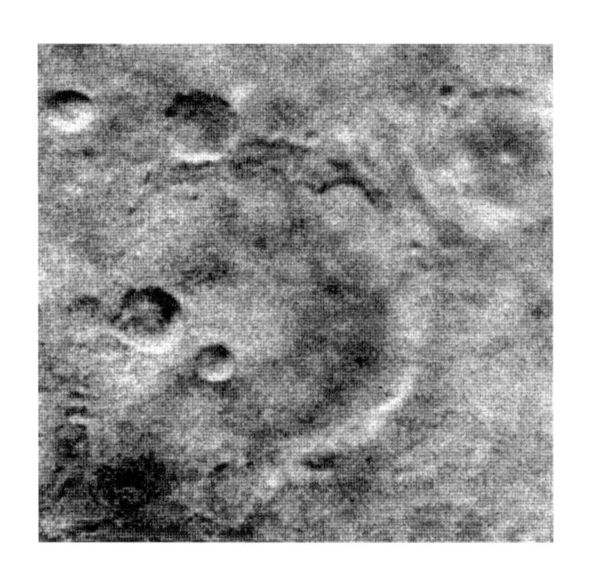

1965년 7월 매리너 4호가 보내온 화성 사진으로 약 1만 2000킬로미터 상공에서 찍은 것이며, 지름 151킬로미터에 달하는 크레이터가 보인다

세이건 전 이 문제에 대한 사람들의 사고방식을 예리하게 포착한 통찰을 린든 존슨 대통령이 제공했다고 봅니다. 존슨은, 이건 거의 정확하게 인용하는 건데, 이렇게 말했습니다. "1938년에 오슨 웰스가 라디오로 방송했던 화성 침공 이야기에 기겁했던 미국인 중 한 명으로서 말하건대, 화성에 생명이 없다는 말을 들으니 기쁩니다." 린든 존슨이 다른 문제들에서는 그렇지 않았던 것 같지만 이 문제에서만큼은 많은 미국인의 생각을 잘 대변했던 것 같습니다.

설령 단순한 형태의 생물일지라도, 다른 곳에도 생명이 있을지 모른다는 생각에 몇몇 사람들이 심란하게 느끼는 건 사실입니다. 그리고 다른 곳에 우리보다 더 발달한 문명이 있을지 모른다는 생각에는 제법 많은 사람이 불안을 느끼죠. 저는 심리학자는 아니지만 이 주제에 대해서 많은 사람과 이야기를 나눠본 경험으로 판단하자면, "우주에서 우리의 위치에 대한 개념을 깔끔하게 놔두자"라는 식의 분위기가 있는 것 같아요. 만일 우주에 다른 생명이 무수히 많고 우리는 그저 그중 한 종류에 지나지 않는다면, 더군다나 그들 중 일부는 우리보다 훨씬 더 발달했을 것이라고 상상한다면 우리의 위치에 대한 개념은 몹시 복잡해집니다. 그건 우리 정신을 제대로 넓혀주는 경험이겠지만 세상에는 정신을 넓히는 데 별로 관심이 없는 사람들도 있죠.

이것은 종교적 편견과도 충돌하는 문제라고 봅니다. 모든 주요 종교의 세련된 대변인들은 이것이 결코 신앙을 시험하는 문제는 아니라고 말해왔습니다. 만일 신이 다른 행성에도 생명을 만들었거나 했더라도 그건 신의 활동 범위를 넓히는 일에 지나지 않을 거라고요. 하지만 제가 볼 땐, 다른 곳의 생명이라는 개념에 대해서 여전히 일종의 근본주의적 불안이 남아 있는 듯합니다.

그와는 반대되는 감정적 선입견도 있습니다. 어떤 사람들은 다른 곳에 생명이 있다고 믿기를 간절히 바랍니다. 많은 UFO광에게서 그런 태도가 드러납니다. 그리고 18세기에 쓰인 행성에 관한 대중적인 글들에서도 그런 태도가 나타났는데, 그런 글들은 행성마다 제각각 다른 존재가 살고 있다고 말했습니다. 수성인은 변덕스럽고, 금성인은 호색적이고, 화성인은 싸움박질해대고, 목성인은 유쾌하다고요.

전 다른 곳에 생명이 있는가 없는가 하는 것은 중요한 문제라고 생각합니다. 중요한 문제에 대해서는 증거를 얻기 전에 결정을 내려선 안 되는 법이죠. 그러나 어떤 사람들은 데이터가 입수될 때까지 판단을 미루는 게 힘든 모양입니다. 심란한 일이에요. 저는 타임-라이프 출판사에서 행성에 관한 대중서를 쓴 적이 있는데요, 그때 이런 식으로 쓰곤 했습니다. "여기 관련 데이터가 있습니다. 어떤 사람들은 이게 해답이라고 생각하고 또 다른 사람들은 저게 해답이라고 생각합니다." 그러면 〈라이프〉 편집자들은 제게 이렇게 말했습니다. "보세요, 여러 대안을 제공해서 독자를 헷갈리게 만들지 마세요. 그냥 뭐가 맞는지만 알려줘요." 저는 "뭐가 맞는지는 저도 모릅니다. 여러 가능성이 있고, 우리는 판단을 미뤄야 합니다"라고 대답했습니다. 그러면 그들은 "그냥 하나를 고르세요. 뭐가 됐든 당신이 제일 좋아하는 걸로"라고 대꾸했죠. 〈라이프〉 편집자들의 그런 태도는 오늘날 많은 사람의 사고방식과 딱 맞아드는 게 아닌가 싶습니다. 불확실한 것을 견디지 못하는 사고방식과.

페리스 다른 별에도 행성이 있다는 증거가 새로 나온 게 있습니까? 당신은 책에서 바너드별을 언급했는데요, 우리로부터 약 6광년 떨어진 그 적색 왜성에 크기가 목성 반만 한 암흑 동반성이 딸려 있는 게 발견되었다고 했습니다. 그 천체는 "행성임이 거의 틀림없다"라고 말했는데요.

세이건 바너드별 상황은 흥미롭습니다. 우리가 아는 건 그 별의 시운동에 잔차계산으로 얻은 이론값과 관찰로 얻은 관측값 사이의 차이가 있다는 건데요. 설명하자면, 여기 우리와 가까운 곳에 별이 하나 있고, 우리는 그 별이 움직이지 않고 고정된 더 먼 별들에 대해서 어떤 상대 위치를 취하는지를 아주 정확하게 지도화할 수 있습니다. 그 별은 우리와 가깝고 빨리 움직이기 때문에 시운동 혹은 고유운동이라고 불리는 겉보기 움직임이 큽니다. 그 시운동에 약간의 흔들림이 감지되는데, 그것은 측정하기 어려운 수준의 아주 작은 흔들림이지만 그래도 우리는 수십 년에 걸쳐서 그것을 측정해왔고, 이제 그 흔들림이 존재한다는 건 확실한 사실입니다. 그런데 그 흔들림이 바로 하나 이상의 암흑 동반성 탓이라는 겁니다. 동반성이 어떤 때는 별의 이쪽에 있다가 다른 때는 저쪽에 있다가 하면서 별을 중력으로 이리저리 잡아당기는 것입니다. 동반성이 몇 개고, 어떤 궤도를 돌고, 질량이 얼마나 되는지에 대해서는 가능한 해의 범위가 넓습니다.

제가 『우주의 지적 생명』에서 소개한 최초의 해는 스워스모어Swarthmore 천문대의 피터 판더캄프Peter van de Kamp, 1901~1995가 제안한 것이었습니다. 그는 질량이 목성의 1.5배쯤 되는 하나의 암흑 행성이 대단히 길쭉하게 늘려진 타원궤도로 돌고 있다고 가정했습니다. 그런데 이후에 그는 만일 두 개의 행성이 우리 태양계 행성들처럼 원형 궤도를 돈다고 가정하면 데이터에 훨씬 더 잘 맞는다는 걸 확인했습니다. 두 행성은 질량이 목성만 하겠지만, 태양계 행성들보다는 제 중심별에 좀 더 가까이 있을 겁니다. 물론 우리가 행성이 가령 열한 개 있다고 가정하고 싶다면, 데이터에 그보다 더 잘 맞출 수 있을 겁니다. 그러나 여기서 핵심은 판더캄프가 행성을 가령 하나가 아니라 두 개 발견했다는 게 아닙니다. 바너드별의 움직임에 대해서 단연코 가장 그럴싸한 설명은 질량이 대충 목성과 비슷한 행성들을 가정하는 것이란 사실입니다.

"별에 모두 행성이 딸려 있고,
그 행성에서 어떤 존재가 자기가
우주에서 제일 똑똑하다고 생각하고 있을지
우리가 어떻게 알겠습니까?"

페리스 누군가 바너드별이나 시리우스성만큼 멀리 떨어진 거리에서 지금 우리가 쓰는 것과 비슷한 장치로 우리 태양을 관측한다면, 태양의 움직임에서 그런 섭동을 관찰할 수 있을까요? 혹은 다른 방식으로라도 태양에 행성들이 딸려 있다는 사실을 알아낼 수 있을까요?

세이건 시점에 관한 이 질문은 아주 좋은 질문입니다. 우선, 우리 태양이 어떻게 보일까 하는 문제가 있습니다. 얼마 전에 우리가 어떤 컴퓨터 프로그램을 짰는데요, 태양과 가장 가까운 별 1000개의 위치를 입력한 뒤 컴퓨터한테 각각의 별에서 바라본 별자리표를 그려보라고 주문한 프로그램이었습니다. 그러면 당연히 별들의 상대 위치가 바뀝니다. 별자리가 달라진다는 말입니다. 전 아내하고 둘이서 재미로 새 별자리들의 이름을 지어보고 그랬습니다. 아시겠지만 별자리란 일종의 심리투사 테스트에 불과하죠. 하늘을 올려다보고는 “저걸 보면 곰이 떠오르니까 곰자리라고 불러야지” 하는 식이죠.
놀라운 점은, 가장 가까운 별에서 보더라도 우리 태양은 지극히 시시한 존재라는 것입니다. 예를 들어 지구의 북반구 하늘에서는 카시오페이아자리가 ‘W’와 비슷한 모양으로 보입니다. 그런데 만일 우리가 우리의 작은 별에서 제일 가까운 다른 별, 즉 4광년 떨어진 센타우리 알파성 근처에서 카시오페이아 방향을 바라본다면 어떨까요? 그곳에서도 카시오페이아자리는 ‘W’ 모양으로 보이겠지만, 끄트머리가 살짝 더 길게 이어져 있을 겁니다. 끄트머리에 별이 하나 더 붙어 있을 텐데, 그 별의 밝기는 카시오페이아자리의 다른 별들과 대충 비슷할 겁니다. 그게 바로 우리입니다. 우리 태양입니다.
우리 태양은 하늘의 다른 수천 개 별들과 똑같이 생겼습니다.
우리 태양에 그 주변을 도는 행성들이 있다는 것, 그 행성들 중 하나에 자기가 무척 지적이라고 생각하는 인간들이 살고 있다는 것, 그걸 그 먼 곳의 관찰자가 짐작할 수는 없을 겁니다. 그걸 알 도리는 전혀 없을 겁니다.
여기 지구에서 청명한 밤하늘을 올려다보면 별이 수천 개쯤 보입니다. 그 별에 모두 행성이 딸려 있고, 그 행성에서 어떤 존재가 자기가 우주에서 제일 똑똑하다고 생각하고 있을지 우리가 어떻게 알겠습니까?
중력 섭동으로 지구를 감지하는 문제에 대해서라면, 가장 가까운 별에서 보더라도 불가능합니다. 이유는 단순합니다. 지구가 충분히 무겁지 않기 때문입니다. 지구는 너무 미미한 행성입니다. 가장 가까운 별에서라면, 현재 우리의 기술보다 그다지 더 많이 발전하지 않은 기술로 목성과 토성쯤은 감지할 수 있을 겁니다. 하지만 그 거리에서 중력 효과로 지구를 감지하는 건 불가능합니다. 그리고 그보다 조금이라도 더 멀리 나간다면, 목성과 토성조차 감지할 수 없을 겁니다.

페리스　그 다른 별자리표들은 실제로 그려져 있습니까?

세이건　네. 그걸로 '다른 곳에서 본 하늘'이라는 어린이 그림책을 만들까 궁리하는 중입니다.

페리스 외계 지적 생명과의 소통을 주제로 아르메니아에서 열렸던 회의에 참석하셨죠.

세이건 우리 미국 천문학자 두어 명하고 소련 천문학자 두어 명이 몇 년 전부터 조직하려고 노력했던 자리였습니다. 미국과 소련처럼 앙숙인 두 나라가 그렇게 추론적인 주제에 대해서 학제간 모임을 갖는다는 것은 썩 쉽지 않은 일입니다. 따라서 모임을 가졌다는 것 자체가 일종의 성과였습니다.

그 자리에는 천문학자, 물리학자, 화학자, 생물학자, 인류학자, 고고학자, 언어학자, 역사학자, 그리고 철학자라고 불러야 할 듯한 사람 한두 명, 더불어 컴퓨터과학과 전기공학 분야의 사람들이 모였습니다. 굉장히 다채로운 집단이었고, 다들 대단히 뛰어난 분들이었습니다. 우리는 노아의 방주가 정박했다고 일컬어지는 아라라트 산 기슭에서 닷새 정도 만났습니다.

모임의 주요한 결론은 은하의 다른 곳에 우리보다 앞선 문명이 존재할 가능성이 없지 않다는 것, 그리고 현재 우리에게는 그들을 감지할 수 있는 수단이 있다는 것이었습니다. 이것은 그 회의가 외계 지적 생명의 존재를 확실히 보장했다는 뜻이 아닙니다. 그저 그 가능성을 배제할 수 없다는 뜻입니다. 그 가능성이 높다고 보는 사람도 있고 썩 높지 않다고 보는 사람도 있지만 누구도 그 가능성을 아예 배제할 순 없습니다.

그 자리에서 러시아 과학자들은 자신들이 지난 4년 동안 전파 스펙트럼 가운데 두 주파수를 써서 가까운 별들 중 태양과 비슷한 별에 혹 지적 생명의 신호가 있는지 알아보는 프로젝트를 소규모로 수행해왔다고 밝혔습니다. 지금까지의 결론은 그런 신호가 없다는 것이라고 하더군요. 상당히 소박한 프로그램입니다만, 소련 사람들이 그런 노력을 지속적으로 해왔다는 사실 자체가 흥미롭습니다.

제가 진지하게 고민하는 문제는, 미국도 기존의 전파망원경으로 엄청나게 많은 별에 주파수를 맞출 능력이 있음에도 불구하고 그런 노력을 전혀 하지 않는다는 점입니다. 현재 세계 최대의 반半가동식 망원경은 코넬대학교가 운영하는 푸에르토리코의 아레시보 천문대에 있죠. 망원경은 지금 한창 표면을 개비하고 있고, 새 수신 장치도 장만했습니다.

그 아레시보 망원경이 운영 시간의 1퍼센트만이라도 다른 문명의 신호에 귀 기울이는 데 쓴다고 상상해봅시다. 그리고 우주에 딱 우리 정도로 발달한 다른 문명이 있고, 그들도 아레시보 같은 장비를 송신기로 쓴다고 상상해봅시다. 그 다른 아레시보가 내는 신호를 우리가 감지할 수 있으려면 거리가 얼마 정도여야 할까요? 답은 특정 장소에서의 엄폐나 먼지를 제외할 경우 은하의 어디든 다 가능하다는 것입니다. 그래도 우리가 신호를 다 받을 수 있을 거라는 것입니다. 그건 곧 우리가 외계 지적 생명의 신호를 청취할 수 있는 별이 최소한 1000억 개는 된다는 뜻입니다. 미국에서는 그중 단 두 개의 별에 귀 기울였던 사례가 1960년에 있었습니다. 러시아 과학자들은 지금까지 10여 개의 별을 청취했다고 합니다.

그러니 현재의 상황은 우리가 신호를 듣기 위해서 뭔가 크고

칼 세이건이 원작을 쓴 영화 〈콘택트〉에도 나왔던 아레시보 전파망원경

비싼 장치를 새로 만들어야 하는 게 아닙니다. 우리는 그런 수색에 동원할 기기를 이미 갖고 있는데 그걸 활용하지 않고 있을 따름입니다.

페리스 그렇게 말씀하시니까 우리가 그걸 안 쓴다는 게 놀라운 일처럼 보이네요.

세이건 맞습니다. 앞으로 몇 년 안에 상황이 바뀌어서 천문학자들이 기꺼이 작업 시간의 작은 일부나마 외계 지적 생명의 신호를 수색하는 일에 정기적으로 쓰게 되기를 바랍니다.

하지만 그 수색은 기나긴 작업이 될 것입니다. 수색에 나선지 몇 주 만에 당장 신호를 발견하리라고 기대할 순 없습니다. 낙관적으로 가정하더라도 우리와 소통할 수 있는 문명을 가진 별은 10만 개 중 하나꼴에 불과할 테니까요. 어쩌면 그보다 훨씬 적을 수도 있습니다. 그 확률이 10만 개 중 하나꼴보다 훨씬 클 거라고 생각하는 사람은 제가 아직 못 봤습니다. 그러니 우리가 신호를 하나라도 찾아낼 가능성이 있으려면, 낙관적인 가정에 따르더라도, 별을 10만 개는 살펴봐야 합니다.

페리스 당신은 책에서, 다른 별에서 보면 지구는 아주 미미한 존재에 불과하다고 말했습니다. 아이작 아시모프의 표현을 빌리자면, 태양계는 목성형 행성들과—목성, 토성, 천왕성, 해왕성—나머지 부스러기들로 이뤄져 있습니다. 우리는 그 부스러기에 속하고요. 다른 별에서 태양계를 바라본다면 지구는 눈에도 안 띌 거라고 합니다. 단, 당신이 지적했듯이 전파망원경을 쓴다면 이야기가 다를 겁니다. 지난 30년 동안 우리가 내보낸 라디오와 TV 방송 때문에 전파 파장에서는 지구가 갑자기 태양보다 '더 밝은' 존재가 되었으니까요.

세이건　요즘 우리가 쏟아내는 어마어마한 양의 전파 에너지가 나오는 곳은 세 군데입니다. 하나는 AM 라디오에서 높은 주파수 대역이고, 두 번째는 일반적인 가정 텔레비전 방송이고, 세 번째는 미국과 소련의 레이더 방어망입니다. 지구에서 먼 곳에서 지구의 지적 생명이 내는 신호로서 감지할 수 있는 건 이 세 가지뿐입니다. 이것은 제법 숙연한 기분이 드는 사실입니다. 사람들이 자주 거론하는 의문 중에 이런 게 있죠. 외계 지적 생명이 정말로 존재한다면 대체 왜 아직까지 지구에 오지 않았을까? 이제 우리는 답을 압니다. 우리가 내보내는 방송을 한번 들어보라고요.

"우리는 은하에서 마치 아기처럼 어린 문명입니다.
우리보다 훨씬 똑똑하고
따라서 훨씬 유능한 문명도 있을 겁니다"

페리스　하지만 AM의 고주파수 대역에서는 솔뮤직soul music도 많이 방송되는걸요.

세이건 네, 그쪽 대역에서 〈WQXR〉뉴욕의 클래식 라디오방송도 방송되고요. 전파 스펙트럼의 그쪽 대역에서는 다양한 내용이 많이 방송됩니다. 하지만 텔레비전과 레이더가 더 지배적입니다.

아무튼 우리가 방송을 내보낸 건 지구 역사에서 지극히 짧은 순간에 지나지 않습니다. 요즘 우리는 케이블방송으로 이행하려고 하는데요, 그 이유는 무선전파 방송이 지구 위 사람끼리 소통하는 수단인 주제에 우주로 에너지를 너무 많이 내보내어 낭비하기 때문입니다. 따라서 우리는 곧 아무것도 밖으로 누설하지 않고 각종 관을 통해서만 에너지를 전달하게 될지 모릅니다. 심지어 이런 상상도 가능합니다. 만일 우리가 스스로를 파괴하지 않는다면, 인류가 남들과 더불어 충분히 행복하게 사는 법을 익혀서 더 이상 상대의 미사일을 끊임없이 주시할 필요가 없는 날도 올지 모릅니다. 따라서 발전된 문명이 전파 에너지를 전혀 누설하지 않는 것도 충분히 가능해 보입니다.

어떤 문명이 스스로의 용도를 만족시키기 위해서 사용한 전파가 누설된 걸 감지하는 일은, 그 문명이 우리가 감지해주기를 바라고 일부러 내보낸 신호를 감지하는 일보다 훨씬 더 어렵습니다. 제가 우리 가청 범위에 별이 1000억 개 있다고 말했던 건, 그중 일부가 지구 방향으로 일부러 신호를 내보내고 있다고 가정하고서 했던 말입니다. 만일 아무도 우리에게 신호를 내보내지 않고 그냥 다들 혼잣말만 하고 있다면, 우리는 아주 많은 전파망원경을 배치해서 대대적인 망을 구축해야만 그들의 전파를 포착할 수 있을 겁니다. 그건 도청이 되겠죠.

그러나 또 기억할 점은 지금 우리가 몹시 제한된 조건들의 집합을 가정하고 있다는 것입니다. 달리 말해 지금 우리는 그들도 우리가 전송할 수 있는 것과 똑같은 힘으로 신호를 내보낸다고 가정하고 있습니다. 하지만 우리는 은하에서 마치 아기처럼 어린 문명입니다. 전파 기술을 개발한 지가 불과 몇 십 년밖에 안 되었습니다. 그리고 우리가 소통할 수 있는 다른 문명들이 모두 우리처럼 뒤처졌으리라고는 생각하기 어렵습니다. 그러므로 우리가 주파수를 맞출 수 있는 문명들 중에는 분명 우리보다 훨씬 똑똑하고 따라서 훨씬 유능한 문명도 있을 겁니다.

페리스 당신의 연구는 많은 부분 기나길게 이어진 여러 추측들의 연쇄에 달려 있을 수밖에 없기 때문에, 우리 문명에 워낙 깊게 뿌리내린 터라서 우리로서는 도저히 없앨 수 없는 어떤 가정들을 적용하지 않고서는 그것을—즉, 당신이 많은 시간을 들여 연구해온 내용을—논하기가 거의 불가능한 것처럼 보입니다. 당신이 어느 자리에선가 썼던 표현을 빌리자면, "우리 사고 구조에 속속들이 얽혀든 가정들" 말입니다.

가령 우리보다 발전한 문명이 존재할 것이라는 말만 보더라도, 어쩌면 우리는 그 가정이 틀렸는데도 불구하고 속고 있는지도 모릅니다. J. B. 베리John Bagnell Bury, 1861~1927가 쓴 『진보라는 발상The Idea of Progress』이라는 책이 있습니다. 저자는 그 책에서 진보라는 개념이 인류의 사고에 존재한 역사는 지난 200년에 지나지 않는다고 주장합니다. 당신도 지적 생명의 표현으로서 기술 문명은 어쩌면 일시적인 현상에 불과할지 모른다고 말한 적이 있습니다. 왜냐하면 기술 문명은 금세 스스로를 파괴해버리는 경향이 있기 때문에. 이런 방향의 추론을 좇다 보면, 그러면서도 최대한 탄탄한 토대 위에 생각을 구축하려고 애쓰다 보면 이따금 몹시 불안해지지 않나요?

세이건 맞습니다. 아주 중요한 문제입니다. 저는 그런 문제에 대부분의 시간을 쏟진 않는데, 당신이 방금 잘 설명한 그 이유 탓이 큽니다. 즉, 실험적으로 아직 충분한 토대가 없다는 점 때문입니다. 그런 것은 아직 추론의 영역에 있는 문제니까요. 저는 제 시간의 일부를 투자해서 사람들에게 이것이 중요한 질문이라는 사실을 인식시키려고 노력합니다만, 그렇다고 해서 이것이 말끔히 풀린 문제인 척은 하지 않습니다. 어쩌면 2500억 개 별로 이뤄진 우리은하 전체에 다른 문명은 거의 없거나 전혀 없는 경우도 완벽하게 가능하다고 봅니다. 그런 것도 전혀 불가능한 이야기가 아닙니다.
하지만 전 이것보다 더 중요한 과학적 질문은 상상할 수 없습니다. 게다가 우리에게는 이 질문에 접근해볼 도구가 갖춰져 있습니다. 전 그저 왜 우리가 그걸 안 쓰는지 이해할 수 없을 뿐입니다.
당신의 질문을 전반적으로 보자면, 제가 우월주의라고 부르는 주제에 속하는 문제입니다. 탄소 우월주의도 있고, 물 우월주의도 있습니다. 어떤 사람들은 다른 곳의 생명도 우리와 똑같은 화학적 가정에 바탕을 두어야만 한다고 주장한다는 뜻입니다. 글쎄, 어쩌면 그 말이 옳을지도 모르죠. 하지만 그런 발언을 하는 사람들의 몸이 탄소와 물로 이뤄져 있기 때문에 저는 약간 의심하는 편입니다. 그들의 몸이 뭔가 다른 걸로 이뤄졌다면 제가 좀 더 신뢰할 수 있었을 텐데요.

고백하자면 저도 탄소 우월주의자입니다. 대안이 될 가능성을 다 따져본 결과, 탄소는 우리가 떠올릴 수 있는 다른 어떤 원소보다도 복잡한 분자를 만드는 데 훨씬 더 적합하거니와 훨씬 더 풍부하다는 결론에 도달했습니다. 과학소설에서는 흔히 규소가 탄소를 대체한 경우를 이야기하곤 하지만, 그건 결코 잘 작동하지 않습니다. 규소가 그렇게 기능할 수 있는 환경에서는 탄소가 늘 더 많기 때문에 규소는 늘 2등일 뿐입니다. 저는 딱히 물 우월주의자는 아닙니다. 암모니아가, 혹은 여러 탄화수소의 혼합물이 물 역할을 하는 걸 충분히 상상할 수 있고, 그런 물질들은 우주에서 전혀 희귀하지 않습니다.

G형 항성 우월주의자도 있죠. 생명은 우리 태양과 같은 종류의 별 주변에서만 존재할 수 있다고 말하는 사람들입니다. 대부분의 별은 우리 태양과는 퍽 다릅니다. 한편 행성생물학 우월주의자는 행성에서만 존재할 수 있을 뿐 가령 별이나 성간 매질에서는 존재할 수 없다고 주장합니다. 저는 행성생물학 우월주의자입니다. 생명이 행성에서만 존재할 수 있을 것처럼 보이는 타당한 이유가 몇 있는 듯합니다.

극단적인 우월주의자는 이렇게 말합니다. "우리 할머니가 불편하게 느낄 만한 환경에서는 생명이 존재할 수 없어." 우리는 이런 말을 꽤 자주 듣습니다. "우리가 아는 형태의 생명"이란 표현도 자주 듣게 되는데 이 역시 똑같은 생각에 바탕을 둔 말입니다. 하지만 이건 '우리'가 누구냐에 따라 달라지는 문제입니다. 지구에는 가령 뜨겁게 농축된 황산 용액 속에서도 잘 살아가는 희한한 미생물이 많습니다. 우리가 그 존재를 몰랐다면 그런 환경에서는 무엇도 살 수 없다고 짐작했을 테지만, 실제로 그런 환경을 사랑하는 생물이 있죠.

우주생물학의 크나큰 즐거움 중 하나는 그 덕분에 우리가 생물학에 관한 기존 가정들이 얼마나 편협한지를 직시하게 된다는 점입니다. 지구의 모든 생명은 사실상 다들 같습니다. 화학적으로 따지자면 인간은 세균이나 베고니아랑 똑같은 존재입니다. 이건 마치 물리학자에게 이렇게 말하는 것과 비슷한 상황입니다. "당신은 지금부터 중력을 연구해야 합니다. 단, 이 방에서 한 발짝도 나갈 수 없고, 이 방 안에 있는 것들을 제외하고는 다른 무엇의 중력 영향도 관찰할 수 없습니다. 자, 여기 납으로 된 큰 공 두 개가 있습니다. 두 공이 얼마나 세게 잡아당기는지를 측정해서 일반 중력이론을 세워보세요." 이건 아주 어려운 일이겠죠. 뉴턴은 실험실에 가만히 앉아서 중력이론을 작성한 게 아니라, 달과 목성의 위성들과 기타 등등의 움직임을 관찰함으로써 작성했습니다. 그는 그것들의 연관 관계를 밝혀냄으로써 일반 중력 법칙을 쓸 수 있었습니다. 물론 생물학자들은 일반 법칙을 몹시 적게 갖고 있습니다만, 그건 그들에게 사례가 몹시 부족하기 때문입니다. 딱 하나뿐이니까요.

페리스 생명의 가능한 여러 형태에 대한 추론을 살펴보면 한편으로는 너무 몽상적인 내용이 많다는 느낌이 듭니다. 당신도 지적했지만 가령 지구 같은 행성에서는 뼈로 된 골격을 지닌 거대한 생물체는 존재할 수 없습니다. 일정 덩치를 넘어서면 뼈가 도저히 그 무게를 지탱하지 못하니까요. 강철로 만들어진 골격이어야 가능할 겁니다. 지구 같은 환경에서 거대한 곤충이 존재하는 것도 사람들의 환상에서나 가능한 일이죠. 왜냐하면 곤충은 기체 확산을 통해서 숨을 쉬는데 그건 그다지 효율적인 호흡 방식이 못 되어서 그렇게 큰 생물체에게 생명을 공급할 수 없으니까요.

세이건 〈모스라〉1961년에 나온 일본 괴수 영화 같은 영화의 흠이 바로 그겁니다.

페리스 〈모스라〉는 못 봤습니다.

세이건 저도 못 봤지만 무지 큰 곤충이 나온다고 하던데요. 제가 잘못 알았을지도 모르죠. 큰 곤충 이야기가 아니라면 저도 반대하지 않습니다.

"그것은 우리의 환상에 순응하지 않을 테고,
우리의 우월주의에도 순응하지 않을 겁니다"

페리스 그러니까 한편으로는 이런 추론이 지나치게 몽상적일 수 있습니다. 그런데 다른 한편으로는 추론이 지나치게 보수적입니다. 우리의 상상력에 한계가 있기 때문이죠. 그렇다면, 어느 편으로 기울어 있는 사람이든 모두가 생각을 활짝 열고 더없이 다양한 가능성을 인식하면서도 양극단의 오류에 빠지지 않으려면 대체 어떻게 해야 할까요?

세이건 유일한 방법은 실험적으로 확인하는 겁니다. 가만히 앉아서 생각하는 것만으로 우리가 그 숱한 편견과 몽상을 제거할 수 있을 것 같진 않습니다. 인간이 생각하는 방식은 수백만 년에 걸쳐 사냥하고 채집하고, 나무를 기어오르고, 짝짓기를 하고, 불을 피우고, 기타 등등을 하면서 진화한 결과물입니다. 인간의 사고방식은 다른 곳의 지적 생명을 대면하는 데 알맞도록 최적화되어 있지 않습니다. 과거에는 그래야 할 필요가 전혀 없었으니까요. 따라서 저는 우리가 그저 생각만으로 대단한 발전을 이룰 수 있을 거라고는 기대하지 않습니다. 우리가 발전을 이룰 방법은 오로지 직접 대면하는 것뿐입니다. 일단 외계 메시지를 찾아낸 뒤에, 그다음에 아주 천천히 조심스럽게 그 의미를 파악해보는 겁니다.

그리고 당신의 질문에서 첫 부분은 화성을 떠올리게 합니다. 화성은 과거에 몽상적인 요소—로웰Percival Lowell, 1855~1916이 상상했던 운하 따위 말입니다—를 잔뜩 갖고 있었고, 사람들은 화성에 대해서 거의 신경질적일 만큼 우월주의적인 태도를 갖고 있었습니다. "아, 그건 그냥 달이랑 비슷해" 하는 식으로요. 그런 논증은 이렇게 이어졌습니다. "달에는 크레이터가 있지. 그리고 달에는 생명이 없지. 화성에도 크레이터가 있지. 그러므로 화성에도 생명이 없어." 만일 아리스토텔레스가 이런 삼단논법을 들었다면 무덤에서 벌떡 일어났을 겁니다.
그렇다면 매리너 9호가 우리에게 알려준 현실은 어땠을까요? 화성에 액체 물이 흐르는 운하는 없었지만 어느 모로 보나 꼭 말라붙은 강처럼 보이는 지형은 있었습니다. 그리고 우리가 본 것은 달과 비슷한 행성이 아니었습니다. 우리가 본 것은 그와는 다른 무엇이었습니다. 화성은 누구의 추측과도 다를 만큼 그저 환상적으로 달랐습니다. 전 외계 지적 생명 수색의 현실도 그럴 거라고 생각합니다. 그것은 우리의 환상에 순응하지 않을 테고, 우리의 우월주의에도 순응하지 않을 겁니다.

페리스 과학자들이 학문 활동으로서 과학을 바라보는 방식이 변하고 있습니까? 최근 찰스 휘트니가 『우리은하의 발견The Discovery of Our Galaxy』이란 책을 냈는데요, 책의 맨 마지막 문장에서 이렇게 말했습니다. "오늘날 과학자들은 순수한 이성적 분석이라는 구속복으로부터 스스로를 해방시키고 있다. 어떤 과학자들은 스스로를 자신이 쓴 시를 시험해보는 시인으로, 혹은 꼭 시인이 아니라도 그 비슷한 존재로 여기게 되었다."
과학 기법이 순수하게 연역적이고 이성적인 기법에서 벗어나서 좀 더 창조적인 기법으로, 스스로를 일관된 데이터에 비추어 시험해보되 좀 더 창조적인 활동으로 바뀌고 있나요? 그리고 우주에 대한 개념이 바뀌고 있나요? 우주를 늘 엔트로피가 증가하기만 하는 무작위적인 존재로 보는 관점에서 벗어나서 본질적으로 통일된 것으로 보는 관점으로, 그리고 과학이 다루는 대상은 그 좀 더 큰 전체의 일부분에 지나지 않는다고 보는 관점으로? 그런 변화가 실제로 진행 중인가요?

세이건 과학이 늘 철저히 연역적이었다고는 생각하지 않습니다. 과학의 최첨단은 늘 무모한 직감을 좇고 단서를 추적하는 방식의 활동입니다. 과학이 예술과 다른 점은 현실을 다른 형태로 직면한다는 것밖에 없습니다. 물론 과학 이론에 대해서는 그것이 옳으냐 그르냐를 판별하게 해주는 시험 방법이 있죠. 그것은 곧 해당 이론이 우리가 측정할 수 있는 모든 현상을 정확하게 예측하느냐 마느냐 하는 잣대입니다. 하지만 과학자에게 연구 동기가 되어주는 내면의 열정은 아주 예술적인 거라고 생각합니다. 그것은 예술과 마찬가지로 질서와 의미를 찾으려는 마음, 우주가 어떻게 만들어져 있는지 탐구하고 싶은 마음입니다.

저는 우리가 나아갈 수 있는 범위에 제약이 있다고 생각합니다. 그러나 그게 과학 기법 때문은 아닙니다. 과학 기법은 제가 볼 때 유일하게 합리적인 접근법, 데이터를 대면하는 유일한 방식입니다. 그게 없다면 어떤 견해가 옳고 그른지를 어떻게 알겠습니까? 저는 그보다도, 우리가 스스로의 마음에 의해서 제약되고 있다고 생각합니다. 앞에서 언급했던 이유 때문에, 인간의 마음은 인류가 지금과는 아주 다른 존재 양식으로—즉, 수렵 채집 사회에서 살면서—진화했던 과정의 요구에 맞도록 만들어져 있습니다. 그런데 요즘 우리는 그런

뇌더러 상당히 다른 환경에 적응하라고 요구하는 겁니다.
우리 뇌가 이 정도로 잘 해내고 있는 것만도 놀라운 일입니다. 우리가 단순한 법칙과 개념을 발명해서 그것으로 폭넓은 자연현상을 정량적으로 예측할 수 있다는 건 충격적이리만치 놀라운 일입니다. 생각해보세요. 어떻게 우리는 하나의 작고 단순한 방정식을 발명해서 그걸로 물체의 낙하 방식을 썩 정확히 묘사할 수 있을까요? 물체가 지구의 어느 지점에 떨어지든 우리가 그것을 어디로 내던지든 그것이 어떤 형태의 물체든 상관없이 두루? 아시겠지만 고등학교 물리 시간에 배우는 간단한 방정식 두어 개면 됩니다. 어째서 세상은 우리가 그런 간단한 방정식을 구상해서 이토록 폭넓은 현상을 설명할 수 있도록 만들어졌을까요? 이것은 아주 놀라운 일입니다.
어쩌면 그 답은 그저 아마도 나무 위에서 살았을 우리 선조들에게 낙하가 퍽 중요한 문제였던 탓일지도 모릅니다. 그 덕분에 인간의 마음이 낙하를 반드시 이해해야만 하는 현상으로 여기도록 진화했던 것일지도 모릅니다. 낙하를 이해하지 못하는 사람은 모두 나무에서 떨어져 목이 부러졌을 테니까요. 우리는 그런 사람의 후손이 아닙니다. 우리는 낙하 방식을 잘 이해했던 사람의 후손입니다.
그런데 또 한편, 우리가 지구의 낙하를 이해함으로써 얻어낸 중력 법칙은 두 은하가 서로를 도는 방식까지 묘사할 수 있었습니다. 이거야말로 정말 환상적인 일입니다……. 아인슈타인은 세상에서 가장 놀라운 일은 우리가 이만큼이라도 이해할 수 있다는 사실이라고 말했죠. 그는 우리가 이해하지 못하는 일이 있다는 데는 놀라지 않았습니다. 그건 당연히 예상되는 일일 뿐이니까요.

요즘에는 일종의 이분법이 있는 것 같습니다. 많은 사람이 합리적인 것과 신비로운 것 사이에 선을 긋습니다. 하지만 전 그게 정말로 이분법인지는 잘 모르겠습니다. 예를 들어 많은 사람이 약물 체험을 묘사하면서 자신과 우주가 하나가 된 느낌이라고 말하곤 합니다. 약물과 무관한 종교적 체험에서도 물론 그런 표현이 쓰입니다. 동양 사상이든 기독교든 다들 그 비슷한 말을 합니다. 그런데 만일 그런 경험을 했다는 사람에게 "우주와 하나가 된다"라는 게 정확히 무슨 뜻인지 물으면 그들은 그걸 말로 표현하기 어려워합니다. 그것은 지극히 비언어적인 체험이니까 당연하겠죠. 하지만 전 그런 체험을 겪는 동안에 자신이 그 체험을 실험해보았다는 사람은 아직 한 명도 못 봤습니다.

그러니까 이런 식으로요. "끝내주네, 난 지금 우주와 하나가 됐어. 그러니까 지구에서 아무도 답을 알지 못하는 질문을 지금 던져봐야지." 아시겠어요? 이렇게 자세하게 말이죠. 그러고는 그 체험에서 빠져나와서 이렇게 말하는 겁니다. "정말 환상적인 경험이었어. 그리고 딴말이지만, 만일 중양자를 바나듐 표적에 맞히는 실험을 한다면 틀림없이 이런 결과가 나올 거야." 남들은 다들 그것을 헛소리라고 여기지만, 실제로 그 실험을 해보면 그 사람 말이 옳다는 결과가 나오는 겁니다. 만일 정말로 이런 일이 벌어진다면, 전 우리가 현재로서는 이해하지 못하는 무언가와 공명하고 있다는 생각을 훨씬 더 기꺼이 믿어보겠습니다.

요컨대 전 그런 경험의 희열을 빼앗을 마음은 없지만, 그것이 정말 우주의 구조와 접촉하는 방법인가 하는 데는 회의적입니다. 그것은 차라리 우리 뇌의 구조와 접촉하는 방법이라고 생각하는데, 그 두 가지는 서로 다른 이야기입니다. 신비적 체험이 우리 인간을 아는 방법으로서는 훌륭할 수 있다고 생각하지만, 최소한 제 개인적으로는 그럴 수 있겠다고 생각하지만, 그런 방법으로 우리 바깥에 있는 무언가를 발견할 수 있을 거라고는 생각하지 않습니다.

이른바 합리적 접근법이란, 여러 결점에도 불구하고 유일하게 제대로 작동하는 방법인 것 같습니다. 그렇다고 해서 제가 무분별한 합리주의라고 부를 만한 것, 이를테면 "이 독가스 통이 어떻게 쓰이는지는 나한테 묻지 마세요, 난 그냥 내 일을 하는 것뿐이니까" 하는 태도를 정당화하려는 뜻은 없습니다. 제 말은 결코 그런 뜻이 아닙니다. 합리주의는 윤리적 판단을 유예하는 게 아닙니다. 우리가 지금 이야기하는 건, 우리가 어떻게 우주에 대해서 알아낼까 하는 문제입니다. 전 합리적 접근법이, 원한다면 과학 기법이라고 불러도 좋습니다만, 최선의 방법이라고 생각합니다. 그리고 제가 강조하고 싶은 건 그것이 강렬한 감정에 의해서 추진된다는 사실입니다. 과학은 감정 없는 활동이 아닙니다. 과학자는—기계적인 작업자가 아니라 진정한 과학자는—주변 세상을 이해하고 싶다는 강력한 동기에 따라서 움직이는 사람이고, 설령 그걸로 돈이나 인정을 얻지 못하더라도 그렇게 할 사람입니다.

페리스 우리가 벌써 오래전부터 성간 통신에 참여해왔을 것이라는 가능성에 대해서 추가 증거를 읽거나 찾아낸 게 있습니까? 어떤 사람들은 인류의 기록 역사는 전체 역사의 작은 일부분일 뿐이라서 딱히 중요한 것으로 볼 수 없다고 말합니다. 윌리엄 어윈 톰프슨William Irwin Thompson, 1938~은 "우리 문명은 모든 시대에 걸쳐서 무언가와 소통해왔다"라고 주장합니다. 그런 소통이 일찍부터 무진장 긴 시간에 걸쳐서 이뤄졌기 때문에, 그 정보의 일부나마 간직하고 있을 만큼 오래된 매체는 신화밖에 없다고 주장합니다.

당신도 책에서 수메르 고고학이 어떤 사실들을 밝혀냈는지 언급했지요. 그리고 세상에는 수메르 전설 말고 다른 전설도 많은데, 놀라운 점은 서로 멀찌감치 떨어진 그 문명들이 언뜻 공통된 내용으로 보이는 신화를 공유하고 있다는 것입니다. 그 신화란 곧 모종의 고차원적 존재가 지구로 와서 사제 계급 인간들에게 문명을 전수한 뒤 사라졌다는 믿음입니다. 제 질문은, 당신이 보기에 이런 전설도 추적해볼 가치가 있는가 하는 겁니다.

세이건 네. 그리고 저도 추적해봤습니다. 왜냐하면 첫째, 그것은 논리적으로 가능성이 있는 일이고, 둘째, 만일 이 지구에서 다른 생명의 증거를 찾을 수 있다면 구태여 막대한 돈을 들여서 딴 데서 찾아보는 게 멍청한 짓일 것이기 때문입니다. 하지만 제가 도달한 결론은, 우리가 전설만으로는 아무것도 증명할 수 없다는 겁니다. 가능성이 너무 많습니다. 전설들이 서로 흡사하다는 점에 대해서도 고전적인 두 가지 설명이 가능합니다. 하나는 문명들끼리 서로 접촉했었다는 것입니다. 원시시대에도 문화는 꽤 널리 확산되곤 했습니다. 유럽에서 아시아까지 가는 데 시간은 많이 걸렸겠지만, 그래도 그렇게 가로질러 간 사람들이 있었습니다.

둘째, 우리 인간에게 모종의 성향이 내재되어 있을 가능성도 있습니다. 새들만 봐도 그 머릿속에는 둥지 짓는 방법, 겨울에 남쪽으로 날아가는 방법 등등이 내재되어 있잖습니까. 어쩌면 인간에게도, 즉 인간의 유전물질에도 특정 이미지가 내재되어 있을지 모릅니다. 그 때문에 서로 다른 장소에 사는 사람들이 비슷한 생각을 하게 되는 것인지도 모릅니다. 전 이게 괴상한 발상이라고는 보지 않습니다.

우리가 전설을 믿어봄 직한 유일한 상황은, 그것이 놀랍도록 상세한 경우뿐일 것입니다. 이를테면 신들이 인류에게 어떤 정보를 줬는데 인간들은 그게 무슨 뜻인지를 전혀 이해하지 못했지만 아무튼 13세기에 웬 아일랜드 수도사들이 그 내용을 받아 적었고, 16세기에 다른 누군가 그 자료를 정리하다가 내용을 읽었지만 그 역시 무슨 뜻인지는 이해하지 못했고, 계속 그랬는데 현재에 와서 보니까 그게 트랜지스터라디오 설계도였더라, 뭐 그런 전설이라면 전 대단히 진지하게 받아들일 의향이 있습니다. 하지만 실제로는 절대 그런 식이 아니죠. "그들이 지상으로 내려와서 인간에게 글 쓰는 법, 농사짓는 법, 품행을 단속하는 법을 알려주었다" 하는 식이죠. 하지만 그런 것에 대해서는 그 밖에도 가능한 설명이 많습니다.

물론 또 다른 가능성도 있습니다. 인류가 당시로서는 기술적으로 달성할 수 없었던 수준이기 때문에 인간이 만든 게 아님이 분명한 인공물, 즉 외계 기술의 표본을 찾아내는 겁니다. 이 두 가지 경우라면 저도 깊게 관심을 기울일 가치가 있다고 여길 겁니다. 하지만 인간이 아닌 천상의 어떤 존재에 대한 대개의 전설은, 글쎄요, 다른 방식으로 이해할 수 있는 가능성이 너무 많기 때문에 저로선 외계 지적 생명의 진지한 단서로 여겨지지 않아요.

페리스 환경이 너무 적대적이어서 생명이 살 수 없는 행성만 있는 게 아니라, 환경이 너무 안락해서 지적 생명이 진화할 수 없는 행성도 있으리라는 생각은 현실적인가요? 제가 염두에 두는 건 빙하기가 지구 문명의 출현과 관계있을지도 모른다는 가설입니다. 그리고 이것은 아서 C. 클라크가 한 말이지만, 인간과 돌고래의 큰 차이점은 진화의 어느 시점에서 돌고래의 선조는 육지를 버리고 바다로 돌아갔는데 인간은 그러지 않았다는 것뿐일지도 모른다는 가설도 있습니다. 돌고래들은 즐겁게 잘 살고 있는 것 같고, 우리 인간에게는 그 대신 문명이 있죠. 이것이 의미 있는 질문일까요?

세이건 그럼요, 의미 있는 질문이죠. 안타깝게도 의미 있는 대답은 없지만요. 빙하기 가설은 토인비가 말한 이른바 도전과 응전의 원칙에 따른 생각입니다. 전 거기에 일말의 진실이 있다고 봅니다. 하지만 느린 진화 과정을 통해서 지적 존재가 생겨나려면 어떤 우연하고도 희귀한 요인들이 꼭 필요한가 하는 질문, 문명 발달에 꼭 필요한 요인들이 정확히 무엇인가 하는 질문에는 아무도 답을 모릅니다. 아무도 모르는 건 첫째, 실험을 해볼 수 없기 때문입니다. 윤리적 문제는 차치하더라도 시간이 너무 오래 걸린다는 점 때문에 말입니다. 둘째, 지구에서 발달했던 유일한 기술 문명에는 자신보다 기술적으로 세련되지 못한 다른 문명을 깡그리 쓸어내는 꼴사나운 성향이 있었기 때문입니다. 만일 우리가 가만 내버려두었다면 아스테카문명이 과연 어떻게 발전했을지 우리는 결코 알 수 없겠죠.

"별들 사이의 공간은 너무나 방대합니다.
우리는 일종의 강제된 격리 상태에 있는 셈입니다"

페리스　만일 그런 성향이 모든 기술 문명에 일반적으로 내재된 것이라면, 우리가 방송 전파를 외계로 내보내지 말아야 한다는 주장에 대한 든든한 논거가 될 겁니다.

세이건　맞습니다. 그렇게 주장하는 사람들이 종종 있습니다. 그러나 여기에서 명심할 점은, 이미 때가 늦었다는 겁니다. 우리는 이미 방송을 시작했습니다. 전자기복사의 파면은 엔리코 카루소의 아리아, 1924년 대선 개표 결과, 스코프스 재판Scopes Trial. 1925년에 있었던 일명 '원숭이 재판'으로, 과학 교사 존 스코프스가 테네시 주 법률을 어기고 진화론을 가르쳐 재판을 받았다 등을 담은 채, 이미 빛의 속도로 지구로부터 퍼져 나가고 있습니다. 우리는 이미 그런 걸 내보냈습니다. 텔레비전신호나 기술 열강들의 반半편집증적 레이더 방어망 신호 같은 다른 신호들은 더 말할 것도 없고요. 따라서 우리가 신호를 내보내지 말아야 한다는 말은 때가 늦었습니다. 우리는 이미 내보냈습니다.

하지만 제가 추측하기로, 어차피 그것은 그다지 중요한 문제가 아닙니다. 별들 사이의 공간은 너무나 방대합니다. 성간 여행은 너무나 어려운 일이기 때문에, 수백 광년 떨어진 다른 문명들에 우리는 별다른 위협이 되지 못할 겁니다. 더구나 다른 문명까지의 그 거리란 것도 꽤 낙관적으로 가정한 수치입니다. 설령 우리가 광속으로 달리더라도 다른 문명까지 가는데 수백 년은 걸릴 텐데, 우리가 광속에 조금이라도 가까운 속도로 여행할 수 없다는 건 확실한 사실이죠. 그러니 우리는 일종의 강제된 격리 상태에 있는 셈입니다. 최소한 현재 우리의 문명 수준에서는 그렇습니다. 우리가 다른 어떤 문명에라도 위협이 될 일은 없습니다. 그리고 그들은 그걸 알겁니다.

이와는 좀 다른 종류의 편집증적 몽상에 대해서라면—즉, 외계인이 우리가 여기 있는 걸 발견하고는 우리가 맛있기 때문이든 다른 이유 때문이든 우리를 잡아먹으러 찾아올 거라는 몽상은—실현될 리가 없습니다. 왜냐하면 운송 비용이 너무 비쌀 테니까요. 정말로 인간의 단백질 아미노산 서열이 그들에게 유달리 맛이 좋게 느껴진다면, 그들은 인간 한 명만 자기네 고향으로 데려가서 그 단백질을 합성한 뒤에 인공적으로 대량생산을 하면 됩니다. 다른 행성의 미식가들은 그 방식으로 자기네 행성에서 생산한 물질을 먹으면 될 겁니다.
그러니까, 아뇨, 전 그런 생각은 충분히 세심하게 끝까지 따져보지 않은 결과라고 봅니다. 전 누군가 우리에게 그런 위협을 가한다고는 생각하지 않습니다. 거꾸로 우리가 누군가에게 가할지 모르는 위협도 별들 사이의 방대한 거리 때문에 제약된 상태라고 봅니다. 게다가 인류는 아무리 그래도 점차 나아지고 있잖아요.

페리스 하지만 그 방대한 거리에 관해서 한 가지 짚을 점은, 당신의 글을 보면 우리가 앞으로는 그런 거리를 쉽게 가로지를 수 있을 것처럼 기대된다는 것입니다. 예를 들어 당신은 우리가 만일 지구의 중력가속도단위는 'g'를 쓰며 1g=9.8m/s^2에 가까운 가속을 유지하는 우주선을 만들 수 있다면 그것으로—3만 광년 떨어진—우리은하 중심까지 가는 데는 우주선에 탄 사람의 시점으로 볼 때 불과 21년밖에 안 걸릴 거라고 말했습니다. 아인슈타인의 시간 지연 현상 덕분에 말입니다.

세이건 그러나 그런 기술은, 설령 가능은 하더라도, 현재 우리로서는 달성은 꿈도 못 꿀 수준입니다. 1g로 가속되는 우주선은 시간이 흐르면 광속의 99퍼센트까지 낼 수 있겠죠. 특수상대성이론이 가하는 근본적인 제약 때문에 결코 광속에 도달하지는 못하겠지만 말입니다. 그런데 우리가 그런 기기를 만들려면 최소한 수백 년은 더 있어야 할 겁니다.
예를 들어볼까요. 현재 파이어니어 F라는 우주선이 목성을 향해 날아가고 있습니다. 우주선은 목성을 지날 때 마치 유원지의 놀이기구처럼 바깥쪽으로 휙 내던져지면서 추가로 큰 가속을 얻을 테고, 그 덕분에 인류가 만든 물체 중 최초로 태양계를 벗어나는 경로를 밟게 될 것입니다. 우주선이 그 속력으로 계속 나아갈 때, 제일 가까운 다른 별에 도달하려면 시간이 얼마나 걸릴까요? 10만 년쯤 걸릴 겁니다.
이것은 제가 말했던 1g의 평균 가속을 내는 우주선과 실제 우리가 도달할 수 있는 수준의 차이를 가늠하게 하는 좋은 예시입니다. 우리가 1g 우주선을 만들 수 있을지 없을지는 아직 모릅니다. 하지만 만일 가능하더라도 우리가 실제로 그걸 갖게 되는 시점은 현재로부터 무진장 먼 미래일 것이 분명합니다. 어쩌면 외계인들은 갖고 있을지도 모르죠. 하지만 설령 갖고 있더라도 그건 아마 대단히 비싼 기술일 것이기 때문에, 그들이라고 해도 일요일에 드라이브 삼아서 한번 몰아볼까 하진 않을 겁니다.

페리스 그렇다면 우리가 다른 문명과 대화를 나누는 날까지 수백 년은 더 남은 것 같군요. 당신은 언젠가 일련의 추측을 이어서 계산할 때 어느 두 지적 문명의 평균 거리는 100광년에서 1000광년 사이일 것이라고 말한 적이 있습니다.

세이건 네. 가령 300광년이라고 가정해볼까요. 그렇다면 그들이 우리에게 "여보세요, 안녕하세요?" 하는 신호를 보내고 우리가 거기에 대해서 "그럼요, 덕분에 잘 지냅니다" 하고 대답을 보내는 데는 600년쯤 걸릴 겁니다.

페리스 600년이라. 그건…….

세이건 토마스 아퀴나스의 어머니가 살았던 시대쯤 되려나요.

살아 있는 것과의 공명

맑은 밤, 높고 외진 장소에서 바라보는 화성은 짙고 불그레한 색깔로 흔들림 없이 빛난다. 도시에서는 좀처럼 보기 힘든 모습이다. 도시의 스모그 낀 공기를 통해서 보는 행성은 핏기 없이 파리하고 알아보기도 어렵다. 지금은 화성이 태양 건너편에 있고, 그래서 대낮의 하늘에 뜨기 때문에 우리 눈에는 전혀 보이지 않는다. 하지만 보통 그 행성은 쉽게 눈에 들어오는 편인데, 왜냐하면 주변 별들보다 밝은 데다가 주변 별들과는 달리 깜박거리지 않기 때문이다. 망원경을 통해서 보면 화성은 가장 강력한 도구를 쓰더라도 점광원처럼 보이는 모든 별들과는 달리 붉고 둥근 공처럼 보인다. 우리 공, 우리 지구와 마찬가지로 우리가 충분히 가볼 수 있는 공간을 지닌 장소처럼 보인다. 이 붉은 행성은 많은 문화에서 전쟁과 연관되어왔고, 지난 100년 동안은 과학 전쟁이 벌어지는 싸움터이기도 했다. 그곳에 생명이 있느냐 없느냐 하는 논쟁이었다. 태

이 인터뷰는 1976년에 이뤄졌고 1979년 『화성의 생명을 찾아서The Search for Life on Mars』(헨리홀트앤드컴퍼니)에 수록되었다. 글을 쓴 헨리 S. F. 쿠퍼 주니어(Henry S. F. Cooper Jr., 1933~2016)는 작가이자 과학 저술가로 〈뉴요커〉 등에 오랫동안 기고했다. 그는 『모히칸족의 최후』를 쓴 제임스 페니모어 쿠퍼의 후손답게 환경운동가적 기질을 물려받은 작가였다.

양계의 모든 행성 가운데 우리 행성을 제외한다면 화성이야말로 생명이 거주할 가능성이 가장 높은 곳으로 여겨진다. 그런 가능성을 충분히 염두에 두고서 NASA는 1960년대 중반부터 세 우주선을 보내어 행성을 가까이서 비행하도록 했고, 네 번째 우주선은 아예 행성으로 들어가서 궤도를 돌게 했다. 한편 1962년에서 1973년까지 소련도 우리가 아는 한 여덟 대의 우주선을 화성으로 파견했다. 개중 세 대는 사라졌지만, 나머지 다섯 대는 성공 수준이 다양한 데이터를 보내왔다. 올여름, 바이킹 1호와 2호로 명명된 두 미국 우주선—각각 행성 표면으로 내려갈 착륙선과 계속 상공에서 맴돌 궤도선으로 이뤄졌다—이 화성에 도달할 것이다. 천체들의 역학과 그보다 세속적인 사안들이 얄궂게 맞물린 덕에, 첫 착륙선은 미국 독립기념일 200주기인 1976년 7월 4일에 행성에 내릴 예정이다.

현재 화성을 비롯하여 지구에서 먼 다른 많은 장소에도 생명이 있을지 모른다는 가설을 누구보다 열렬히 옹호하는 사람은 코넬대학교의 천문학과 교수이자 NASA의 여러 무인 우주탐사 사업에 연구진으로 참여했던 칼 세이건 박사다. 작년 8월 10일, 플로리다 주 케이프커내버럴의 케네디우주센터에서 바이킹 1호가 발사되기로 예정되었던 날 하루 전, 세이건은 발사대에서 19킬로미터쯤 떨어진 코코아비치의 라마다인 호텔 수영장 옆에서 뜨거운 시멘트 바닥에 앉은 아이 10여 명에게 이야기를 들려주고 있었다. 41세로 썩 젊어 보이며 길고 곧고 검은 머리카락을 널찍한 이마 위에 비스듬히 빗어 내린 세이건은(그는 자기 이름을 "페이건pagan. '이교도'라는 뜻"과 운이 맞는 방식으로 발음한다) 논쟁적인 인물이다. 그러나 대부분의 과학자는, 설령 그가 바이킹 사업 전체의 기상을 구현한 존재까지는 아니더라도, 최소한 그 사업에 상상력을 부여하는 존재라는 데 동의한다. 이날 그는 까만 수영복 바지와 밤색과 흰색이 섞인 셔츠를 입고서 수영장 가장자리에 앉아 있었다. 그의 발치에는 한 구석이 부러진 바이킹 착륙선 모형이 개구리처럼 웅크리고 앉아 있었고, 비치볼만큼 큰 데다가 불그레한 색깔을 띤 화성 모형도 쓰레기통에 담긴 채 놓여 있었다. 대부분 열 살이 안 된 아이들은 바이킹 사업에 참가한 과학자들이나 엔지니어들의 아들딸이다. 세이건의 네 살 아들 니컬러스도 끼어 앉아 있었다. 아이들은 세이건을 좋아하는 것 같다. 그는 자신의 유년기를 단 한 순간도 먼 과거로 묻어두지 않은 사람처럼 보인다. 그는 늘 유년기와 가까이 머물러왔고, 그로부터 풍성하고 발랄한 이미지들을 끌어내는 듯하다.

"여기 지구에는 수영장도 있고 비치볼도 있고 핫도그도 있고 다른 멋진 것도 많죠. 하지만 만일 여러분이 멀리멀리 나가서 바라본다면 그런 것들은 전혀 보이지 않을 거예요." 그가 설명을 시작했다. "우주에서 보면 지구는 다른 많은 점 속에 섞인 푸른 점으로만 보일 거예요. 파란 점, 초록 점, 갈색 점도 있을 테고, 유달리 크고 빨간 점도 하나 있을 거예요." 그는 화성 모형을 집어 들었다. "여기 맨 위랑 맨 밑에는 눈이 쌓여 있어요." 그는 두 극점을 짚으면서 말했는데 그곳에는 모형이 받침대에서 회전할 수 있도록 뚫어둔 구멍이 나 있다. "진짜 행성에는 이 구멍들이 없어요. 하지만 여기에 거대한 산맥이 있죠. 여기에도 있고요. 여기에도 있어요. 여기에는, 만일 지구에서라면 뉴욕에서 샌프란시스코 너머까지 뻗을 만큼 긴 계곡이 파여 있어요. 우리가 이런 산맥과 계곡이 있다는 걸 아는 건 화성 근처의 우주 공간에서 바라봤을 때 보이기 때문이지만, 화성 표면에 과연 뭐가 있는지는 우리가 아직 몰라요." 그가 드러내어 말한 건 아니지만 그의 말에서는 비록 화성 표면에 핫도그는 없을지라도 그 못지않게 흥미로운 모종의 생명이 있을지도 모른다는 암시가 풍긴다. 세이건이 좋아하는 논증 중 하나는, 만일 지구에 발전된 문명이 없었던 수천 년 전에 웬 우주인이 다른 행성에서 와서 지금 우리가 화성을 보는 것밖에 안 되는 수준으로 지구를 봤다면 그는 지구에 생명이 존재한다는 사실을 몰랐으리라는 것이다. "그래서 우리는 화성에 누굴 보내서 거기 뭐가 있는지 살펴보고 싶어요." 세이건이 계속해서 아이들에게 말했다. 아이들은 모두 밝디밝은 금발이고, 대부분은 버지니아 주 햄프턴, 콜로라도 주 덴버, 캘리포니아 주 패서디나나 마운틴뷰처럼 바이킹 사업을 진행해온 공장 · 대학 · 우주센터가 있는 동네에서 얼마 전에 이리로 왔다. "화성인을 보내면 어떨까 싶었지만 우리가 아는 화성인이 한 명도 없었죠. 그게 우리가 직접 가는 이유 중 하나예요. 그리고 또 우리는 몇몇 친구들에게 화성에서 살 수 있겠느냐고 물어봤지만 살 수 있다는 사람은 아무도 없었죠. 그곳은 무척 춥고 건조하고, 대기가 지구와는 달리 산소가 아니라 주로 이산화탄소로 이뤄져 있고, 밀도는 지구의 약 100분의 1밖에 안 돼요. 그래서 우리는 우리 대신에 갈 사람을 만들어야 했는데, 그가 바로 바이킹이에요." 세이건은 우주선 모형을 집어 들었다. "바이킹은 아주 특별한 친구죠. 바이킹이 뭘 갖고 있는지 말해줄게요. 바이킹은 발이 세 개 있어요. 그걸로 걷지는 못하지만 착륙할 때 통통 튕길 수는 있어요. 배 속에는 커다란 귀가 하나 있어요. 그걸로 여러분의 말을 듣지는 못하지만 1000마일 밖에서 난 지진을—화성 지진이죠—들을 수 있어요. 꼭대기에도 귀가 두 개 있는데 그걸 켜면 전파 신호를 들을 수 있고, 그걸로 말도 걸 수 있어요. 눈은 우리처럼 두 개가 있는데, 다만 게처럼 작대기 끝에 매달린 눈이에요. 바이킹은 우리가 볼 줄 아는 색깔을 죄다 볼 줄 알고, 우리가 볼 줄 모르는 색깔도

바이킹 1호

볼 줄 안답니다. 그다음으로 입에 대해서 알아볼까요. 바이킹은 입이 세 개 있고, 그중 하나는 코를 겸해요. 그 입들로 흙을 먹는답니다."

"웩!" 밝디밝은 금발 머리카락을 하나로 묶어 길디길게 그을은 등에 늘어뜨린 여자아이가 말했다.

"너한테는 웩이지만 이 친구는 흙을 좋아한단다." 세이건이 말했다. "에너지를 얻으려고 흙을 먹는 건 아니에요. 필요한 식량은 몸속에 다 갖고 있으니까요. 그냥 흙이 좋아서 먹는 거예요. 바이킹은 특히 여러 종류의 흙을 구별할 줄 아는 뛰어난 입맛을 갖고 있답니다. 이 친구는 우리가 수영장에 풀어 넣는 염소 냄새도 쉽게 맡아요. 자기가 먹은 것 속에 살아 있는 게 들었는지 안 들었는지도 알죠. 손이 있어서 그걸로 흙을 집어 먹어요. 그 손으로 다른 물체를 집어서 살펴보기도 하죠. 팔은 두 개예요. 그중 하나는 3미터나 되니까, 저기 앉은 저 여자아이한테까지 팔을 뻗어서 집어 올릴 수도 있겠죠. 다른 팔은 좀 더 짧고, 그걸로는 공기를 느껴요. 화성은 공기가 아주 희박해요. 바이킹은 매일 지구로 무선 신호를 보내서 이런 말을 해요. '안녕, 지구. 오늘 화성 기온은 영하 60도예요. 바람이 거세고, 눈은 없어요.' 꽤 똑똑하죠. 바이킹은 단어를 1만 8000개 알고 있어요. 여덟 살 아이가 아는 단어가 아마 그 절반쯤 될 거예요."

"바이킹이랑 여덟 살 아이 중에서 누굴 화성에 보내고 싶은데요?" 여덟 살쯤 되어 보이는 빨간 수영복의 남자아이가 물었다.

"나라면 여덟 살 아이를 보낼 거예요." 세이건은 즉각 대답했다. "바이킹은 똑똑할지는 몰라도 반응이 느려요. 만일 웬 묵직한 화성인이 바이킹 옆을 지나간다면, 바이킹의 큰 귀를 책임지는 과학자 앤더슨 박사는 바이킹의 두 눈을 책임지는 과학자 머치 박사에게 가서 이렇게 말할 거예요. '뭔가 묵직한 게 근처에서 걸어 다니는 소리를 들었어요.' 그러면 머치 박사는 관제센터로 가서 바이킹에게 이렇게 말할 거예요. '뭔가 묵직한 게 근처에서 걸어 다닌대. 뭔지 살펴봐.' 그로부터 사흘 뒤에 바이킹은 뭔지 살펴볼 테고, 그때쯤이면 뭐가 됐든 근처에서 어슬렁거리던 건 진작 시야에서 사라졌겠죠. 바이킹이 못하는 또 다른 일은 번식이에요. 만일 두 바이킹 착륙선이—기억하겠지만 착륙선은 두 대고, 각각의 머리 위에서 나는 궤도선도 두 대예요—더 많은 착륙선을 만들 수 있다면 좋겠지만 그럴 수 없죠. 아무튼 바로 이 녀석이 화성으로 갈 우리의 특별한 친구예요. 이 친구는 내일 떠날 거예요. 누군가 화성에 직접 착륙해서 우리에게 그곳에 대해서 알려주는 건 이번이 처음이니까 여러분은 운이 좋은 거예요."

"재가 터지면 어떡해요?" 빨간 수영복의 남자아이가 물었다.

"두 대를 마련한 이유 중 하나가 바로 그거예요." 세이건이 대답했다.

"다리가 떨어지면 어떡해요?" 포니테일을 한 여자아이가 물었다.

세이건이 손에 든 모형에 그런 일이 벌어져 있었다.

"그러면 절뚝거리겠죠. 몸이 옆으로 기울겠죠." 세이건이 대답했다.

"화성인이 눈을 잘라버리면 어떡해요?" 다른 남자아이가 물었다.

"끔찍하겠죠! 그래도 다른 쪽 눈으로 화성인을 볼 수 있을 거예요."

"화성인이 복잡한 무기로 얘를 폭파해버리면 어떡해요?" 다른 여자아이가 물었다.

"그러면 폭파된 착륙선이 남겠죠. 그리고 어쩌면 카메라로 그런 못된 짓을 하는 화성인을 찍을 수 있을지 몰라요. 하지만 아마 화성인은 그렇게 못되지 않았을 거예요. 화성인은 우리에게 친절하거나 아니면 우리에게 관심이 없을 거예요."

장난기가 있고, 과학소설을 과학에 도움이 되는 방식으로 끌어들일 줄 알고, 질문을 능란하게 홀랑 뒤집어서 악조건이 갑자기 유리한 조건처럼 보이게 만들 줄 아는 능력으로 세이건은 아이들뿐 아니라 동료 과학자들도 때로는 즐겁게 만들었다가 때로는 화나게 만든다. 과학자들은 그를 정확히 어떻게 판단해야 할지 몰라 한다. 그를 좋은 과학자로, 심지어 훌륭한 과학자로 여기기는 하지만 그의 가장 두드러진 특징인 상상력은 어떻게 받아들여야 좋을지 몰라 한다. 세이건은 이론가, 즉 예로부터 많은 동료 과학자의 심기를 거슬러온 유형의 과학자다. 그는 무엇이 실제로 있는가가 아니라 무엇이 가능한가 하는 문제를 다룬다. 과학자들은 지나치게 앞서 나간 추론을 한다 싶은 과학자에 대해서, 특히 공개적으로 그러는 과학자에 대해서 상당히 엄한 태도를 취할 수 있다. 세이건은 오늘날 인류가 직면한 가장 중요한 질문은 우주의 다른 곳에 지적이든 아니든 다른 생명이 존재하느냐 하는 문제라고 믿는다. 이것은 함정이 가득한 까다로운 문제지만, 최근 들어 그를 비롯한 대부분의 과학자들은 그런 생명이 있어야만 한다고 생각하기 시작했다. 외계 생명의 직접적인 증거는 아직 없다. 다만 한 생물학자가, 정확히 말해서 세이건의 친구인 스탠퍼드대학교의 조슈아 레더버그Joshua Lederberg, 1925~2008 박사가 우주에 생명이 존재한다는 확실한 증거로서 하나의 인상적인 예시를 가리켜 보이긴 했는데, 그 사례란 바로 우리 인간이다. 그러나 우주생물학의 간접적 증거로 널리 인정되는 항목이 두 가지 있기는 하다.(우주생물학exobiology은 지구 밖의 생명을 연구하는 학문을 가리키는 말로, 15년쯤 전에 레더버그가 만들어낸 용어다. 레더버그는 세이건을 비롯한 다른 동료들과의 대화를 통해서 이 학문 분야를 만들어냈는데, 원래는 외계 우주생물학extraterrestrial biology이라고 불렀지만 그 이름은 발음하기가 너무 어려워서 그냥 우주생물학이라고 줄였다.) 첫 번째 간접증거는 하늘에 있는 별의 수가 막대하다는 사실이다. 우리은하에만도 2500억 개의 별이 있을 것으로 추정되며, 우리가 제일 큰 망원경으로 볼 수 있는 시야 내에는 아마 우리은하 속 별의 수만큼이나 많은 다른 은하가 있을 것이다. 행성은 별 형성 과정에 흔히 뒤따르는 결과로 여겨지므로, 그 별들 중 많은 수에 행성계가 딸려 있을 것이다. 지금까지 확실히 행성계를 갖고 있다고 알려진 별은 우리 태양뿐이지만 말이다. 그러나 이런 추론도 만일 조건만 맞는다면 얼마든지 생명이 발생할 수 있다는 사실이 확인되지 않는 한 별다른 증거가 되지 못할 텐데, 두 번째 간접증거가 바로 그 사실을 암시하는 내용이다. 지난 20년 동안, 생명의 기본 구성 요소로 기능하는 분자들의 형성을 연구해온 분자생물학자들은 가장 단순한 유기화합물로부터 지구 생명이 발달한 경로라고 여겨지는 과정을 실제 보여주는 데 성공했다.(유기화합물이란 탄소가 포함된 화합물을 뜻한다.) 그런데 최근 그런 화합물 중 많은 종류가 우주 전역에 엄청나게 풍부하다는 사실이 발견되었기 때문에, 생물학자들은 생명이 우주에서 흔히 나타나는 현상일 뿐 아니라 심지어 우주의 필연적인 결과물일지도 모른다고 믿게 되었다. 만일 다른 곳에 생명이 전혀 없다면? 세이건은—논증을 거꾸로 뒤집어서—대답하기를, 그렇다면 과학자들은 훨씬 더 까다로운 문제에 직면하는 셈이 된다. 우주에서 우리가 있는 곳이 뭐가 그렇게 특별하기에 하필 여기에서만 생명이 발달했는가를 설명해야 하기 때문이다. 세이건은 한 친구의 말을 즐겨 인용하는데, 그 친구란 매사추세츠공대의 물리학자로서 현재 NASA에서 외계 문명과의 전파 통신 기법을 추천하는 위원회의 의장을 맡고 있는 필립 모리슨Philip Morrison, 1915~2005 박사다. 모리슨은 우리가 화성에서 어떤 종류든 아무리 하찮은 생명이라도 발견할 경우 생명은 그 즉시 기적에서 통계로 바뀔 것이라고 말했다. 그야 처음에는 단 두 가지 사례로 이뤄진 통계겠지만 말이다. 세이건을 비롯한 몇몇 사람들은 실제 우주의 생명이 지구에서처럼 통계적으로 피라미드 구조를 이루고 있으리라고 짐작한다. 즉, 하등 형태 생물의 수가 고등 형태보다 압도적으로 더 많은 구조다. 정말로 그렇다면, 만일 화성처럼 비교적 척박한 행성에서 미생물이 발견될 경우 사람들은 세이건이 "큰 도약"이라고 부르는 태도 변화를 일으켜서 우주에 지적 존재가 상당히 균일하게 퍼져 있으리라는 가설을 기꺼이 받아들이게 될 것이다.

세이건은 외계 생명의 문제를 실험실에서만 다루는 게 아니라 강의실, 책, 텔레비전에서도 다룬다.(올여름 바이킹 우주선이 화성에 착륙하고 나면 우리는 그의 얼굴을 텔레비전에서 자주 만날 것이다.) 그는 열세 권의 책을 썼고, 개중 세 권은 대중적으로도 인기를 끌었다. 소련 천체물리학자 이오시프 S. 시클롭스키와 함께 쓴 『우주의 지적 생명』 『다른 세상들』 그리고 제일 유명한 책인 『우주적 연결』이다. 마지막 책은 미생물에서 지적 생명까지 온갖 종류의 외계 생명을 발견할 가능성을 유창하게 설명한 내용으로, 그는 객관적인 과학적 태도부터 시적인 태도까지 다양한 접근법을 망라하여 설명했다. 세이건은 글을 잘 쓴다. 『우주적 연결』 서문에서 그는 이렇게 적었다.

> 요즘도 내가 하는 일이 나 스스로에게조차 분명 특별히 즐거운 꿈일망정 실현되기 어려운 꿈인 것처럼 느껴지는 순간이 있다. 내가 금성 · 화성 · 목성 · 토성 탐사에 관여하다니. 우리가 아는 오늘날의 지구와는 전혀 달랐던 40억 년 전 지구에서 생명이 처

> 음 나타났던 과정을 재현하려고 애쓰다니. 화성에 기기를 착륙시켜서 그곳에도 생명이 있는지 찾아보다니. 그리고 만일 그런 존재가 저 캄캄한 밤하늘 너머에 있다면 말이지만, 다른 생명과 소통하려고 진지하게 노력하는 작업에 관여할 수 있을지도 모른다니. 만일 내가 50년만 더 일찍 태어났다면 이런 활동을 하나도 할 수 없었을 것이다. 그때는 이런 것이 모두 상상에 가까운 추론에 지나지 않았다. 만일 내가 50년만 더 늦게 태어났다면 아마도 맨 마지막 작업을 제외하고는 역시 이런 활동을 전혀 할 수 없었을 것이다. 지금으로부터 50년이 흐르면 태양계 예비 정찰, 화성 생명 수색, 생명의 기원 연구가 모두 완료되어 있을 것이기 때문이다. 인류 역사에서 이런 모험이 실시되는 바로 그 순간에 살고 있는 나는 엄청난 행운아다.

바이킹 1호가 발사되던 순간, 세이건은 NASA 배지를 두 개 달고 있었다. 하나는 과학자가 다는 배지였고 다른 하나는 그가 편집자로 일하는 과학 학술지 〈이카루스Icarus: The International Journal of Solar System Studies〉의 통신원 자격으로 단 배지였다. 그는 자신이 과학자인지 작가인지 결정하기 어려워하는 사람처럼 보였다. 그는 가끔 과학자들과 함께 있으면 지루할 때가 있다고 말한다. 그가 바이킹호 발사를 함께 구경하려고 플로리다로 데려온 사람 중에는 아내인 화가 린다와 아들 외에도 그의 지인이거나 그가 함께 일했던 적 있는 다른 많은 예술가와 몇몇 작가가 있었다. 그중 한 명인 스튜어트 브랜드는 잡지 〈전 지구 카탈로그Whole Earth Catalog〉의 편집자로, 그 잡지의 1971년판에는 세이건의 행성 강의 중 일부가 발췌되어 실린 적도 있었다. 세이건은 또 최근에 영화제작자이자 감독인 프랜시스 포드 코폴라와 텔레비전용 SF 영화 대본 작업을 함께한 터라 그도 초대했는데, 코폴라는 오기로 했지만 막판에 오스트레일리아로 갈 일이 생겨서 빠졌다. 세이건은 추종자들을 거느린 인물이 되어가는 중이다. 요즘 젊은 사람들은 외계 생명이라는 발상에 열광하고, 세이건은 강연자로 특히 대학에서 인기가 많다. 검은 머리카락, 짙은 색의 피부, 움푹한 눈의 잘생긴 외모는 청중 중 여성들에게 강한 매력을 발휘하는 듯하다. 최근 그가 휴스턴에서 강연하다가 화성에 과연 생명이 존재할까 하는 질문을 던진 뒤 미소를 띠면서 "우리가 그곳에 간다면, 그곳에서도 이것과 똑같이 지루한 강연을 들어야 할지 모릅니다" 하고 덧붙이자, 숙녀답지 못한 엄청나게 큰 한숨 소리들이 강당을 메웠다. 1975년 봄의 어느 한 달 일정으로 판단하건대 세이건의 공적 활동 일정은 무척 분주하다. 4월 6일에 그는 뉴욕에서 보건교육후생부가 영재들을 위해서 마련한 자리에 참석하여 아이들에게 강연했다.(세이건 자신도 영재였다.) 4월 9일 · 10일 · 11일에는 펜실베이니아대학교에서 화성 생명에 대한 연속 강연을 했다. 4월 14일에는 뉴욕으로 돌아와서 전미도서상 심사에 참가했다. 4월 23일에는 패서디나로 날아가서 외계 지적 생명에 관한 모임에 참석했고, 간 김에 〈투나잇 쇼〉에도 출연했다. 이후 코넬로 돌아오는 길에는 덴버에 잠시 들러서 바이킹 착륙선을 제작하고 있는 마틴매리에타항공Martin Marietta Aerospace의 엔지니어들에게 강연했다. 어떤 동료들은 그가 너무 연예인처럼 되어가고 있다고 생각하고, 그 스스로도 자신이 강연과 텔레비전 분야에 너무 많은 시간을 쏟는 건 아닐까 염려하고 있다. 그가 경각심을 느낀 건 아들 니컬러스가 그에게 커서 되고 싶은 두 가지로 "아빠랑 진행자"를 말한 순간이었는데, 니컬러스가 말한 진행자란 TV 토크쇼 진행자였다. 자기 아빠가 자주 출연하는 걸 봤기 때문이다.

세이건은 두 바이킹 착륙선의 영상 팀이라고 불리는 팀의 일원이다. 영상 팀은 착륙선이 화성 표면에서 보내온 사진을 분석하는 과학자들이다. 그와 캘리포니아 주 마운틴뷰에 있는 NASA 에임스연구센터Ames Research Center의 제임스 B. 폴랙 박사는 주로 지질학자로 구성된 영상 팀에서 단둘만 천문학자다. 더 중요한 점은, 세이건이 그중 유일하게 생물학 지식을 제대로 갖춘 구성원이라는 점이다. 물론 별도의 생물학자 팀이 있고 착륙선마다 미생물 감지용으로 갖춰진 도구가 있지만, 세이건은 카메라야말로 화성에서 생명을 발견하는 데 가장 효과적인 수단으로 밝혀질지 모른다고 믿는다. 지구에서도 생명을 발견하는 가장 확실한 방법은 그냥 눈을 뜨고 쳐다보는 것이라는 원칙에 따라서 말이다. 그는 카메라가 화성 생명의 형태에 대해서 제일 적은 수의 가정만을 바탕에 깐 기법이라고 본다. 착륙선이 갖춘 세 가지 생물학 실험 도구는 화성의 흙을 배양한 뒤 그 속에서 뭐가 자라는지 살펴볼 텐데, 그것은 온도, 영양, 습기, 대사 활동에 대해서 수많은 가정을 바탕에 깐 활동이다. 반면에 카메라는 단 하나의 가정만을 깔고 있다. 물론 그 하나가 엄청나게 크기는 하지만 말이다. 그것은 곧 화성 생명이 우리 눈으로 볼 수 있을 만큼 클 것이라는 가정이다. 세이건은 바이킹 과학자들 중에서 거의 유일하게 이 가능성을 받아들이는 사람이다. 최근에 그는 내게, 바이킹호가 보내온 사진에서 가시적인 생명의 흔적을 찾아내는 것을 자신의 주요한 임무로 여길 것이라고 말했다. 화성에서 미생물을 발견하겠다는 다른 동료들의 기대만 해도 거의 터무니없는 수준인데, 하물며 그보다 큰 것을 발견하겠다는 기대는 더 말할 것도 없다. "칼은 스스로 약간의 위험을 자처하면서 중요한 기능을 수행하고 있습니다." 그의 친구

모리슨 박사는 첫 바이킹호 발사 예정일 하루 전에 열린 기자회견 말미에서 이렇게 말했다.(갖가지 잔고장 때문에—우주 그렘린들 때문에—실제 발사는 예정일로부터 거의 두 주 뒤에야 이뤄졌다. 어느 시점엔가는 기계적 문제가 하도 많아서, 한 저명 과학자는 그 우주선을 "완전히 망친 것"이라고 불렀다.) 발사 전 기자회견에서 열일곱 명의 바이킹 과학자들은 화성에 생명이 있다고 믿느냐는 질문에 거수로 답했다. 처음에는 손이 하나도 올라가지 않았다. 그러다 두세 명이 손을 들었다. 1분쯤 뒤에는 열한 명이 손을 들었다. 과학자들이 느끼는 불확실성이 이렇듯 뚜렷하게 드러나는 모습을 지켜본 모리슨은, 그들보다 좀 더 선선히 외계 생명을 옹호하는 세이건에 대해서 다른 과학자들도 어느 정도 공감하고 있다는 걸 보여준 증거라고 그 모습을 해석했다. 하지만 그 과학자들 중 대부분은 세이건의 유창한 말보다는 자신들의 손이 선뜻 올라가지 못하고 머뭇거렸던 것이 자신들의 태도를 더 잘 표현했다고 생각한다. 그들 대부분은 바이킹호가 보내온 사진에서 가시적인 생명의 흔적을 찾아보는 일보다는 훨씬 더 평범한 실험을 수행할 이들이다. 만일 세이건이 팀에 합류하여 그 일을 맡지 않았다면, 그런 일은 아무도 수행하지 않았을 가능성도 있다.

세이건은 1934년에 브루클린의 벤슨허스트 구역에서 태어났다. 아버지는 그곳 의류 공장의 재단사였다. "대공황 시기였고, 우리는 가난한 편이었지요." 세이건은 요전에 이렇게 말했다. "아주 어렸을 때 저를 처음 사로잡은 건 별이었어요. 다섯 살 때, 겨울에는 몇 시에 잠자리에 들든 잘 때면 별을 볼 수 있었죠. 별은 브루클린에 속하지 않는 것처럼 보였어요. 해와 달은 브루클린에 완벽하게 어울렸지만 별은 달랐죠. 별은 어쩐지 흥미롭고, 멀고, 희한하다는 느낌이 들었어요. 사람들에게 별이 뭐냐고 물었는데, 대개 대답은 '하늘에 박힌 불빛이란다, 꼬마야' 하는 식이었죠. 별이 하늘에 박힌 불빛이란 건 저도 알았어요. 제 질문은 그게 아니었죠. 첫 도서관 대출증이 생긴 뒤, 브루클린 86번가에 있는 공립 도서관 분관으로 혼자서 거창한 원정에 나섰어요. 전차를 타야 했죠. 꽤 먼 거리였어요. 저는 별에 관한 책을 읽고 싶었어요. 처음에는 혼선이 있었는데, 사서가 제게 할리우드 스타에 관한 오만 가지 책을 말해주는 게 아니겠어요. 전 당황한지라 곧장 제대로 설명하지는 못했지만 결국엔 제가 뭘 원하는지 이해시켰어요. 사서가 책을 줬고, 전 그걸 그 자리에서 바로 읽었죠. 답을 알고 싶었으니까요."(세이건은 조숙한 아이였다. 많은 면에서 그를 닮은 아들 니컬러스도 그렇다. 니컬러스는 21개월에 글을 스스로 익혔는데, 부모는 그 사실을 자동차로 대륙 횡단 여행을 하던 중 아이가 도로 표지판을 줄줄이 읽기 시작하는 걸 듣고서야 알았다. 세이건은 자식을 애지중지하는 아버지고, 가끔은 기발한 꾀를 내는 아버지다. 예의 그 여행 중에 그는 나중에 『우주적 연결』의 상당 부분을 이룰 내용을 녹음기에다 대고 기록했는데, 그러면서 간간이 미리 녹음해두었던 동화들을 아이에게 틀어주어서 아이가 도로 표지판과 표지판 사이에 얌전히 귀 기울이게끔 만들었다. 니컬러스는 정말 나이에 비해서 똑똑하다. 얼마 전에는 화성에 생명이 있다고 믿느냐는 질문을 받고서 이렇게 대답했다. "어쩌면 있고 어쩌면 없겠죠.") 세이건은 계속 말했다. "도서관 책에는 이런 충격적이고 놀라운 말이 적혀 있었어요. 별은 우리 태양과 똑같은 항성인데, 다만 너무 멀리 있기 때문에 우리가 보기에는 그냥 빛이 깜박거리는 걸로만 보인다는 거예요. 전 수학을 몰랐기 때문에 별이 얼마나 멀리 있는지는 알지 못했지만, 태양이 한낮에 얼마나 밝고 별이 밤중에 얼마나 희미한지를 떠올렸더니 그렇게 밝은 태양이 가물거리는 빛으로만 보이려면 아마도 무지무지 멀리 있어야 할 거라는 사실을 알 수 있었죠. 우주의 방대한 규모가 처음 머릿속에서 펼쳐진 겁니다.

그로부터 한두 해 뒤였을 거예요, 제가 행성이 뭔지를 알게 된 건. 그러자 별이 태양과 같은 것이라면 그 별에도 틀림없이 주변을 도는 행성들이 있을 거라는 확신이 들더군요. 거기 생명이 있을 거라는 생각도요. 물론 그건 역사가 오래된 발상이죠. 전 나중에 알았지만 네덜란드 천문학자 크리스티안 하위헌스는 1670년대에 그런 말을 기록으로 남겼으니까요. 하지만 전 그 생각을 여덟 살도 안 되어서 떠올렸던 겁니다. 그리고 일단 그 지점에 도달하자 전 천문학에 깊은 흥미를 품게 되었습니다. 거리, 좌표, 시차를 공부하는 데 많은 시간을 들였어요.

그러다 열 살에—브루클린의 101공립초등학교를 다닐 때였는데—존 카터가 로웰의 화성으로 여행하는 이야기인 에드거 라이스 버로스의 소설을 만났습니다. 그 소설들 속 화성은 폐허가 된 도시들, 온 행성을 가로지르는 운하, 엄청나게 큰 펌프장들이 있는 세상이죠. 말하자면 봉건적 기술 사회입니다. 그곳 사람들은 피부색이 빨강, 초록, 검정, 노랑, 흰색이고 어떤 사람은 머리를 뗐다 붙였다 할 수도 있지만, 그래도 기본적으로는 다들 인간이에요. 당시에 전 다른 행성의 거주자를 우리 인간처럼 묘사한 게 일종의 인간 우월주의란 걸 알아차리지 못했습니다. 그저 다른 행성의 다채로운 생물학으로 보이는 것을 게걸스레 받아들이기만 했죠. 카터는 헬륨 왕국의 공주인 데자 토리스와 사랑에 빠집니다. 이야기는 아주 흥미진진했고, 전 그 책들을 사랑했습니다. 그 속에는 참신한 생각이 가득했죠. 버로스의 화성에는 지구보다 원색이 두 가지 더 있다고 했는데, 전 눈을 감고 그 색깔을 상상해보려고 했어요. 제가 카터처럼 화성으로 가는 모습을 상상해보았죠. 빈 공터에서 두 팔을 활짝 벌린 채, 갑자기 제가 화성에 있게 되기를 바랐어요."

그로부터 31년 후 세이건은 코넬대학교 연구실 바깥벽에 버로스가 묘사한 화성 지도를 붙여두었다. 카터가 착륙했던 지점들에는 가위표를 그려둔 채로. 최근에는 연구실을 방문한 사람들에게 매리너 9호가 보내온 사진으로 만든 화성 모형을 보여주면서 카터가 그중에서 정확히 어디에 내렸을지를 알려주었다.

"숱한 밤을 빈 공터에서 팔을 펼친 채 제가 그 반짝이는 붉은 행성에 있다고 상상했지만, 아무 일도 벌어지지 않았어요. 온갖 종류의 기도를 다 해봤죠. 그러다가 문득 그 이야기는 픽션일 뿐이라는 깨달음이 들었어요. 어쩌면 화성에 가는 더 나은 방법이 있을지도 모른다는 생각이 들었죠.

당시는 제2차 세계대전 막바지였고, 독일이 영국을 폭격할 때 V2 로켓을 쓴다는 소식이 들렸어요. 신문에는 가끔 어떤 종류의 로켓을 우주 기술에 쓸 수 있을까 하는 이야기가 실렸죠. 전 영국행성간협회British Interplanetary Society라는 단체에서 발간한 잡지 몇 권을 발견했어요. 멋진 이름처럼 들렸죠. 그리고 차츰 정말로 길이 있다는 걸 알게 되었습니다. 영국행성간협회가 1939년에 다단계 로켓을 써서 달에 가는 방법에 대한 연구를 발표했던 걸 봤죠. 전 생각했습니다. 달에 갈 수 있다면 화성도 안 될 것 없잖아?

천문학을 해야겠다는 결정을 제가 스스로 내린 건 아니었습니다. 오히려 천문학이 저를 붙들었고, 전 거기서 벗어날 생각이 전혀 없었죠. 하지만 그 일로 돈을 벌 수 있다는 건 몰랐습니다. 뭔가 적성에 맞지 않는 다른 직업, 가령 방문판매원 같은 걸 하면서 주말이나 밤에만 천문학을 해야 할 거라고 생각했죠. 제가 읽은 소설에서는 다 그런 식으로 부유한 아마추어들이 우주과학을 수행했으니까요. 그러다가 고등학교 2

학년 때, 생물 선생님이(이때는 가족이 뉴저지로 이사한 뒤라 로웨이고등학교를 다니고 있었죠) 제게 하버드대학교가 틀림없이 할로 섀플리Harlow Shapley, 1885~1972에게 봉급을 주고 있을 거라고 말씀하셨어요. 정말 근사한 날이었죠. 그때부터 전 열심히만 노력하면 천문학을 파트타임이 아니라 풀타임으로 할 수 있을지 모른다고 생각했으니까요.

이런저런 대학에서 소개 책자를 받았습니다. 전 수학과 물리학을 잘 가르치는 곳으로 가고 싶었어요. 시카고대학교가 보낸 책자는 제목이 '좋은 교육을 원한다면'이더군요. 안에는 경기장에서 풋볼 시합을 하는 선수들 사진이 실려 있었는데, 그 밑에는 '좋은 풋볼 팀이 있는 학교를 원한다면 시카고대학교로 오지 마세요'라는 설명문이 적혀 있었어요. 그다음에는 술 취한 학생들의 사진이 실려 있었고, 그 밑에는 '좋은 사교 클럽 생활을 원한다면 시카고대학교로 오지 마세요'라고 적혀 있었고요. 저한테 맞는 곳일 것 같았습니다. 문제는 시카고대학교에 공대가 없다는 거였죠. 전 천문학과 물리학뿐 아니라 로켓공학도 배우고 싶었으니까요. 그래서 프린스턴대학교로 가서 그곳 천문학자 라이먼 스피처Lyman Spitzer, 1914~1997에게 조언을 구했습니다. 그는 초기 로켓 연구에 관여하고 있었죠. 그는 저더러 천문학자가 우주선을 사용하기 위해서 나사 하나까지 일일이 알 필요는 없다고 말했습니다. 그때까지 전 그래야만 하는 줄로 알았어요. 그동안 읽었던 소설들이 남긴 또 하나의 선입견이었죠. 그런 소설들에서는 부유한 아마추어가 자기 우주선을 손수 제작하니까요. 덕분에 전 시카고대학교에 공대가 없어도 그곳으로 진학하면 된다는 걸 깨달았습니다. 응시를 했고, 1951년 가을에 입학했습니다. 1950년대 초 시카고대학교는 아주 흥미진진한 곳이었습니다. 인문학이 강했지만—저도 바란 바였죠—과학도 아주 강했죠. 엔리코 페르

미와 해럴드 유리가 각각 물리학과와 화학과에 있었고, 여키스Yerkes 천문대를 운영하는 천문학과도 뛰어났습니다."

세이건은 그보다 연배가 높은 과학자들의 관심을 끌기 시작했다. 노벨상 수상자도 많았던 그 과학자들은 여러 분야를 경험한 끝에 외계 생명에 대해서 생각해보기 시작한 이들이었다. 세이건은 1학년 크리스마스에 로웨이 집으로 돌아왔다가 인디애나대학교에 다니는 젊은 생물학자를 만났는데—어머니 친구의 조카였다—그는 엑스선이 유전자에 돌연변이를 일으킨다는 사실을 발견한 공로로 1946년 노벨 생리의학상을 받은 허먼 조지프 멀러Hermann Joseph Muller, 1890~1967 박사와 함께 연구하고 있다고 했다. 세이건은 흥미가 일었다. 엑스선은 폭발하는 별에서—신성이나 초신성에서—방출되는 복사선이므로, 멀러의 발견은 천문학과 생명 진화 사이에 직접적인 관계가 있다는 걸 보여준 셈이었다. 젊은 생물학자는 세이건에게 멀러가 요즘은 생명의 기원을 본격적으로 연구하고 있다고 알려주었다. 시카고대학교로 돌아간 뒤 세이건은 새 친구에게 편지를 써 보냈다. 친구는 그걸 멀러에게 보여주었고, 편지가 마음에 들었던 멀러는 세이건에게 1학년 여름방학에 인디애나로 와서 자신과 함께 일해보자고 제안했다. "멀러는 제게 초파리들에게서 새로 발생한 돌연변이를 찾아보는 것 같은 일상적인 작업을 맡겼습니다." 세이건은 말했다. "하지만 그는 진짜 연구진을 운영하고 있었고, 전 평생 처음으로 과학 연구가 어떤 것인지를 맛보았죠. 게다가 멀러는 지구 생명의 기원뿐 아니라 다른 곳에 생명이 존재할 가능성에 대해서도 관심이 있었습니다. 그런 발상을 한심한 생각이라고 여기지 않았죠." 물론 멀러가 외계 생명에 관심을 보인 최초의 생물학자는 아니었다. 그 영예는 아마 앨프리드 러셀 월리스에게 돌아갈 테고, 전통은 이후 J. B. S. 홀데인과 알렉산드르 오파린에게 이어졌다. 세이건은 계속 말했다. "멀러는 제게 유전학을 공부하라고 권했습니다. 나중에도 제가 생물학과 화학을 공부하도록 계속 지지해주었죠. 이전까지 저는 그런 분야들은 제 주된 관심사인 천문학과는 거리가 한참 멀다고만 생각했는데 말입니다. 전 멀러와 계속 연락을 주고받았습니다. 그가 죽기 몇 년 전, 제게 아서 C. 클라크가 쓴 우주 비행에 관한 책을 한 권 줬습니다. 그 속에 이렇게 적어뒀더군요. '어쩌면 우리는 언젠가 화성의 툰드라에서 만날 수 있을 겁니다.' 멀러는 1967년에 돌아가셨습니다. 그리고 매리너 9호가 화성 지도를 작성한 뒤인 1973년에 전 그곳의 한 크레이터에 멀러의 이름을 붙일 수 있었습니다." 세이건은 그런 일을 처리하는 단체인 국제천문연맹 International Astronomical Union, IAU 산하 화성명명위원회에 소속되어 있다. 그는 화성의 크레이터에 그 밖에도 로웰, 스키아파렐리, 에드거 라이스 버로스의 이름을 붙이는 것도 거들었다.

2학년 가을, 세이건은 멀러가 써준 소개장을 갖고 시카고대학교로 돌아와서 해럴드 유리 박사를 찾아갔다. 중수소를 발견하여 1934년 노벨 화학상을 탔던 유리는 이후 생명의 기원을 연구해오고 있었다.(그는 그런 배경 관심사 때문에 달 과학에도 흥미를 품게 된 것이었는데, 지금은 현대 달 과학의 창시자로 널리 인정받는다.) 유리는 온화하고 상냥하고 지적인 사람이다. "그는 대학생인 제게 엄청나게 친절했습니다." 세이건은 말했다. "전 생명이 어떻게 시작되었는가를 주제로 에세이를 써서 우등으로 졸업했습니다. 그건 정말로 순진해 빠진 글이었는데, 유리가 이렇게 평가했던 게 기억납니다. '이건 아주 젊은 사람의 작업입니다.' 전 화학도 생물학도 잘 모르는 주제에 생명의 기원 문제를 일거에 이해할 수 있을 거라고 생각했었습니다. 실전을 통해서 배우려는 시도였다고나 할까요.

당시 시카고대학교에는 그 문제에 대해서 저보다 더 효과적으로 접근한 사람들이 있었습니다. 대단히 흥미진진한 시기였죠. 스탠리 밀러Stanley Miller, 1930~2007가 유리 밑에서 생명의 기원에 관한 연구를 수행하던 때였으니까 말입니다. 밀러는 플라스크에 메탄, 암모니아, 물, 수소를 채우고—어린 행성의 원시 대기에 존재할 법한 물질들이죠—번개를 대신하는 전기 방전을 흘려보냈습니다. 그랬더니 생명으로 가는 첫걸음인 아미노산이 만들어졌죠. 밀러는 생명의 시작이 단순한 요행의 문제가 아니라 조건만 갖춰지면 어디서든 벌어질 수 있는 일이란 걸 보여준 거였습니다."(최근 세이건은 코넬대학교의 실험실을 찾은 방문객들에게 밀러의 실험을 변형한 형태를 구경시켜주었는데 거기에는 추가의 의미가 깃들어 있었다. 실험 결과 생성된 끈적끈적한 적갈색 유기화합물은 목성의 적갈색 띠와 동일한 빛스펙트럼을 내는 물질이었던 것이다.) 세이건은 계속해서 말했다. "유리는 제게 밀러의 실험실을 구경시켜줬습니다. 나중에 밀러는 시카고대학교 화학과 앞에서 자신의 연구를 변호해야 하는 입장에 처했죠. 그 사람들은 밀러의 연구를 그다지 진지하게 여기지 않았습니다. 밀러가 부주의하게 실험실에 아미노산을 흩뿌려놓았던 것 아니냐고 딴지를 걸었죠. 전 그렇게 중요한 연구가 그렇게 적대적인 방식으로 받아들여진다는 데 화가 치밀었습니다. 그때 밀러를 옹호하고 나선 사람은 유리뿐이었습니다. 유리는 '만일 신이 이 방식으로 생명을 창조하지 않았다면, 그는 아주 유망한 방법을 놓쳤던 셈입니다' 하고 말했죠." 올해 여든세 살인 유리는 화성에서 유기화합물을 찾아보는 바이킹 연구 팀에 소속되어 있다.

물리학 석사 학위를 받은 뒤, 1956년에 세이건은 위스콘신 주 윌리엄스베이에 있는 시카고대학교 천문학 대학원으로 진학했다. 그곳에서 당시로서는 미국 유일의 풀타임 행성학자였던 네덜란드 출신 천문학자 제라드 카이퍼Gerard Kuiper, 1905~1973 박사와 함께 연구했다. 퍼시벌 로웰이 천문학계를 행성으로부터 등지게 만든 건 사실이었지만, 그렇다고 해서 행성학의 평판이 나빠진 책임이 전적으로 로웰에게만 있는 것도 아니었다. 1920년대에 천체물리학이 등장하면서 천문학은 좀 더 전문적인 방향으로 변했는데, 그 방향은 곧 행성으로부터 멀어지는 방향이었다. 세이건이 초창기 행성천문학자들과 이른바 "융성을 누리는 현재 시기"를 잇는 다리처럼 여기는 인물인 카이퍼도, 원래는 행성 연구를 하기 전에 별을 연구해야 했다.

1944년에 카이퍼는 토성의 제일 큰 위성인 타이탄에 대기가 있다는 것, 그리고 그 대기의 주요 성분이 메탄이라는 것을 발견했다. 세이건은 이 발견에 깊은 인상을 받았다. 훗날 그는 타이탄에 생명이 있을지도 모른다고 주장하게 될 것이었다. 카이퍼는 또 화성에 지의류가 있을지도 모른다는 가설을 제안했는데, 왜냐하면 화성의 스펙트럼이 지의류의 존재를 가정한 모형과 불일치를 보이지 않았기 때문이다.(초록 식물을 가정한 모형과는 일치하지 않았다.) 세이건은 이 가설은 그다지 중요하게 여기지 않았다. 화성의 진화 과정에서 지구의 어떤 특정 생물체가 똑같이 재현되었으리라고는 생각하지 않았기 때문이다. 그래도 그는 오직 선전용 가치 때문에라도 카이퍼의 가설을 환영했다. 이즈음 이미 세이건은 외계 생명 이론을 사람들이 받아들일 만한 이론으로 다시 자리매김하는 데 흥미를 품고 있었기 때문이다. "카이퍼는 존경받는 학자였으니까 그가 화성에 어떤 종류의 생명이 되었든 존재할 가능성이 있다고 말하는 건 중요한 일이었습니다." 세이건은 말했다. "우주생물학에 큰 지지가 되었죠." 세이건은 1956년 여름을 카이퍼와 함께 텍사스 주 포트데이비스의 맥도널드 천문대에서 보냈고, 그곳에서 처음으로 충衝태양과 행성 사이에 지구가 끼어 세 천체가 일직선으로 놓이는 때로, 행성 표면을 관측하기 좋다 상태의 화성을 대형 망원경으로 관찰할 기회를 가졌다. "공교롭게도 두 군데 모두, 그러니까 화성에도 텍사스에도 모래 폭풍이 불고 있었습니다. 운하 따위는 전혀 보이지 않았죠. 밝고 어두운 무늬를 좀 볼 수 있는 것만으로 만족해야 했습니다. 맥도널드의 82인치 망원경으로 봐도 시야가 별로였어요. 비록 가물거리고 찌부러지고 왜곡된 형태나마 저기 화성이 있었습니다. 그러다 일순간 대기가 고요해졌고, 언뜻 화성 남극의 극관이 눈에 들어왔습니다. 상세히는 보이지 않았지만 어차피 그건 그다지 중요하지 않았습니다. 전 망원경 기술이 흥미롭기는 해도 한계가 있다는 걸 깨달았습니다. 목표물까지 거리가 4000만 마일약 6400만 킬로미터이나 되는 두터운 공기층 밑에서 바라봐서는 그다지 많은 걸 알아낼 수 없었습니다."

세이건은 카이퍼 밑에서 박사과정을 하는 동안 젊은 생물학자와 결혼했고(두 사람이 낳은 아들 도리언과 제러미는 이제 둘 다 고등학생이다), 커플은 윌리엄스베이를 떠나 위스콘신 주 매디슨으로 이사했다. 매디슨의 대학 도시 분위기는 그에게 더 잘 맞았다. 세이건이 당시 위스콘신대학교 유전학 교수로 있던 레더버그를 만난 것도 이 시기였다. 직전에 노벨상을 탔던 레더버그는 명석하고 다가가기 어려운 사람으로 정평이 나 있었다. 세이건은 이렇게 말했다. "그는 약간 공포와 두려움의 대상이었습니다. 생물학 박사 연구원들은 자신이 논문을 발표할 때 그가 청중석에 나타나서 단 두 개의 질문으로 자신의 논지를 허물어뜨릴까 봐 두려워했습니다. 그런데 어느 날 그가 난데없이 제게 만나고 싶다고 하더군요. 외계 생명에 관심이 있다면서요. 전 무진장 우쭐한 마음이 들었습니다." 레더버그가 세이건과 토론하고 싶어 했던 한 가지 발상은 그가 오파린의 책 『생명의 기원The Origin of Life』을 읽은 뒤로 꽤 오래 품어왔던 것이었다. 레더버그는 우주의 90퍼센트가 지구 생명에게 필요한 소수의 원소들로 똑같이 이뤄져 있는 점을 감안할 때—개중 제일 중요한 것은 수소, 탄소, 질소, 산소다—우주 진화 과정에서 유기화합물이 발달하는 데는 불연속성이 있어선 안 될 것 같다는 생각을 떠올렸다. 즉, 유기화합물은 지구에 흔한 것처럼 다른 어디서든—심지어 항성 간 공간에서도—흔해야 한다는 생각이었다. 레더버그의 가설은 결국 사실로 밝혀졌다. 그 후로 10년 동안 전파천문학자들은 항성 간 공간의 구름에서 포름알데히드를 비롯한 40~50종의 유기화합물을 발견했다. 일부 운석들도 유기화합물을 담고 있다는 사실도 확인되었다. 레더버그는 스탠리 밀러가 실험으로 보여주었던 것처럼 행성마다 제각각 대기에 친 번개 덕분에 아미노산이 생성되리라고 추측하는 게 꼭 필요한 가정인지를 궁금하게 여겼다. 혹 유기화합물이 비처럼 행성에 쏟아져 내릴 수도 있지 않을까? "레더버그와 함께 연구할 때 좋은 점은, 생물학과 천문학 양쪽 모두에 좋은 결과가 나온다는 겁니다." 세이건은 최근에 말했다. 두 과학자는 단박에 서로를 마음에 들어 하게 되었다. 세이건은 레더버그를 "무덤덤하고, 지적 자극을 주고, 어떤 제약에도 구속되지 않고, 설령 기존의 지혜가 그의 발상을 한심하게 여기더라도 자신의 발상을 그 논리적 결론까지 끝까지 밀어붙이는 사람"으로 묘사했다. "우리가 좀 더 폭넓게 활용해야 할 천연자원"이라고도 묘사했다. 세이건은 금세 레더버그를 조언자 겸 동업자로 여기게 되었다. "우리는 서로의 발상을 북돋아주었습니다. 그와 대화하는 건 즐거웠죠. 문장을 끝까지 마무리할 필요도 없었어요. 토론하는 동안 우리는 내내 훌쩍훌쩍 뛰어넘었는데, 그건 효율적인 대화 방식이었습니다. 그때 이후 지금까지, 전 그와 의견을 나누는 과정에서 수십 가지 아이디어를 떠올렸습니다. 누가 먼저 떠올렸는지 알 수 없을 만큼 공동으로 도달한 발상도 많았습니다."

레더버그도 세이건의 말에 대체로 맞장구친다. "세이건은 내 일부 발상에 도화선이 되어주었고, 나도 그의 일부 발상에 도화선이 되어주었습니다." 레더버그는 요전에 이렇게 말했다. "우리 둘의 우정 초기에는, 외계 생명에 대한 그의 생각을 이미 자리 잡은 기성 생물학자가 똑같이 즐긴다는 사실이 그에게 도움이 되었던 것 같습니다."

1959년에 레더버그는 우주에서 생명을 수색할 방법을 연구하기 위해서 마련된 미국 국립과학아카데미National Academy of Sciences, NAS 산하 우주과학위원회의 의장을 맡았다. 그는 당시 25세였던 세이건에게 위원이 되어달라고 청했다. 그 모임에는 훗날 세이건에게 중요한 관계가 될 사람이 여럿 포함되어 있었다. 가령 당시 예일대학교에 있었던 울프 비시니액Wolf V. Vishniac, 1922~1973은 세이건과 레더버그의 생각 중 많은 부분을 공유했다. 세이건, 레더버그, 비시니액은(비시니액은 1973년에 화성에도 있을 만한 종류의 미생물을 찾아 남극을 탐사하다가 크레바스에 떨어져 죽었다) 외계 생명에 대한 다른 학회에도 많이 참가했는데, 개중 가장 주목할 만한 것은 우주과학위원회가 후원하여 1964~1965년에 열린 심포지엄이었다. 그 심포지엄의 발표 자료는 『생물학과 화성 탐사Biology and the Exploration of Mars』라는 책으로 출간되었고, 책은 훗날 바이킹 프로젝트에 중요한 과학적 토대가 되어주었다.

세이건은 1960년에 시카고대학교에서 천문학과 천체물리학으로 박사 학위를 받았다. 이후 캘리포니아대학교 버클리 캠퍼스에서 연구원으로 일하다가, 레더버그의 초청으로 당시 레더버그가 막 옮겨 가 있던 스탠퍼드의대에서 유전학 방문 조교수로 1년간 일했다. 그 후 1962년부터 1968년까지 세이건은 매사추세츠 주 케임브리지에 있는 스미스소니언 천문대의 천체물리학자이자 동시에 하버드대학교에서 처음에는 천문학 강사로, 나중에는 조교수로 일했다. 그러다 1968년에 코넬대학교로 옮겼고, 지금은 데이비드 덩컨 천문학 및 우주과학 교수이자 행성학 실험실 소장이다. 그는 외계 생명에 관한 위원회와 학회에 참여하는 것 외에도 우주탐사에 관련된 여러 위원회에 참여했다. 우주선 살균 절차에 관한 국제적 지침을 작성했던 회의에 참가하는가 하면, NASA를 위해서 꾸려진 여러 위원회에도 참여했다. 물론 가장 주목할 만한 작업은 매리너 9호와 바이킹 탐사 영상 팀에 참여한 것이었다. 세이건은 파이어니어 10호와 11호 비행에도 관여했다. 파이어니어 10호는 현재 태양계를 벗어나는 경로에 접어들었고, 파이어니어 11호도 토성을 근접 비행한 뒤 곧 그 뒤를 따를 것이다. 세이건은 파이어니어 10호와 11호가 태양계를 벗어날 인류의 첫 인공물이 될 것이란 사실을 깨닫고 코넬대학교 동료인 프랭크 드레이크Frank Drake, 1930~ 박사와 함께 두 우주선에 부착할 금속판을 제작했다. 금속판에는 우리은하의 역사에서 그 우주선의 발사 시점이 언제인지를 표시한 정보와 더불어, 만에 하나 그것이 외계 생명의 손에(손이 아니라 다른 무엇에라도) 떨어질 때에 대비하여 일종의 반송 주소도 새겨져 있다. 하늘의 여러 전파 발생원들에 대한 지구의 상대 좌표가 새겨져 있는 것이다. 또한 우주선을 쏘아 보낸 장본인들의 모습도 새겨져 있는데, 세이건의 현재 아내 린다가 그린 남녀의 누드 선화線畫다. 요즘도 세이건은 외설물을 우주로 쏘아 보낸 데 대해 불평하는 사람들의 편지를 받는다고 한다. 그는 『우주적 연결』 페이퍼백 표지에 그것과 비슷한 그림이 실려 있는 탓에 서점에서 책을 본 사람들이 그걸 추잡한 책으로 여기곤 한다는 사실을 자못 재미있어 한다. 하지만 두 파이어니어 우주선이 다른 별에 다가갈 가망은 없다시피 하기 때문에, 사

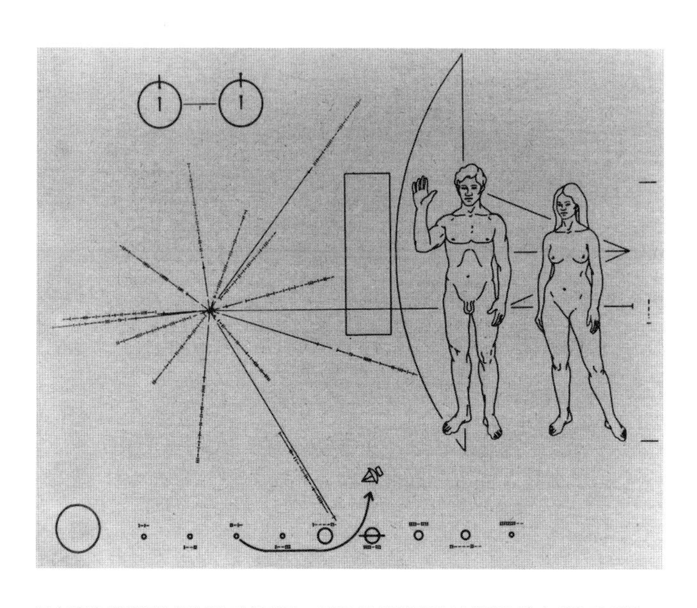

금속판에 새긴 '파이어니어 메시지'로 그림은 칼 세이건의 아내였던 린다 살츠먼 작품

실 그 금속판은 다른 문명과 소통하려는 시도라기보다는 세이건이 끊임없이 그 이미지를 개선하려고 노력하는 외계 생명 개념을 여기 지구인들에게 좀 더 잘 이해시키려는 시도였다. 그리고 그 사실을 누구보다 먼저 깨달은 사람은 바로 세이건 본인이었다. 정말이지 세이건은 과학자가 안 되었더라면 홍보 분야로 진출해서 성공했을지도 모른다. 1971년 소련 연방 아르메니아에서 열렸으며 세이건이 공동 의장을 맡았던 외계생명학회에서 그는 CETI(세티)라는 이름을 제안했다. CETI는 '외계 지적 생명과의 소통Communication with Extra-Terrestrial Intelligence'의 두문자어일뿐더러 태양과 비슷한 특징을 갖춘 별 중에서 가장 가까운 고래자리 타우성Tau Ceti을 언급하는 것도 되고, 심지어 외계 생명과의 소통에서 발생할 문제를 똑같이 일으키는 또 다른 지적인 종인 고래의 라틴어 학명 세투스cetus를 언급하는 것도 된다면서 말이다. 이 다중적 말장난은 사람들로 하여금 그 학회를 지금까지 기억하게 만드는 중요한 요소 중 하나다.

이렇게 사람들의 눈길을 끄는 활동과 과학자로서의 성과가 결합하여 세이건은 상당한 주목을 받게 되었다. 1974년 〈타임〉은 그를 "미국의 떠오르는 지도자 200명"에 선정했고, NASA는 그에게 탁월한 과학적 성취를 기려서 주는 메달을 수여했으며, 프랑스의 갈라베르상Prix Galabert은 "행성에 대한 지식과 탐사에 뛰어나게 기여한 바"를 기려 메달을 수여했다. 세이건의 과학적 성과로는 200편이 넘는 논문을 꼽을 수 있다. 그중 일부는 레더버그와 함께 썼고, 아니면 코넬대학교의 동료들인 조지프 베베르카, 프랭크 드레이크, 피터 기에라슈와 함께, 또는 하버드에서 그의 학생이었고 지금은 바이킹 착륙선 영상 팀에서 함께 일하는 제임스 폴랙과 함께 썼다. 그 논문들 중에서도 유독 상상력이 돋보이는 논문들이 다루는 주제는 가령 이렇다. 달 표면 아래에서 미생물이 생존할 수 있는 가능성, 금성의 구름에 생명이 존재할 가능성, 화성의 외딴 지역에서 생명이 존재할 가능성, 화성의 미생물이 표면 아래 1센티미터에 머무름으로써 행성의 엄혹한 환경을 견딜 수 있을 가능성, 꼭 온실 유리처럼 기능하는 뜨겁고 두꺼운 이산화탄소 대기로 둘러싸인 금성의 구름에 우리가 특수한 종류의 조류藻類를 투하함으로써 그것이 이산화탄소를 분해하고 기온을 낮추게 만들어 금성 기후를 개선할 수 있을까 하는 가능성, 그리고 (그곳에 토착 생명이 없다는 사실이 확인될 경우에) 화성 극관에 짙은 색의 미생물 서식지를 조성하여 그것이 증식할수록 얼음이 녹게 만듦으로써 화성 기후를 개선할 수 있을까 하는 가능성(만일 화성에서 생명이 발견된다면, 그래서 지구 미생물을 이식하고 싶지 않다면 카본블랙으로 대체할 수 있다. 세이건은 충분한 양의 카본블랙을 화성까지 나르는 데 우주선이 몇 대 필요할지까지 계산했다). 그리고 세이건의 논문 중 다수는 전파를 써서 우주의 지적 생명과 소통하는 방법에 관한 내용이다. 현재 그는 프랭크 드레이크와 함께 이 가능성을 조사해보고 있다. 드레이크는 코넬대학교가 미국 국립과학재단National Science Foundation, NSF을 대신해서 운영하는 세계 최대 망원경, 푸에르토리코에 있는 아레시보 전파망원경을 관리하는 천문대 소장이다. 두 과학자는 시간이 날 때면 외계의 지적 생명이 보낸 신호에 귀 기울인다. "세이건은 다른 곳에서, 화성이든 타이탄이든, 태양계 안에서든 밖에서든, 어디가 되었든 생명을 찾아내기를 간절하게 바랍니다." 바이킹 프로젝트의 동료 하나는 최근에 이렇게 말했다. "그는 온갖 다양한 일을 하고 있지만, 이것이 그 모든 활동을 하나로 꿰는 실입니다. 왜 그런지는 모르겠지만 그의 논문을 읽거나 강연을 들으면, 설령 겉으로는 서로 무관해 보이고 아주 폭넓은 주제들이라도, '이 현상이나 저 현상이 혹시 생명과 관계있을까?' 하는 질문이 늘 담겨 있다는 느낌이 듭니다. 사람들은 그를 가리켜서 '어찌나 다채로운 경력인지 몰라' 하고 말하지만 사실 그가 하는 모든 일의 바탕에는 이 하나의 목적이 깔려 있습니다."

세이건은 요전에 그를 비롯한 몇몇 사람이 지구 밖에서 생명을 찾는 일에 그토록 흥미를 느끼는 까닭이 무엇인가 하는 질문을 받았다. "우리 인간은 스스로 살아 있는 걸 좋아하고, 가령 몰리브데넘 원자와 공명하기보다는 뭔가 살아 있는 것과 감정적으로 공명하기 때문입니다." 그는 이렇게 대답했다. "우리는 왜 다른 동물에게 흥미를 느낄까요? 왜 아르마딜로의 생활사에 흥미를 느낄까요? 왜 남극까지 가서 황제펭귄들이 요즘 어떻게 지내는지 살펴볼까요? 그게 재미있기 때문입니다. 우리는 살아 있는 것에 근본적으로 끌리기 때문입니다."

광속의 딜레마

어디에선가는 하늘에 붉은색, 흰색, 푸른색, 노란색 네 개의 태양이 뜬다. 그중 두 태양은 서로 맞닿을 정도로 바싹 붙어 있어, 별을 이루는 물질이 끊임없이 둘 사이를 흐른다. 나는 100만 개의 달이 있는 세상도 안다. 크기가 지구만 한 태양, 게다가 다이아몬드로 만들어진 태양도 안다. 서로 몇 마일 떨어진 채 1초에 서른 번씩 서로를 공전하는 원자핵들도 있다. 어떤 별들 사이에는 크기도 원자 구성도 세균과 똑같은 잔알갱이들이 떠 있다. 은하수를 벗어나는 별들이 있는가 하면 은하수로 흘러드는 거대한 기체 구름도 있다. 엑스선과 감마선을 뿜어내고 엄청난 폭발을 일으키면서 괴롭게 몸을 뒤트는 플라스마도 있다. 어쩌면 우리 우주 밖에 다른 장소가 있을지 모른다. 우주는 방대하고 경이로우며, 우리는 처음으로 그 일부가 되고 있다.

—『우주적 연결』 중에서

이 인터뷰는 1976년 8월 자 〈아날로그: 과학소설과 실화Analog: Science Fiction and Fact〉 92~101쪽에 실린 것으로 콩데나스(Condé Nast)의 허가로 수록되었다. 〈아날로그〉는 1930년 창간된 SF 잡지로 이 분야에서 가장 오래되었다. 인터뷰어 조지프 구더비지(Joseph F. Goodavage, 1925~1989)는 미국의 저널리스트이자 작가이며, 점성학자이기도 하다.

구더비지 당신은 대중매체가 과학을 다루는 방식에 대해서 상당히 비판적인 시각을 갖고 있죠. 왜인지 말씀해보시겠습니까?

세이건 맞습니다. 오늘날의 과학은 워낙 흥미진진하기 때문에, 독자를 황홀하게 만들기 위해서 구태여 그보다 더 꾸미거나 왜곡할 필요가 없습니다. 안 그래도 충분히 황홀하니까요. 그런 왜곡은 과학의 진정한 흥분을 전달하지 못할뿐더러 더 나쁘게는 어린 독자들에게 느슨하고 무비판적인 사고방식을 장려하는 효과를 냅니다. 제가 겪은 바로는, 과학에 관심이 많은 데다가 언론이나 텔레비전이 인정하는 것보다 훨씬 더 깊게 파고들 의향이 있는 일반 청중이 무척 많습니다.

구더비지 임마누일 벨리콥스키Immanuel Velikovsky, 1895~1979가 제안했던 흥미로운 예측들 중 사실로 밝혀진 것이 더러 있는데요, 거기에 대한 의견을 듣고 싶습니다. 첫째, 그는 지구를 둘러싼 밴 앨런 복사대Van Allen radiation belt, 고에너지 하전입자들이 지구자기장에 붙들려 지구를 둘러싼 이중 도넛 모양을 이룬 것의 존재를 예측했습니다. 목성에 거대한 복사대가 있으리란 사실도 예측했습니다. 또 화성에 달처럼 크레이터가 파여 있으리라고 예측했습니다. 금성의 기온이 높을 것이라고 예상했습니다. 또 금성이 두꺼운 구름층 밑에서 역행운동을 한다는 사실이 밝혀지리라고 예측했습니다. 이런 예측은 대부분 당시 천문학자들의 믿음을 완벽하게 거스르는 것이었습니다. 이제 사실로 증명된 이런 데이터를 어떻게 해석하십니까?

세이건 전 벨리콥스키가 틀린 예측을 많이 했고, 과거의 과학 문헌으로부터 옳은 예측을 소수 인용했던 것이라고 봅니다. 그가 한 말 중에서 맞아떨어진 인용은 강조되었고, 틀린 예측은 강조되지 않았습니다. 그 옳은 '예측'이란 것도—거의 전부—벨리콥스키 이전에 딴 사람들이 했던 말로 밝혀졌습니다. 벨리콥스키 자신도 그들 중 일부를 자기 책에서 언급했습니다. 예를 들어 금성이 몹시 뜨거울 것이라는 가설은 일찍이 루퍼트 빌트Rupert Wildt, 1905~1976가 1940년 논문에서 제안했습니다. 빌트는 금성 대기의 높은 이산화탄소 농도 때문에 온실효과가 발휘되어 사람들이 생각하는 것보다 훨씬 더 뜨거울 것이라고 예측했죠. 1940년은 벨리콥스키의 『충돌하는 세계Worlds in Collision』가 출간된 때로부터 10년 전입니다. 그 가설의 주창자는 벨리콥스키가 아니라 빌트인 거죠. 벨리콥스키의 이른바 '옳은 예측' 중 대부분이 이런 식입니다. 어떤 똑똑한 과학자가 벨리콥스키보다 먼저 상황을 올바르게 꿰뚫어 보았고, 벨리콥스키는 그냥 그 사람을 인용한 겁니다. 말이 나왔으니 말인데, 그가 늘 출처를 제대로 밝힌 것도 아니었습니다.

"과학이 발전하는 길에는
죽은 이론들이 무수히 흩어져 있습니다.
발전은 그렇게 이뤄집니다"

구더비지 하지만 거꾸로, 천문학 역사에는 별의 크기, 행성의 온도 기울기, 행성의 중력, 역행운동, 기타 등등에 관해서 잘못된 의

견들이 무수히 제안되어왔지만 요즘 우리는 천문학자들이 성공을 거둔 옳은 추측들에 대해서만 듣지 않습니까?

세이건 과학이 발전하는 길에는 죽은 이론들이 무수히 흩어져 있습니다. 제대로 적응하지 못한 이론들이죠. 그러나 과학의 장점은 과학자들이—조금이라도 괜찮은 과학자들이라면—기꺼이 나쁜 이론을 기각하고 좋은 이론을 채택한다는 점입니다. 발전은 그렇게 이뤄집니다. 저는 과학의 이런 자기 수정적인 특징이 그보다 더 널리 적용되는 걸 보고 싶습니다. 정치인이 자신이 예전에 했던 생각은 틀렸다고 선선히 인정하고 앞으로는 더 나은 새로운 생각을 취하겠다고 말하는 모습을 보고 싶습니다. 벨리콥스키 같은 대중 과학 작가도 비슷한 태도를 취하는 걸 보고 싶습니다. 벨리콥스키가 틀린 대목이 100군데는 될 겁니다. 만일 벨리콥스키가 자신이 틀린 내용을 밝히는 논문을 쓴다면 전 아주 관심 있게 보겠습니다.

구더비지 그러면 우리가 벨리콥스키의 글은 모조리 기각해야 한다고 말씀하시는 겁니까?

세이건 아니요. 전 벨리콥스키의 말을 무턱대고 몽땅 제쳐두자고 말하는 게 결코 아닙니다. 우리는 그의 글을 읽은 뒤에야 기각할 수 있습니다. 저는 『충돌하는 세계』를 자세히 비판한 90쪽짜리 글을 썼습니다.(안타깝게도 그의 글을 읽지도 않고서 기각해버린 과학자들도 있지만요.) 지구의 옛 전설을 살펴보는 것,

그중 일부가 사실이라고 믿고서 그들 간의 상호 연결성을 찾아보는 것, 그로부터 모종의 자연적 사건의 증거를 끌어내는 것, 이것이 타당성 없는 조사 기법이라고는 생각하지 않습니다. 하지만 만일 그로부터 도출된 결론이 그보다 훨씬 더 믿음직한 사실과—가령 물리학의 위대한 보존법칙으로부터 유도된 사실과—모순된다면, 그때는 마땅히 신화로부터 끌어낸 결론을 의심해야겠지요.

구더비지 그런 기법이 타당성 없어 보이지 않는다고 말씀하신다면, 벨리콥스키의 다른 비판자들과는 입장이 다른 거로군요. 그들은 역사 기록이란 애초에 믿을 만하지 못하므로 과학적으로 수용할 수 없다고 주장합니다.

세이건 제 생각에 그런 비판자들의 진짜 말뜻은 그런 기법을 수용할 수 없다는 게 아니라 그런 기법이 믿을 만하지 못하다는 겁니다. 저는 다음과 같은 상황도 얼마든지 상상이 됩니다. 서로 접촉이 없었던 게 분명한 여러 다양한 문명이 몹시 인상적인 한 전설을 똑같이 공유하는 상황, 그런데 그 전설이 그 문명들이 사전 지식을 갖고 있었을 리 만무한 어떤 천문학적 사건 혹은 우주적 사건을 똑똑히 지시하는 상황. 만일 그런 상황이라면, 전 그런 사건이 실제로 벌어졌다고 인정할 자세를 완벽하게 갖추고 있습니다. 만일 제가 방금 말한 사전 조건들이 참이라는 사실을 제 스스로 확신할 수 있다면 말입니다. 원칙적으로야 그런 접근법이 잘못된 게 아니지만, 그런 접근법이 위험이 훨씬 더 크다는 점은 명심해야 합니다. 사회들은 실제로 서로 전설을 주고받고, 시간 규모는 실제로 일치하지 않을 때가 많으며, 어떤 이야기에 천문학적 사건 이외의 다른 설명이 실제로 가능한 경우가 많으니까요.

구더비지 알겠습니다. 그러면 행성의 움직임에 모종의 불균형이 발생해서 행성의 회전이 느려지거나 궤도에서 이탈할 가능성, 벨리콥스키가 말했던 그런 가능성에 대해선 어떻게 생각합니까?

세이건 태양계 역사에서 현시점에는 가능성이 극도로 낮은 일이라고 봅니다. 태양계가 한창 형성되는 중이었던 40억 년 전에는, 즉 지금보다 더 많은 천체가 돌아다니면서 충돌했던 시절에는 그런 사건이 잦았을 겁니다. 하지만 오늘날은 상황이 전혀 다릅니다. 혜성이 지구의 회전에 브레이크를 걸어서 멎게 했는데, 어떻게 해서인지는 몰라도 지구가 다시 돌기 시작해서 원래의 하루 길이를 되찾는다는 벨리콥스키의 생각은 말짱 헛소리입니다. 각운동량 보존법칙을 무시한 소리이기도 합니다. 우리는 이미 천체역학을 충분히 이해하고 있기 때문에, 그가 『충돌하는 세계』에서 이야기했던 사건들 중 일부를 단호히 기각할 수 있습니다. 그는 천체역학을 우회하기 위해서 임시변통의 설명들을 발명해야 했습니다. 비중력 힘이니 자기장이니 어쩌고저쩌고하는 것들이죠. 책에는 그런 새로운 힘들을 자세히 설명한 대목은 없고 눈속임만 가득합니다.

구더비지 물리학자 프리먼 J. 다이슨Freeman J. Dyson, 1923~은 "외계 사회에서 산업과 기술이 발달한 시간 규모는 항성 진화의 시간 규모와 비교하면 아주 짧을지 모른다"라고 주장합니다. 그는 수백만 년이나 된 외계 사회가 있을 수도 있고, 그곳의 과학기술은 우리로서는 상상할 수 없을 만큼 우월한 수준일 수도 있다고 말합니다. 그런 문화는 맬서스 원리의 한계까지 확장했을지도 모른다고 말합니다. 그런 그들과 우리가 갑자기 접촉하게 되었다고 상상해봅시다. 그토록 압도적으로 우월한 사회의 존재는—비록 그들에게 공격적인 의도가 전혀 없더라도—인류에게 심대한 심리적 충격을 안기지 않을까요?

세이건 전 꼭 그럴 거라고 확신하진 않습니다. 제가 드릴 일반적인 대답은 (a) 성간 공간은 엄청나게 방대하기 때문에 그들이 여기까지 오는 게 간단한 일이 아니라는 것, (b) 우리가 접촉할 만한 다른 문명은 우리보다 막대하게 더 앞서 있을 것이기 때문에 그들이 우리를 두려워할 이유가 아직은 없다는 것, (c) 그들이 원하는 게 우리에게 있을 것 같지도 않다는 것입니다. 우리가 다른 문명의 메시지를 받았을 때 겪을 직접적인 부정적 영향이란, 우리가 걱정할 문제들 중에서 제일 사소한 게 아닐까 싶습니다. 만일 우리가 정말로 전파 접촉을 하더라도 심각한 사회적 파열이 터져 나올 거라고는 예상하지 않습니다. 기껏해야 그 메시지의 존재 자체가 가장 중요한 사실일 것입니다. 그 덕분에 우리는 저 멀리에 누군가 있다는 걸 알게 될 겁니다. 그리고 우리가 현재의 위태로운 기술적 사춘기를 극복하고서 살아남을 수 있다는 걸 알게 될 겁니다. 왜냐하면 다른 누군가는 벌써 그렇게 했으니까요. 메시지의 내용을 이해하고 그것을 수행하는 건 아주 느리고 조심스러운 작업, 수십 수백 년이 걸릴 작업일 것입니다.

구더비지 하지만 뭐가 되었든 심대한 반응이 있을 텐데요.

세이건 사람들은 새로운 상황에 꽤 신속히 적응할 겁니다. 물론 거기에서 여기까지 도달하는 데 수백 년이 걸리는 신호라는 가정하에서지만, 그렇다면 그것은 별다른 부정적 효과를 일으키지 않을 거라고 봅니다. 오히려 전 중요한 긍정적 효과가 많이 나타날 거라고 생각합니다. 우주에서 우리의 위치에 대한 교훈을 가르쳐준다는 점에서, 우주에 다른 생명도 많을지 모르지만 인류가 있는 곳은 오직 한 군데뿐임을 가르쳐준다는 점에서…… 지구의 생물들은 모두—진정한 의미에서—형제자매라는 사실을 강조해준다는 점에서. 우리 자신에 대한 인식은 그런 접촉에서 우리가 얻을 중요한 긍정적 결과일 것입니다.

구더비지 신호의 송신과 수신 사이에 긴 시간 차가 있기 때문에 우리가 극도로 제약된다는 사실을 방금 언급하셨는데요, 사람들은 그걸 일종의 넘을 수 없는 장벽처럼 여기죠. 이것은 음속 장벽이 깨지기 전에 사람들이 취했던 태도와도 비슷합니다. 오늘날의 최종적인 '궁극적' 장벽은 광속입니다. 이론적으로 그 무엇도 광속을 능가할 수 없다는 제약입니다. 그런데 만일 우리가 펄서자전하며 전파를 내는 중성자별로, 그 방출 주기가 아주 정확하고 펄서마다 고유해서 좋은 지표로 간주된다의 어떤 움직임을 설명하거나 퀘이사준항성체라고도 불렸으나 실제로는 블랙홀 영역으로 밝혀진 것으로, 아주 멀리서 아주 큰 에너지를 낸다의 특징을 모두 이해하는 게 불가능하다면, 그건 곧 광속을 뛰어넘는 게 가능할지도 모른다는 뜻 아닌가요?

세이건 아닙니다. 펄서나 퀘이사에 관련해서 우리가 빛보다 빠르게 달릴 수 없다는 특수상대성이론의 수칙에 도전하는 무슨 관찰이 이뤄졌다는 얘기는 들은 바 없습니다. 음속 장벽은 물리학의 근본적인 차원에서의 장벽은 아니었습니다. 그건 그저 공학적 장벽이었습니다. 그게 극복 불가능한 공학적 장벽일 거라고 예상했던 사람들은 있었지만, 그렇더라도 그것이 물리학의 가장 근본적인 차원에 관련된 장벽은 아니었습니다. 반면에 빛의 속도가 장벽이라는 개념은 오늘날 물리학 지식의 핵심에 놓인 문제입니다. 폭넓은 영역의 희한한 현상들이 거듭 정량적으로 사실로 확인되고 있습니다. 예를 들면 빠르게 움직이는 메손(아원자 입자입니다)이 겪는 시간 지연이 그렇습니다. 메손은 빠르게 움직이면 움직일수록 더 느리게 붕괴합니다……. 메손의 내적 시계가 좀 더 느리게 흘러가는 거죠. 기본 입자의 질량은 입자가 더 빠르게 움직일수록 더 커져서, 결국 광속에 가까워집니다. 싱크로트론전자 또는 양성자 가속기의 원리가 바로 그겁니다.

구더비지　특수상대성이론에 대한 현재의 이해가 틀렸을 순 없습니까?

세이건　물리학자의 일은 세상이 구성된 방식을 이해하는 겁니다. 온갖 희한한 현상을 다 설명해내는 이론을 만드는 겁니다. 그게 바로 아인슈타인의 위대한 업적 중 하나였습니다. 그는 그런 현상들을 단순히 설명하는 것을 넘어서 그런 현상들이 관찰되기 전부터도 그것들을 정량적으로 예측할 수 있었는데, 이것은 훨씬 더 어려운 묘기입니다. 그리고 그는 그런 설명을 만들기 위해서 몇 가지 가정을 세웠습니다. 그런 근본적 가정들 중 하나가 바로 어떤 물체도 빛보다 빠르게 움직일 수 없다는 가정이었습니다. 이것은 물론 가정이고, 가정일 뿐이니까 당연히 이것이 절대로 틀렸을 리 없다는 말은 누구도 할 수 없습니다. 하지만 이 가정 덕분에 우리는 현실에서 폭넓은 현상을 이해할 수 있습니다. 다른 방식으로는 결코 이해할 수 없는 현상을.

"내일 누군가 더 똑똑한 사람이 나타나서
다른 이론을 내놓는 일이
벌어지지 않을 거라는 확신은 없습니다"

구더비지　내일 누군가 더 똑똑한 사람이 나타나서 그 모든 현상을 정량적으로 설명할 다른 이론을 내놓는 일이 벌어지지 않는다고 어떻게 확신하죠?

세이건 내일 누군가 더 똑똑한 사람이 나타나서 다른 이론을 내놓는 일이 벌어지지 않을 거라는 확신은 없습니다. 하지만 실제 그런 사람이 나타날 때까지, 저는 특수상대성이론을 고수할 겁니다. 특수상대성이론은 인류가 달성한 가장 생산적이고 탁월한 지적 성취 중 하나니까요.

구더비지 어떤 점에서 그렇죠?

세이건 아주 희한한 현상들을 아주 단순한 방식으로 이해하게 해준다는 점에서, 그리고 공간과 시간과 동시성이라는 개념들을 깊고도 단순하게 분석함으로써 유도된 이론이라는 점에서 그렇습니다. 바로 그런 의미에서 물리학자들은 그 이론이 참이라고 말합니다. 하지만 오직 그런 의미에서만입니다. 무엇도 빛보다 빨리 달릴 수 없다고 믿는다면 수많은 신비로운 현상을 이해할 수 있다는 걸 알기에, 전 무엇도 빛보다 빠르게 달릴 수 없다고 믿습니다. 하지만 전 내일 당장 마음을 바꿀 자세도 갖추고 있습니다. 누군가 더 나은 이론을 들고 나타난다면 말이죠. 하지만 아직은 내일이 아닙니다. 아직은 오늘입니다. 그러니 전 특수상대성이론이 아주 강력한 근거가 있는 이론이라고, 물리학의 다른 어떤 이론만큼이나 강력한 근거가 있는 이론이라고 여기겠습니다.

구더비지 시간 지연에 대해서 말씀하셨는데요, 그게 뭐고 그 결과는 뭐죠?

세이건 시간 지연은 특수상대성이론에서 따라 나오는 또 하나의 결과로, 무엇도 빛보다 빠를 수 없다는 구속을 부분적으로나마 느슨하게 만들어주는 현상입니다. 우리가 만일 광속과 아주 가까운 속도로 움직인다면 우리 내부 시계가 우리가 원하는 만큼 느리게 갈 수 있다는 현상입니다. 따라서 우리가 광속에 충분히 가깝게 움직일 수만 있다면, 여기서 다른 어디로든 우리가 원하는 시간 내에 갈 수 있을 겁니다.

구더비지 이해가 안 됩니다. 아무리 그래도 우리은하는 폭이 약 10만 광년이니까, 정확히 광속으로 이동하더라도 은하의 한쪽 끝에서 반대쪽 끝까지 가는 데 10만 년은 걸릴 텐데요.

세이건 절대 아닙니다. 그건 우주선을 발사한 행성에서, 혹은 우주선의 방문을 받는 행성에서 시간을 쟀을 때의 얘깁니다. 그게 아니라, 우주선 안에서 잰 시간으로 따지자면 지구에서 은하의 건너편까지 가령 1년 만에도—그 밖에 우리가 원하는 다른 어떤 시간 만에도—갈 수 있습니다. 식은 죽 먹깁니다. 당신이 여기서 우주의 다른 어디로든 얼마의 시간 만에 가고 싶은지 말해준다면 전 당신이 얼마나 빠른 속도로 움직여야 하는지를 계산해서 알려드릴 수 있습니다. 당신이 광속에 얼마나 가깝게 다가가야 하는지를. 물론 당신은 결코 광속을 넘어설 수 없고 특수상대성이론의 법칙도 깰 수 없겠지만, 그래도 원하는 만큼 짧은 시간 만에 어디로든 갈 수 있을 겁니다. 광속에 그렇게 가까이 다가가는 건 그저 기술적 과제일 뿐입니다. 물론 광속의 99.999퍼센트까지 달리는 빠른 우주선을 만든다는 건 무진장 어려운 기술적 과제입니다. 그래도 어쨌든 물리 원칙으로만 따지자면, 어떤 지점 A에서 어디든 다른 지점 B로 우리가 원하는 짧은 시간 만에 충분히 갈 수 있습니다.

구더비지 알겠습니다. 당신은 아주 많은 단체에 소속되어 일하면서도 다른 취미들, 예컨대 탁구나 우표 수집이나 스쿠버다이빙 같은 취미를 즐길 시간도 용케 내는데요, 어떻게 그러나요?

세이건 스쿠버다이빙은 뭔가 자기 완결적인 측면이 있기 때문에 제가 아주 좋아합니다. 전 카메라를 가지고 잠수해서 바닷속 생물들을 좇습니다. 아무것도 다치게 하지 않고서요. 바닷속에선 또 다른 생물학을 접한다는 느낌을 받게 되는데, 아마도 제가 우주에서 다른 생명을 찾는 데 관심이 있다는 점과 관계 있을 겁니다. 또 바닷속에선 3차원의 감각을 느낄 수 있습니다. 평소에 우리는 땅에 딱 붙어서 걸어 다니는 지극히 2차원적인 동물입니다. 그런데 스노클링을 하면, 수직으로 20피트약 6미터에서 30피트약 9미터의 공간을 통제할 수 있게 되어서 아주아주 재미있습니다. 스쿠버 장비를 쓴다면 수직으로 200피트약 60미터에서 300피트약 90미터의 공간이 열리고요. 스키나 행글라이딩이나 스카이다이빙을 즐기는 사람들도 아마 같은 이유에서 그럴 거라고 생각합니다. 3차원의 전율을 느끼기 위해서 말입니다. 하지만 전 그 전율을 다른 생물체가 풍부한 곳에서 느끼는 게 좋습니다.

구더비지 국제학술연합회의International Council for Science, ICSU 산하 우주연구위원회Committee on Space Research, COSPAR 모임에 참석했을 때, 정치적 장벽이나 이념적 장벽이 의견 교환을 방해하는 일은 없었습니까?

세이건 물론 있었습니다. 하지만 양쪽 모두에게 거의 동등하게 발생한 일이었다고 말하고 싶군요. 그러나 무엇보다도 인상적이었던 점은 다양한 나라에서 온 과학자들이 서로 아주 비슷한 데다가 다들 인간적이었다는 것입니다. 자유로운 과학적 소통의 이점은 엄청납니다.

구더비지 정치는 어떻게 훼방을 놓죠?

세이건 이를테면 과거에 소련은 금성 아니면 화성에 무인 탐사차를 착륙시켰습니다. 소비에트 사회주의 공화국 연방의 국새를 금속으로 복제한 물건도 딸려 보냈죠. 미국은 달에 사람을 보냈고, 그들은 그곳에 비닐로 된 미국 국기나 리처드 닉슨의 서명이 새겨진 금속판을 꽂아두었습니다. 두 활동은 정확히 평행한 활동인 것처럼 보입니다. 두 나라 과학자들은 마땅히 국제적 활동이 되어야 할 일에 국가주의가 끼어드는 현실에 대해서 개탄할 만합니다. 금성이나 화성에 무인 우주선을 보내고 달에 사람을 보내는 건 전체 인류여야 합니다.

구더비지 실제로 벌써 그렇게 되고 있지 않습니까?

세이건　장기적인 관점으로는 그럴 겁니다. 하지만 저는 행성 탐사의 엄청난 역사적 중요성이 좀 더 구체적으로 인식되는 걸 볼 수 있다면 좋을 것 같습니다. 그것은 또한 지구에 매인 과학에 대해서 새로운 관점을 주는 일이기도 할 텐데, 거기에는 엄청난 실용적 가치가 있습니다. 우리가 이런 문제를 더 잘 이해한다면 우주과학과 우주탐사에 대한 지지가 늘지도 모릅니다. 현재 미국은 우주 비행이라는 놀라운 역량을 전혀 활용하지 않고 있으니까요.

구더비지　UFO 이야기를 해볼까요. 당신은 UFO에 대한 대안적 설명들을 줄줄이 들어 보였습니다. "왜 이런 대안이나 저런 대안은 고려하지 않았죠?" 하는 식으로요. 당신이 그중 하나로서, 완벽하게 실현 가능한 대안으로서 언급했던 건(우리가 모든 대안을 다 고려할 경우에 말입니다만) 타임머신이었습니다!

세이건　그것이 완벽하게 실현 가능한 대안이라고는 말하지 않겠습니다. 그저 '실현 가능성이 UFO보다 적진 않은 게 분명하다'라고 말하겠습니다.

구더비지　좋습니다……. 아무리 머나먼 얘기라고 해도, 시간 여행이 우주의 자연 함수일 수 있음을 시사하는 단서가 최근 알려진 게 있습니까?

세이건　아니요, 그런 방면으로 새로운 발전은 모릅니다.

구더비지 미국 상무부가 공개한 논문이 있는데요, 제목이 '시간의 속성에 관한 실험적 연구의 가능성Possibility of Experimental Study of the Properties of Time'이었던 것으로 기억합니다. 그 논문에 따르면 시간을 거슬러서 움직일 수 있을 듯한 입자가 존재한다고 하던데요.

세이건 오래된 생각입니다.

구더비지 이론적으로요, 아니면 수학적으로요?

세이건 둘 다. 미래를 향해서 움직이는 입자란 어떤 의미에서 시간을 거꾸로 거슬러서 움직이는 반입자와 동등합니다. 리처드 파인먼이 이미 30년쯤 전에 그런 발상을 제안했었습니다.시공간에서 입자의 경로를 간명하게 보여주는 파인먼 다이어그램에 따르면 반입자란 시간을 거스르는 입자로 해석할 수 있다고 파인먼이 주장했었다. 기본 입자물리학 세계의 많은 부분이 그렇듯이, 여기에도 대단히 초현실적인 측면이 좀 있습니다. 실용적인 결과는 전혀 없는 것처럼 보이지만 그래도 흥미로운 생각입니다. 세상을 다르게 바라보는 방식이죠.

구더비지 그러면 가까운 미래에 누군가 타임머신을 제작할 가망은 없는 것 같다는 겁니까?

세이건 네, 확실히 없습니다……. 적어도 제가 아는 누군가 그럴 가망은 없습니다.

“파이어니어 10호 금속판은
망망한 성간 공간에서 최소한 수억 년을
살아남을 겁니다. 지구의 많은 것이
다 사라진 뒤에도 살아남을 겁니다”

구더비지 인류 역사가 밝은 이래, 한 개인으로서 최고로 거창한 기념물을 획득한 사람은 다름 아닌 에드먼드 핼리라는 말이 있습니다. 그가 어떤 혜성의 귀환을 예측한 덕분에 그 혜성에 그의 이름이 붙었으니까요. 그런데 당신은 핼리혜성은 물론이거니와 지구에 지어진 다른 모든 기념물보다도 더 오래 살아남을 듯한 기념물을 제작했습니다.

세이건 핼리는 멋진 사람이었죠. 아무튼 파이어니어 10호 금속판은 망망한 성간 공간에서 최소한 수억 년을 살아남을 겁니다. 지구의 많은 것이, 이를테면 로키산맥 같은 것들이 다 사라진 뒤에도 살아남을 겁니다. 성간 공간의 침식속도는 지구 표면의 침식속도보다 훨씬 더 느리기 때문이죠.

구더비지 바이킹 사업이 곧 실현되기 전에는 미국이 화성에 연착륙시킨 우주선이 아직 없습니다. 소련의 마스 3호 탐사선에서 우리가 얻은 정보는 뭐가 있었나요? 소련이 자신들이 제공한 데이터를 발표하지 말라는 모라토리엄을 우리에게 요청하기 전에 얻은 정보 말입니다. 양국은 직통 연결을 갖고 있지만, 듣자 하니 NASA가 어떤 정보를 발표하지 못하는 상황이라고 하던데요.

세이건 소련은 자기네 공식 성명을 자기네가 직접 발표하길 바라는 거고, 우리는 우리 공식 성명을 마음대로 발표하면 됩니다. 소련은 다만 그들의 공식 성명을 우리가 발표하는 걸 원하지 않는 겁니다. 아무튼 마스 2·3·4·6호 화성 진입 탐사선은 모두 실패했기 때문에, 그것들로부터 얻은 정보는 아주 적습니다.

구더비지 소련의 화성 진입선들이 다 실패했다고요? 마스 3호는 20초 동안 신호를 전송한 걸로 아는데요.

세이건 마스 3호가 빈 화면을 20초 동안 전송하긴 했죠.

구더비지 빈 화면이었다고요?

세이건 아무것도 안 보이는 화면이었습니다. 그 탐사선이 착륙했던 장소와 시각으로 보자면 당시 그 지점에 큰 모래 폭풍이 일었고 바람이 거셌습니다……. 착륙에 좋은 지점이 아니었죠. 마스 3호가 강풍 때문에 실패했으리라는 해석…… 20초 길이의 영상이 뿌옇기만 했던 건 자욱한 먼지 때문이었으리라는 해석은 완벽하게 말이 되는 설명입니다.

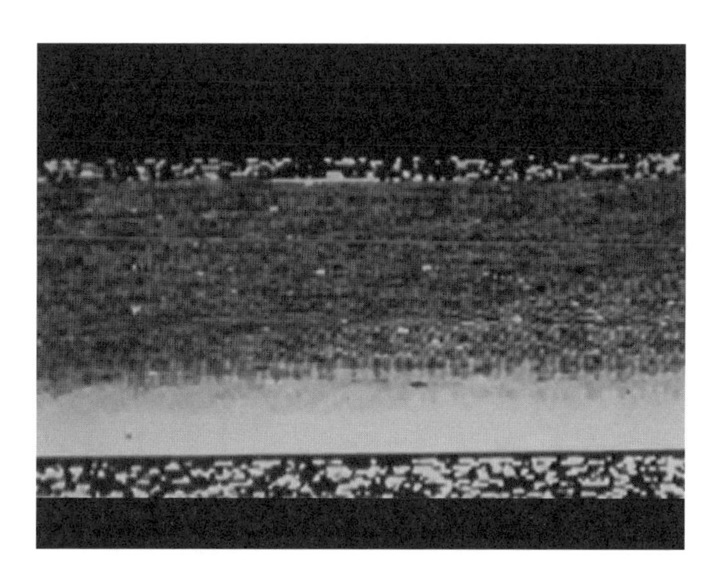

마스 3호가 전송한 화면(1971)

구더비지 우리로부터 멀어지는 은하의 빛스펙트럼이 적색이동을 보인다는 사실에 관해서, 어떤 은하가 우리로부터—상대적으로—멀어지고 우리도 그 은하로부터 멀어지되 그 속도가 둘 다 광속의 절반을 넘는 경우가 가능할 겁니다. 그렇다면 두 은하가 서로 멀어지는 속도는 빛이 한 은하에서 다른 은하까지 도달하는 속도를 넘어서지 않을까요?

세이건 지금 말씀하신 건 특수상대성이론의 속도 덧셈 법칙이 다루는 내용입니다.

구더비지 전 우리가 광속의 한계를 틀림없이 극복할 수 있을 것 같은데요. 가령 두 우주선이 한 지점에서 서로 반대 방향으로 떠난다고 합시다. 그런데 둘 다 광속의 60퍼센트로 달린다고 합시다. 그렇다면 서로에 대한 상대속도는 광속의 120퍼센트가 되어서, 둘은 빛보다 빨리 멀어지지 않을까요?

세이건 답은 '아니요'입니다.

구더비지 왜 아니죠?

세이건 왜냐하면 우주가 그렇게 작동하지 않기 때문입니다. 속도를 무턱대고 더하기만 해서는 안 됩니다. 우리가 광속에 가까운 속력으로 움직일 때는 그와는 다른 새로운 법칙이 적용되는데, 그 방정식은 살짝 더 복잡합니다. 그 복잡한 방정식에 따르면, 설령 어떤 두 성분이 우리가 바라는 만큼 최대한 광속에 가깝게 움직이더라도 둘의 상대속도는 결코 광속보다 커질 수 없습니다. 둘 다 광속의 99퍼센트로 움직이면서 서로 멀어지더라도, 상대속도는 광속의 99퍼센트보다야 크겠지만 절대로 광속의 100퍼센트를 넘진 못합니다. 광속은 무엇도 절대로 넘어설 수 없습니다.

"우리가 겪는 제한된 경험이
다른 물리 환경에서도 적용될 거라고
가정하는 건 조심해야 합니다"

구더비지 꼭 딜레마처럼 들리는데요. 신비주의에 바싹 다가간 얘기처럼 들립니다.

세이건 그건 우리가 평소에 광속이나 광속에 가까운 속도로 움직이지 않기 때문에 그렇게 느끼는 것뿐입니다. 우리는 가령 시속 10마일로 움직이는 데 익숙해져 있고 그 속도 범위에서 우주를 조사하는 데 익숙해져 있기 때문입니다. 만일 우리가 광속에 가까운 속도 범위에서 우주를 조사한다면 제가 방금 말한 내용은 당신에게도 썩 그럴듯한 이야기로 들릴 겁니다. 우리가 겪는 제한된 경험이 그와는 전혀 다른 물리 환경에서도 적용될 거라고 가정하는 건 조심해야 합니다.

구더비지 그래도 여전히 딜레마인데요. 우리가 언덕을 달려 내려올 때는 가만히 서 있을 때보다 내부 시계가 더 느리게 간다는 게 황당한 소리 같지 않습니까?

세이건 시속 10마일의 속도에서는 그 효과가 너무 작아 측정할 수 없는 수준이니까 우리가 경험하지 못하는 게 당연하지만, 아무리 그래도 그 현상은 참입니다.

구더비지 측정 가능한 참입니까?

세이건 네, 측정 가능한 참입니다. 그러나 물론 좀 더 빠르게 움직인다면 측정하기가 더 쉽겠죠.

구더비지 실제로 측정된 바가 있습니까?

세이건 물리학자들은 늘 측정하고 있습니다. 아주 빠르게 움직이는 시계는 정확히 특수상대성이론이 예측하는 정도만큼 더 느리게 갑니다. 정성적으로 옳은 것과 정량적으로 옳은 것의 차이는 꽤 인상적인 차이입니다.

구더비지 그런 측정값은 엄청나게 작겠군요.

세이건 하지만 아주 정확합니다. "무언가를 그렇게 섬세하게 측정하기란 어려운 일이야" 하고 말하면서 슬쩍 빠져나가는 건 과학에서 허용되지 않습니다. 그 값은 그 현상이 참임을 보여주는 데 필요한 수준보다 훨씬 더 정밀한 수준으로 이미 측정되었습니다. 그리고 뮤 메손mu meson, 뮤온이 해수면 높이에서도 발견된다는 사실은…….

구더비지 '뮤 메손'이 뭐죠?

세이건 대기 꼭대기에서 1차 우주선宇宙線이 상호작용해서 만들어내는 아원자 입자입니다. 그런 뮤 입자가 상층 대기에서 해수면까지 내려오는 데는 어느 정도 시간이 걸립니다. 그런데 만일 특수상대성이론이 적용되지 않는다면, 입자가 해수면까지 내려오는 데 걸리는 시간은 입자가 딸 생성물daughter product들로 붕괴되는 데 걸리는 시간보다 더 길 겁니다. 하지만 특수상대성이론은 실제 적용되기 때문에, 그리고 그 입자의 속도는 광속에 아주 가깝기 때문에 입자의 '시계'가 느려집니다. 뮤온이 대기 상층에서 해수면까지 내려오는 데 걸린다고 스스로 '느끼는' 시간은 광속에 가깝게 움직이지 않는 관찰자가 느끼는 시간보다 더 짧습니다.

구더비지 특수상대성이론은 서로 대단히 다른 생물체들에게도 똑같이 적용됩니까? 예를 들어 한 사람의 평균수명을 지질학적 시대나 우주적 시대 단위로 측정되는 인류 전체의 수명과 비교할 때는? 수명이 며칠 혹은 몇 시간인 미생물도 주관적으로 느끼는 수명은 인간과 같지 않을까요?

세이건 그런 문제와는 관계가 없을 거라고 생각합니다. 그런 생물들은 모두 같은 속도로 움직이고 있죠. 광속에 가깝게 움직이는 생물은 하나도 없습니다. 제가 적용된다고 말했던 효과들이 발생하려면 무엇이든 반드시 광속에 가깝게 움직여야 합니다. 그러니 답은 '아니요'일 겁니다. 만에 하나 모기가 광속에 가깝게 움직인다면 당신 말이 맞을지도 모릅니다만, 모기는 그렇게 움직이지 않죠. 적어도 제가 아는 모기는 그렇지 않습니다.

구더비지 엄청나게 흥미롭고 자극이 되고 공부가 되는 대화였습니다. 대단히 폭넓은 분야의 이야기를 나눴는데요, 시간을 내주셔서 무척 고맙습니다.

세이건 저도 이야기 즐거웠습니다.

인간을 닮지 않은 외계인

칼 세이건, 천문학의 모델이나 다름없는 43세의 그는 지금 뉴욕 웨스트 54번가에 있는 지그펠드Ziegfeld 극장 다섯 번째 줄에 웅크리고 앉아서 오후 5시 상영이 시작되기를 기다린다. 쉬이익! 관객들은 돌연 스크린을 맹렬하게 휩쓴 모래 폭풍의 누런 먼지에 흠씬 젖는다.

세이건은 스티븐 스필버그가 2000만 달러의 우주적 도박을 걸고 제작한 〈미지와의 조우〉를 처음 조우한다. 그는 UFO 탐정 클로드 라콩브(프랑수아 트뤼포)가 멕시코 사막의 휘몰아치는 모래 속에서 등장하는 모습을 지켜본다. 라콩브는 1945년 플로리다 상공에서 수수께끼처럼 사라진 해군 전투기 대대를 곧 마주칠 참이다. 그 조종사들은 어디로 갔을까, 다들 알고 싶어 한다.

세이건은 코웃음을 친다. "하늘에 나타난 빛 혹은 배나 비행기의 실

이 인터뷰는 1977년 12월 16일 자 〈워싱턴포스트〉에 게재되었다. 글을 쓴 아트 해리스(Art Harris)는 지면과 방송을 아우르는 베테랑 통신원이자 저술가, 다큐멘터리 제작자로, 종군 일지부터 과학, 공익 활동, 인종 · 인권 문제, 가십에 이르는 폭넓은 주제로 〈워싱턴포스트〉 〈시카고선타임스〉 〈롤링스톤〉 〈에스콰이어〉 등 유력 매체들에 기고했다.

종이 외계의 개입으로 인한 일이라는 증거는 손톱만큼도 없습니다. 그런 비행기의 귀환은 버뮤다 삼각지대 수수께끼에 무비판적으로 휩쓸리는 대부분의 사람들이 제일 좋아하는 사건이죠. 하지만 특별한 주장에는 특별한 증거가 따라야 하는 법입니다."

뭐, 다 그런 거지. 세이건을 둘러싼 다른 관객들은 모두 입을 헤벌리고 있다. 아이들은 팝콘을 으적거리던 것도 멈췄다. 부모들의 거친 숨소리, 아이들이 헉 숨을 마시는 소리가 들린다.

스필버그가 선보이는 이야기는 인디애나 주 먼시Muncie에 UFO가 찾아왔다는 이야기다. 그 사건을 목격한 사람들 중 한 명은—전력 회사에 다니는 전선 가설공 로이 니어리(리처드 드레이퍼스)다—설명을 찾는 데 집착한다. 애니메이션과 더글러스 트럼벌의 마술 같은 특수 효과 덕분에 지구를 찾아온 우주선이 화면에서 휙휙 난다.

칼 세이건은 하품을 한다. "저런 일이 불가능하다고는 말할 수 없습니다. 만일 저런 일이 실제로 벌어진다면 세상은 훨씬 더 흥미롭겠죠. 하지만 현실에서는 저런 일이 벌어지지 않아요. 제가 볼 땐 SF보다 과학이 훨씬 더 환상적입니다. 더구나 과학에는 진실이라는 장점까지 있죠. 제 전반적인 느낌을 말하라면, 우주 곳곳에 생명이 많을 것 같습니다. 하지만 과학에서는 느낌을 그다지 높게 쳐주지 않습니다. 실제로 찾아내는 게 중요합니다. 하지만 이 영화는 그럴싸한 시나리오조차 보여주지 않는군요."

제목에서 짐작할 수 있듯이, 영화에서 사람들은 우주의 난쟁이들과 직접 조우한다. 세이건이 유달리 불만스러워하는 점이 바로 이 대목이다. 그는 외계 생명을 인간과 비슷한 모습으로 묘사하는 할리우드의 편향을 '지구 우월주의'라고 꼬집는다.

"SF가 빈곤한 부분이 바로 이 지점입니다." 그는 말한다. "인간을 살짝만 비틀어서 우스꽝스러운 인간 캐리커처 같은 걸 만들어내고는 그걸 내세운다는 점. 실제 가능성의 폭은 훨씬 더 넓은데 말입니다."

칼 세이건은 외계 생명을 찾는 일을 하는 우주생물학자다. 하지만 아직까지는 외계 생명의 존재를 입증하는 증거가 없기 때문에 그는 실험실과 우주적 몽상 사이의 중간 세상에서 일한다. 그는 SF와 객관적 사실 사이의 간극에 다리를 놓기 위해서, 우주 저 멀리 생명이 존재할 가능성에 대한 사람들의 호기심을 일깨우려고 애쓴다. 그는 『우주적 연결』 같은 베스트셀러를 쓴다. 그리고 코넬대학교에서 행성학실험실을 운영한다. 그의 강의는 늘 만원을 이룬다. 그가 미디어화한 존재인 '칼 세이건 프로덕션'은 현재 1980년에 PBS에서 방영될 13부작 다큐멘터리 시리즈 〈인간과 코스모스〉를 준비하는 중이다. 그는 NASA의 매리너호와 바이킹호 화성 탐사를 거들었던 것처럼 지금도 계속 NASA 자문으로 일한다. 그리고 자주 워싱턴으로 쳐들어가서, 다른 은하를 도청할 수 있을 만큼 큰 전파망원경을 짓자는 로비를 펼친다. 세이건은 지금 이 순간에도 다른 은하들이 우리에게 메시지를 퍼붓고 있을지도 모른다고 생각한다.

아직까지는 우리가 신호를 받아내는 데 성공하지 못했지만, 이 과학의 슈퍼스타는 다른 곳에 생명이 있을지도 모른다는 원대한 가능성을 기각하지 않았다. "전 오히려 우주에 생명이 넘쳐흐르지 않는다면 놀랄 겁니다." 그는 말한다.

인간이 정말로 우주에서 다른 생명을 만나더라도, 우리 이웃은 바버렐라나 다스 베이더나 스필버그의 흔들흔들 걷는 아담한 외계인보다는 차라리 블롭이나 싱처럼 생겼을 것이다.〈더 블롭The Blob〉과 〈더 싱The Thing〉

둘 다 SF 영화로, 거기 등장하는 외계 생물 '블롭'이나 '싱'은 인간이 아니라 무정형의 덩어리처럼 생겼다. 영겁의 시간 동안 우주의 믹서에 투입되어 지구를 만들어냈던 물질과 똑같은 성분이 우주 전체에 소금처럼 흩뿌려져 있을 것으로 생각되기는 하지만, 세이건은 그 요소들이 혼합되어 또 한 번 인간을 닮은 무언가를 만들어낼 확률은 희박하다고 말한다.

인간은 "우주의 우연한 사고"로 만들어졌다는 게 그의 설명이다. 비대한 우리의 자아는 그런 생각을 좀처럼 받아들일 수 없겠지만 말이다. 지금으로부터 45억 년 전, 우주선宇宙線이 한 유전자를 때렸다. 유전자는 돌연변이를 일으켰고, 진화를 거쳐서 짜잔 하고 남자와 여자를 만들어냈다. "대부분의 생물학자들은 만일 우리가 지구 역사를 맨 처음부터 다시 돌려서 똑같은 무작위적 요인들이 작동하도록 내버려둘 경우, 인간을 닮은 무엇이 다시 나타날 가능성은 없을 거라고 생각합니다. 그게 사실이라면, 물리적 환경이 우리와는 아주 다른 행성에서 영화에 나오는 그런 외계인들이 만들어질 확률은 0일 겁니다."

〈미지와의 조우〉가 스크린을 때리는 동안 극장 밖은 이미 어둑하고 엄청나게 춥다. 칼 세이건은 무표정한 얼굴로 비상 탈출구를 찾아본다. 녹회색 눈동자가 통로를 훑어 살핀다. 잠복한 〈내셔널인콰이어러National Enquirer〉 기자는 없다.

〈내셔널인콰이어러〉는 할리우드 연애 뉴스, 즉각적인 행복을 안긴다는 초자연현상, UFO에 관한 환상적인 이야기로 지면을 꽉꽉 채움으로써 매주 400만 부의 두둑한 부수를 유지한다. 그중에서도 특히 UFO 이야기로. 가장 최근의 추측에 대해서 신뢰성을 얹어주는 '전문가'의 발언을 따오는 기자에게는 넉넉한 대가가 주어지며, 소문에 따르면 우주에서 온 방문객에 관한 확실한 증거를 제공하는 사람에게는 100만 달러의 포상금이 주어질 것이라고 한다. 세이건은 그동안 계속 이 타블로이드를 밀쳐냈지만, 그래도 그 대리인들은 끊임없이 그를 취재하러 찾아온다. 칼 세이건에게서 UFO에 대한 승인을 얻어낸다는 건 래리 플린트 포르노 잡지 〈허슬러〉 창간자를 개심하게 만드는 것과 맞먹는 일일 것이다.

아직까지는 세 번째 종류의 조우는 고사하고 첫 번째 종류의 조우, 즉 UFO 목격을 지지하는 증거도 없는 형편이다. UFO를 멀리서 목격한 것은 첫 번째 종류의 조우, 하늘에 떴거나 땅에 내린 UFO를 근접 목격한 것은 두 번째 종류의 조우, UFO 안에 외계 존재가 있는 것까지 목격한 것은 세 번째 종류의 조우, 목격자가 우주선 속으로 들어간 것은 네 번째 종류의 조우, 외계인과 인간이 직접 의사를 소통한 것은 다섯 번째 종류의 조우라고 분류하곤 하는데, 보통 '미지와의 조우'라고만 번역되는 스필버그의 영화 원제는 '세 번째 종류의 근접 조우'다. 세이건은 다른 세상의 우주인이 지구에 출몰한다는 주장을 "기본적으로 한심한 소리"라고 일축한다. 하지만 한편 외계 생명에 대한 세이건 본인의 추측은 동료 과학자들로부터 비난의 포화를 받고 있다. 그들이 볼 때는 세이건이 지나치게 자유분방하다.

세이건은 조니 카슨의 〈투나잇 쇼〉에 자주 출연해서 외계 생명에 관해 말한다. 그의 소년 같은 얼굴이 전국의 침실들에서 상영된다. 그래서 사람들은 그를 알아본다. 특히 슈퍼마켓에서 〈내셔널인콰이어러〉를 덥석 집는 사람들은 그를 잘 알아본다. 그것 때문에라도 칼 세이건은 세간에 '전문가'로 알려졌다.

극장으로부터 좀 떨어진 식당에서, 마니코티 파스타와 조우한 세이건은 〈미지와의 조우〉와 〈스타워즈〉 중에서 어느 쪽을 고를지를 두고 고심한다. 그는 언어가 아닌 다른 수단으로 외계인과 소통한다는 스필버그의 생각에 마음이 쏠린다고 고백한다. 〈미지와의 조우〉에서 존 윌리엄스의 주제가는 우주의 오르간 같은 무언가로부터 뿜어져 나와서 우

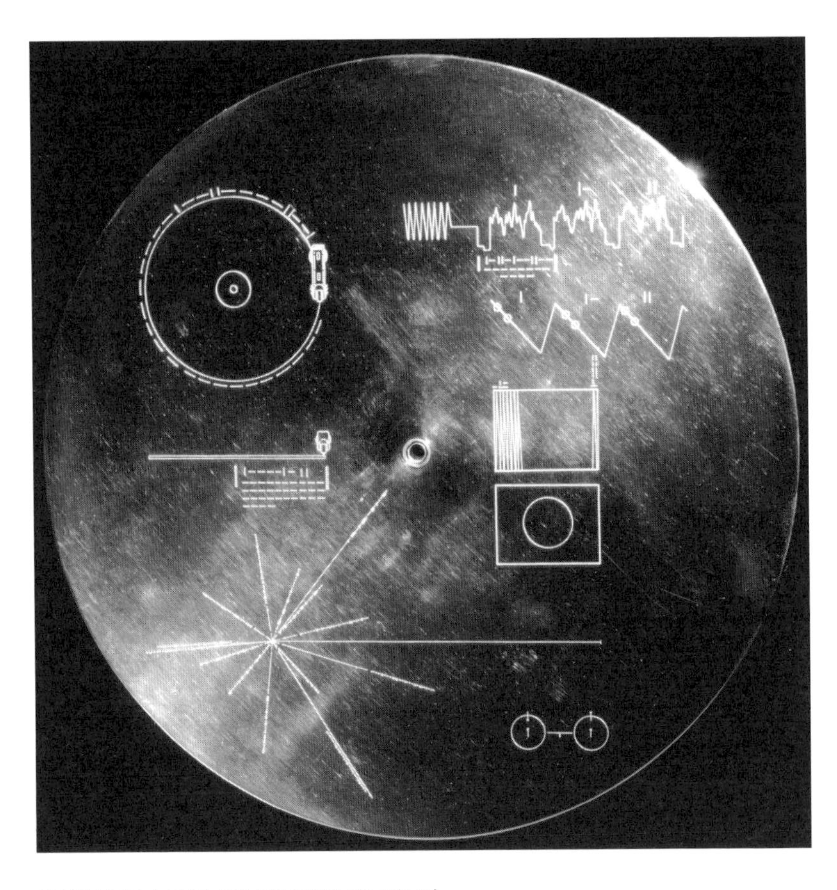

1977년 보이저 1·2호에 실어 보낸 '보이저 골든 레코드'

주적 우정을 다지는 데 기여한다.

세이건은 음악이 우주의 언어가 된다는 발상을 좋아한다. 그는 태양계를 벗어나서 우주로 날아갈 NASA의 보이저호를 위하여 '지구의 소리들'을 담은 LP판을 제작한 뒤 우주선에 길동무로 붙여 보냈다. 그 레코드판에는 60개 언어로 "안녕!" 하고 말한 인사말과 더불어 고래의 노랫소리, 화산이 우르릉거리는 소리, 파도가 부서지는 소리, 동물들이 말하는 소리가—모두 '진화의 순서'대로—실렸고, 음악도 실렸다. 서양 고전음악도, 동양음악도, 심지어 로큰롤까지. 만에 하나 보이저호가 명왕성 너머에서 우주의 로커들을 만난다면 그들은 척 베리가 〈조니 비 구드Johnny B. Goode〉를 징징 연주하는 소리에 전율을 느낄지도 모른다.

"우리가 아는 지식을 소통할 방법은 많지만, 우리가 느끼는 감정을 소통할 방법은 적습니다." 세이건은 말한다. "음악은 감정을 소통하는 한 방법입니다."

그래도 그는 여전히, 인간을 닮은 외계인과 "과학적 부정확성"이 산재한 두 영화에 코웃음을 보낸다. 그는 왜 제작자들이 굶주린 대학원생이라도 고용해서 실수가 발생하지 않도록 살피지 않는지 이해할 수 없다고 말한다. 〈스타워즈〉에서 조종사 한 솔로는 하이퍼공간으로 높은 "파섹"의 총알을 발사한다. 하지만 파섹parsec은 속력의 단위가 아니라 거리의 단위다. "그건 마치 '오늘 아침에 32마일에 일어났어' 하고 말하는 것과 마찬가집니다." 세이건은 말한다. 또한 그는 시상식 장면에서 살짝 차별의 기미가 느껴졌다고 말한다. 흰옷을 입은 인간들은 용맹의 대가로 훈장을 받지만 똑같은 고난을 용감하게 견뎌낸 소수자 우키족 캐릭터는 무시되었기 때문이다.

그래도 두 영화 중 하나를 고르라고 한다면 세이건은 루카스를 택

한다. "제 안의 열한 살 꼬마는 〈스타워즈〉를 좋아합니다." 그는 〈미지와의 조우〉는 "대중 영합적 신학神學"이라는 시베리아 유형지로 추방해버린다.

그러나 뭐니 뭐니 해도 그가 최고로 좋아하는 SF 영화는 〈2001: 스페이스 오디세이〉다. 그리고 물론 그 영화는 세 편의 영화 중에서 그가 유일하게 자문을 요청받은 영화였다. 세이건은 감독 스탠리 큐브릭에게 외계 생명을 보라색 식인종 괴물의 조카쯤 되는 모습으로 그리지 말라고 조언했다. 그래서 큐브릭의 미지와의 조우는 관객의 상상에 맡겨졌다. 세이건이 특히 염려하는 것은 그런 영화들이 향후 우주탐사 사업에 부정적인 영향을 미칠지도 모른다는 점이다. 〈미지와의 조우〉를 본 관객들이 언젠가 틀림없이 영화에서처럼 UFO가 지구에 나타날 테니까 우리가 구태여 우주 사업을 추진할 필요는 없다고 믿어버리면 어쩌나? 어떤 관객들은 과학자들이 스필버그의 몽상과 비슷한 내용의 증거를 갖고 있으면서도 숨기고 있다고 생각할지 모른다는 게 세이건의 걱정이다.

한편 그는 이렇게도 말한다. "그러나 여덟 살 아이들에게는 훌륭한 영화들입니다. 이런 영화는 아이들의 머리를 혹사시키지 않으면서도 경이감을 북돋아줍니다. 어쩌면 이런 영화는 아이들이 우주에 흥미를 느끼도록 만들어서, 에드거 라이스 버로스의 화성 소설이 제게 했던 것과 같은 역할을 해줄지도 모릅니다. 만일 그렇다면, 그래서 지금으로부터 20년 뒤에 〈스타워즈〉나 〈미지와의 조우〉 때문에 우주에 흥미를 갖게 된 젊은 과학자가 잔뜩 나타난다면 할리우드는 고마운 일을 해준 셈이 될 겁니다. 하지만 정말 그럴지는 두고 봐야 알겠죠."

외계 생명을 소망하다

다음 달, 보이저 2호라는 이름을 가진 825킬로그램의 멀쑥한 로봇이 시속 5만 8000마일시속 9만 3000킬로미터의 속도로 목성을 스쳐 지나며, 얼룩덜룩한 색깔의 차가운 기체로 만들어진 그 거대한 행성을 좀 더 자세히 찍은 컬러사진을 지구의 과학자들에게 보내줄 것이다.

그러잖아도 지난 3월에 보이저 1호가 보내온 목성 사진을 보고서 정교한 무늬로 소용돌이치는 대기의 모습에 놀라고 얼떨떨해졌던 과학자들은 목성의 네 위성을 처음 클로즈업한 사진을 보고는 아예 넋이 나갔다. 얼음과 바위와 황과 소금으로 이뤄진 그 기묘하고 작은 세상들이라니.

오는 9월에는 그보다 좀 더 수수한 탐사선인 파이어니어 11호가 인간이 만든 인공물로서는 역사상 처음으로 토성의 우아한 고리와 조우할

이 인터뷰는 〈사이언스다이제스트Science Digest〉 1979년 6월 호에 실렸다. 글을 쓴 데니스 메러디스(Dennis Meredith)는 SF 작가로 『진청의 비밀The Cerulean's Secret』 『웜홀Wormholes』 등의 소설을 썼고 MIT, 코넬대학교, 듀크대학교 등에서 과학 커뮤니케이터로 일해왔으며 2007년에는 미국과학진흥회 연구원으로 선임되었다.

것이다.

이 기계들은 우리 태양계 너머로, 항성 간 공간을 향해서 나아가고 있다. 탐사선들에는 세련된 카메라와 감지기 외에도, 어쩌면 먼 미래에 노후한 우주선을 발견할지 모를 외계인에게 그 우주선을 제작하고 발사한 독특한 존재에 대해서 알려줄 요량으로 제작된 메시지가 실려 있다.

파이어니어호의 메시지는 인간과 태양계에 관한 간단한 데이터를 새긴 단순한 도금 금속판이지만, 보이저호의 편지는 정교한 레코드판이다. 그 속에는 지구의 풍경들과 소리들을 간추린 포트폴리오가 암호로 저장되어 있다.

두 메시지는 모두 한 사람, 바로 칼 세이건의 노력에서 비롯했다. 외계 생명을 추적하는 그는, 그 추적을 이어가는 과정에서 아예 실험실 작업대를 벗어나 TV 토크쇼 소파에까지 앉게 되었다. 그 우주선들의 메시지는 인류 전반에 대해서 알려주는 것만큼이나 메시지 작성에 영향을 미친 한 사람에 대해서도 많이 알려준다. 이 유명 천문학자이자 코넬대학교 교수처럼 그 메시지들은 엄격한 학문적 논리를 따른다.『우주적 연결』『에덴의 용』같은 인기 있는 책들을 쓴 이 작가처럼 우주선의 그 메시지들은 시적이고 미적이다. 메시지와 그 발신자는 둘 다 호감 가는 빛을 발한다. 전자는 도금의 그윽한 색깔 때문에, 후자는 가무잡잡 잘생긴 얼굴과 명석한 재치와 터틀넥 스웨터를 애호하는 편안한 취향 때문에. 정말이지 우리가 지금으로부터 1000만 년 뒤에 만날지 모를 눈 여러 개 달린 보랏빛 존재들에게 해줄 조금이라도 유익한 말이 있다면, 우리를 대신하여 세이건 박사가 그 말을 매력적으로 잘 전달했을 것이라는 사실에는 조금도 의심의 여지가 없다.

하지만 역시 칼 세이건처럼, 인류에 대한 소개를 담은 우주의 그 메시지는 여기 고향 지구의 인간들에게도 효과적인 판촉술을 펼친다. 사실 그 '유리병에 담긴 우주의 메시지'는 은하의 해변에 놓인 한 알의 모래알과 비슷하겠지만—실제로 누군가에게 발견될 가능성은 지극히 낮으니까 말이다—그래도 어쨌든 우리는 메시지를 내보냈다. 그리고 그 행위를 통해서 세이건 박사는 지구인들에게 앞으로 우리가 탐사할 다른 세상에는 다른 생명이 존재할지도 모른다는 가능성을 상기시켰다……. 더 나아가, 그의 메시지는 우리에게 그런 탐사에 나서자고 요청하는 초대장이기도 하다.

세이건 박사의 전공은 행성화학과 물리학이다. 하지만 그는 외계 생명 수색에도 깊이 관여해왔다. 우주생물학이라고 알려진 이 분야는 가끔 데이터 없는 과학이라고 불린다. 다른 행성에 생명이 있다는 확실한 증거는 아직 하나도 발견되지 않았다. 그럼에도 불구하고 대다수의 천문학자들은 우주에 온갖 종류의 은하 생물이 우글거리고 있으리라는 가정을 거의 사실로 받아들인다. 일단 우주에는 별이 워낙 많기 때문에—최근 집계로는 우리은하에만 별이 1000억 개가 있다—통계적으로 따지자면 다른 곳에도 생명이 있으리라는 것이 거의 필연적인 결과다. 그리고 전파천문학자들은 항성 간 먼지구름이 내는 복사를 분석함으로써 생명을 구성하는 화학적 기본단위들이—탄소화합물, 암모니아 등등—우주 전역에 존재한다는 사실을 밝혀냈다.

그러니 비록 결론은 아직 먼 이야기지만(사실 몇 광년이나 먼 이야기다), 결국에는 아마 긍정적인 평결이 내려질 것이다. 그리고 세이건은 무수한 프로젝트에 관여하면서 추가 증거를 찾아보고 있다. 그는 두 바이킹 착륙선으로 화성에서 생명을 수색했던 생물학자 팀의 일원이었으며(결과는 모호했다), 우리보다 발전된 문명들이 지구로 쏘아 보내고 있을

지도 모르는 전파 신호를 감지하려는 작업에도 관여하고 있다. 아직까지 성공은 거두지 못했지만 말이다.

세이건을 비판하는 사람들은 그가 "외계 생명에의 소망"을 품고 있다고 지적한다. 즉, 확률이 미미하거나 말짱 없는 경우에도 끈덕지게 생명을 찾아보려는 강박을 품고 있다고 지적한다.

"전 생명 수색이 과학에, 철학에, 나아가 우리 자신에 대한 인식에 너무나 중요한 문제라고 믿습니다. 따라서 우리가 새로운 장소에 갈 때마다 그곳에 생명이 있는지 없는지를 진지하게 자문해봐야 한다고 믿습니다." 세이건은 이렇게 응수한다. "하지만 가끔 사람들은 진지하게 질문을 던지는 것과 사전에 어떤 대답에 투신하는 것을 헷갈려 하죠."

그래서 칼 세이건은 화성처럼 가망이 있는 곳뿐 아니라 가망이 없을 것 같은 곳에서도 기꺼이 생명을 찾아보려고 한다. 이를테면 싸늘하게 흘러가는 목성의 구름 속에서도, 아니면 토성의 위성으로서 유일하게 대기가 있다고 알려져 있으며 어쩌면 유기화합물도 있을지 모르는 신비로운 타이탄의 표면에서도.

"목성에 생명이 꼭 있어야 한다고는 생각하지 않습니다." 그는 말한다. "하지만 있을지도 모른다는 건 상상할 수 있습니다. 그건 확인해볼 만한 가치가 있는 일입니다. 타이탄도 마찬가지고요. 만일 태양계에 지구 외에는 어디에도 생명이 없는 것으로 밝혀진다면 그건 중요한 통계적 사실일 겁니다. 그리고 거꾸로 태양계의 다른 곳에도 생명이 있는 것으로 밝혀진다면 그것 역시 중요한 통계적 사실일 겁니다."

따라서 현재 세이건 박사는 보이저호 영상 팀에 소속되어 동료들과 함께 사진을 비롯한 여러 데이터를 골똘히 살피면서 그 속에서 목성의 독특한 색깔을 내는 화합물을 찾아내 목록으로 정리하고 있다. 나중에는 토성에 대해서도 그 작업을 수행할 것이다.

외계 행성의 표면에는 어떤 종류의 생명이 미끄러지고, 기고, 구르고, 날고 있을까?

이 분야를 연구하는 다른 과학자들처럼 칼 세이건은 외계 생명도 아마 탄소를 바탕으로 삼아 이뤄졌으리라고 믿는다. 즉, 인체를 구성하는 화합물과 비슷한 화합물로 이뤄졌으리라는 것이다.

"전 탄소 우월주의자가 되고 싶진 않습니다만, 물리적 증거나 화학적 증거가 자꾸 그 방향으로 저를 내몹니다."

세이건 박사는 생명의 기반으로서 또 다른 주요 후보로 꼽히는 규소는 정보를 암호화한 비반복적 분자 사슬, 즉 DNA 같은 물질을 탄소만큼 다양하게는 형성하지 못한다고 단언한다.

"규소가 비반복적 분자를 형성할 수 있을지도 모르는 유일한 조건, 즉 규소로 된 단위들이 유전정보를 간직할 수 있을지도 모르는 유일한 조건은 그 단위들이 폴리실록산 같은 화합물을 형성하는 겁니다. 그런데 그런 화합물은 온도가 아주 낮은 환경에서만 가능한데, 그런 환경에서는 탄소화합물이 훨씬 더 풍부하게 존재할 수 있습니다. 사람들이 흔히 규소 기반 생명을 상상할 때 떠올리는 장소는—주로 뜨거운 행성인데, 그런 곳에는 규산염이 있기 때문입니다—그런 규산염 분자가 죄다 똑같은 단위들이 기계적으로 반복된 구조라는 사실을 간과한 상상입니다. 저는 그런 형태의 분자가 유전정보를 간직할 가능성은 없다고 봅니다."

그렇다고 해서 평균적인 외계인이 인간을 닮은 모습일 것이라는 말은 아니다. TV나 영화 속 외계인은 꼭 핼러윈에 부실한 상상력으로 허술하게 가장한 인간에 지나지 않는 존재처럼 보일 때가 많지만 말이다.

"지구의 생물은 진화 과정의 무작위적 측면이 낳은 산물입니다. 만일 우리가 지구 역사를 처음부터 다시 펼쳐서 무작위적 요인들이 제멋대로 작동하게 내버려둔다면 인간과 비슷한 존재가 또다시 형성되진 않을 겁니다. 따라서 지구와는 물리 환경이 상당히 다른 곳이라면, 그리고 만일 그곳에 생명이 있다면 그 생명은 우리와는 아주 다를 겁니다." 세이건 박사의 추론이다.

그가 이처럼 과감한 추론과 가설을 펼친다는 사실은, 일부 과학자 동료들이 그에게 비판의 포화를 퍼붓는 제일가는 이유이다. 그들은 그가 사람들의 눈길을 끌려 한다고 비난하고, 기상천외한 이론들이 사실로 드러나지 않을 경우에 대중이 실망만 맛볼지도 모르는 상황을 조성한다고 비난한다. 그런 비판에는 어쩌면 일말의 진실이 있을지도 모른다. 그리고 또 어쩌면 세이건보다 덜 유창하거나 덜 인기 있는 사람들의 질투도 좀 있을지 모른다.

하지만 아무래도 세이건이 어기는 금기 중에서 제일 중요한 것은 과학을 소리 내어 수행해선 안 된다는 규칙인 듯하다. 사실 그가 공개적으로 펼치는 추론의 내용은 다른 과학자들이 남몰래 떠올리는 추론과 그렇게 많이 다르지 않다. 차이라면, 그는 설익은 이론은 완벽하게 입증되거나 기각될 때까지 머릿속에만 안전하게 가둬둬야 한다는 과학계의 전통을 따르기를 거부한다는 것이다.

공인된 과학 애호가로서 세이건 박사는 보통 사람들이 과학의 즐거움을 느끼도록 만드는 일에 열심이다. 또한 그는 사람들에게 과학이 실제 수행되는 방식을 보여주는 것을 즐긴다. 책에서 그는 과학을 그냥 설명하는 것을 넘어서 과학을 인간의 다른 행위들과 연결 지으려고 애쓴다. 그의 책에는 시, 위대한 옛 사상가들에게서 빌려 온 말, 예술 작품에 관한 언급이 넘친다.

"제가 과학이라는 활동에—특히 천문학에—바라는 게 하나 있다면, 그것이 인간적인 행위로서, 즉 인간의 고유한 활동으로서 보였으면 하는 겁니다." 그는 이렇게 말한다. "지구의 다른 어떤 생물도 과학을 '하지' 않습니다. 강렬한 감정이라면 다른 종들도 갖고 있습니다. 인간을 독특하게 만드는 건 감정이 아닙니다. 인간을 독특하게 만드는 건 인간의 생각이고, 과학은 그것의 가장 훌륭한 예시입니다. 전 모든 사람이 그런 걸 즐기도록 만들어져 있다고 믿습니다. 하지만 사회가 학창 시절 초창기부터 사람들로부터 그런 의욕을 꺾어놓습니다. 모든 사람은 지적 발견과 공명하는 일종의 회로입니다. 저는 그 공명이 활발히 이뤄지도록 만들고 싶습니다."

현재 세이건 박사는 우리의 지적 회로를 격렬하게 공명시켰으면 하는 바람에서 야심 찬 텔레비전 시리즈를 제작하고 있다. 〈코스모스〉라는 그 시리즈는 내년 봄에 PBS에서 방영될 것이다. 제목은 어쩌면 '우주적 수정'이 되었어도 좋았을지 모르겠다. 세이건 박사는 환상적인 특수 효과와 엄격한 과학적 정확성이 결합된 그 시리즈가 오늘날 전자 매체가 과학을 다루는 끔찍한 방식을 수정하는 데 제법 도움이 되기를 바라기 때문이다.

그야 물론 훌륭한 과학 다큐멘터리는 도움이 된다. 오늘날 텔레비전의 과학 보도는 형식적이고 지루하며, TV와 영화의 SF란 가련한 과학이 죽음의 광선과 양자 기뢰의 무시무시한 십자포화에 갇혀버린 채 카우보이와 외계인만 난무하는 이야기에 지나지 않는다. 그리고 TV와 영화는, 책도 마찬가지인데, 고대의 우주인, 버뮤다 삼각지대, 소리를 들을 줄 아는 식물, 한 줄로 늘어서서 지구에 파국적인 지진을 일으키는 행성들 따위의 환상으로 끊임없이 사람들을 속인다.

"〈코스모스〉는 실제 촬영도 하고 멋진 특수 효과도 쓸 겁니다. 스튜디오에는 우리가 가고 싶은 곳이라면 어떤 시간과 공간이든 다 데려다주는 '마음의 우주선'을 둘 겁니다."이때만 해도 '마음의 우주선'이 가칭이었으나 완성된 다큐에서는 '상상의 우주선'이란 이름으로 바뀌었다. 세이건 박사의 예상이다. "시각적으로 무척 자극적이어서, 그런 개념에 흥미가 없는 사람이라도 특수 효과 때문에라도 볼 시리즈였으면 좋겠습니다. 그리고 조금이라도 생각을 해볼 마음이 있는 사람은 정말로 자극을 받는 시리즈였으면 좋겠습니다."

세이건 박사가 뜻대로 해낸다면, "자극"은 〈코스모스〉를 가리키는 말로 너무 약한 표현이 될 것이다. 시리즈에서는 우주를 신나게 한 바퀴 도는 장면도 있을 것이고, 몸속과 살아 있는 세포 속으로 들어가 보는 장면도 있을 것이고, 알렉산드리아 도서관에 간직된 지적 보물을 살펴보는 여행도 있을 것이며, 행성들을 거니는 산책도 있을 것이다.

〈코스모스〉의 출발점은 천문학이겠지만, 세이건 박사는 인류의 경험을 그보다 더 폭넓게 살펴보는 여정을 계획하고 있다. 그런데 그가 예정된 항해에 나서기도 전부터 그에게 불평을 쏟는 과학자들이 몇 있다. 그들은 이번에는 그가 제 분야를 넘어서서 무모하게 너무 멀리 벗어난다는 점을 비판한다.

"우리는 천문학이—즉, 우주가—인간과 어떤 관계를 맺는가 하는 문제에 집중할 겁니다. 우리 몸속 원자들은 별 속에서 생성되었다는 것, 지구 생명의 역사는 우주적 사건들에 의해서 결정되어왔다는 것, 인간의 철학과 신화는 많은 면에서 천문학적 주제들과 관련되어 있다는 것을 이야기할 겁니다." 세이건의 반박이다.

"또 다른 주제는 현재 우리가 종의 역사에서 놀라운 갈림길에 섰다는 사실입니다. 우리는 역사상 처음으로 지구를 조금이나마 벗어나서 주변을 둘러보고 있습니다. 시리즈는 지구에서 진행되었던 탐사의 역사를 살핀 뒤, 범선 탐사와 우주선 탐사를 나란히 놓을 겁니다."

하지만 〈코스모스〉는 지적 성명일 뿐 아니라 정치적 성명이기도 할 것이다. 세이건 박사는 이 시리즈로 보통 사람들이 천문학과 우주탐사에 더 많은 열정을 보이게 되기를 바란다. 그러나 그는 다른 세상으로의 항해를 지지함에도 불구하고 아폴로Apollo 프로그램식의 대규모 사업에는 반대한다.

"사람들은 끊임없이 과학자들에게 아폴로 프로그램에 270억 달러나 썼다며 꾸짖습니다. '대체 얼마나 더 바라는 거야?' 하고 묻습니다. 하지만 그건 우리가 쓴 게 아니었습니다. 그건 정치적인 이유에서 쓰인 돈이었습니다." 세이건은 이렇게 단언하고, 이어서 설명한다.

"아폴로 프로그램은 피그만 침공 사건1961년 4월 16일 쿠바의 카스트로 혁명 정권이 사회주의국가 선언을 하자 미국 CIA가 이를 교란하려고 쿠바 망명자들로 침공대를 조직, 익일 쿠바에 상륙시킨 사건과 유리 가가린의 지구궤도 비행 성공에 대한 대응이었습니다. 케네디 대통령의 목표는 1960년대 말까지 달의 기원을 밝히겠다는 게 아니라 그때까지 인간을 달에 보냈다가 돌아오게 만들겠다는 것이었습니다. 그리고 우리는 그걸 해냈죠."

따라서 칼 세이건은 기술 발전 덕분에 언젠가는 인류가 우주에 영구 정착지를 마련할 것이라고 믿기는 해도, 가까운 미래에는 그보다 돈이 덜 드는 무인 탐사 프로그램을 지지한다.

"(아폴로 프로그램처럼) 희망적이고 진취적이고 바람직한 영향을 내겠지만 비용이 수천억 달러까지 들지는 않는 우주 프로그램이 무엇일지 생각해봐야 합니다. 유인 우주선을 다른 행성에 보내는 것? 지구궤도에 대규모 거주지를 짓는 것? 달에 유인 기지를 짓는 것? 지구궤도에 대형 태양열 정거장을 짓는 것? 이런 일은 모두 수천억 달러가 듭니다. 돈이 훨씬 더 적게 드는 사업은 뭘까요? 세 가지가 있습니다. 무인 탐사선으로 태양계를 적극적으로 탐사하는 것, 지구의 위성과 궤도 망원경을 사용해서 태양이 아닌 다른 별을 도는 행성계를 찾아보는 것, 전파를 써서 외계 지적 생명을 찾아보는 것. 세 가지를 전부 다 적극 추진하더라도 다른 사업에 드는 돈의 1퍼센트밖에 안 들 테니 충분히 감당할 수 있습니다."

세이건 박사와 동료들은 힘겨운 과제를 짊어진 셈이다. 비록 보이저호를 비롯한 여러 행성 탐사 사업이 멋지게 성공했고 곧 우주왕복선도 데뷔할 테지만, 미국은 지금 우주탐사에서 소심한 시기를 겪고 있다.

또한 지금은 로봇을 우주로 내보내서 우리가 대리 체험으로나마 우주여행을 하자는 방안을 옹호하기에 알맞은 시기가 아닌 것처럼 보인다.

하지만 어쩌면 그래야 할지도 모른다. 현재 우리의 낮은 국가적 사기를 고려할 때 칼 세이건이 우리에게 종용하는 것은—약간의 자긍심, 약간의 모험, 약간의 꿈 그리고 약간의 지식은—그만한 비용을 치를 가치가 있다고 증명될지도 모른다.

코스모스

"우리는 우주가 스스로를 아는 방법입니다." 칼 세이건은 최근 PBS에서 방영된 13부작 다큐멘터리 〈코스모스〉에서 이렇게 말했다. 그는 시간을 거스르고 우주를 누비는 여행을 재현하며 우주의 미래와 우리의 미래를 내다보는 과정에서, 현실에 대한 새로운 지식은 설령 변화를 알리는 내용일지라도 우리에게 영감을 줄 뿐 위험한 게 아니라는 사실을 끊임없이 상기시켰다.

세이건은 「과학과 기술을 칭송하며」라는 글에서 이렇게 말했다. "과학을 대중에게 전달하는 가장 효과적인 매체는 텔레비전, 영화, 신문이다. 그러나 막상 그것들이 제공하는 과학은 지루하고 부정확하고 무겁고 엄청나게 희화화되었거나 (토요일 아침 상업 방송국에서 방영되는 어린이용 프로그램이 대부분 그렇듯이) 과학에 적대적인 내용일 때가 많다." 세이건은 베스트셀러가 된 책들과 텔레비전 토크쇼의 잦은 출연으로 이 불균

이 인터뷰는 1980년 12월 25일~1981년 1월 8일 자 〈롤링스톤〉에 수록되었다. 인터뷰어 조너선 콧(Jonathan Cott, 1942~)은 작가이자 편집자로 〈롤링스톤〉의 창립 공신이며 〈뉴욕타임스〉 〈뉴요커〉 등에도 오랫동안 기고했다. 〈롤링스톤〉을 통해 수전 손택, 존 레넌, 밥 딜런, 글렌 굴드 등과 명대담을 남겼고 책으로 출간했다.

형을 바로잡으려고 노력해왔지만, 뭐니 뭐니 해도 지금까지 그의 활동 가운데 제일 야심만만하고 여파가 큰 일은 〈코스모스〉였다. 이 시리즈에서 그는 특별한 특수 효과를 선보였고, 가르치려 들지 않고 친근한 태도로 오늘날의 과학 정보를 시청자에게 전달했다. 그 태도는 한 시인이 호메로스의 문체를 가리켜서 말했던 이런 평가를 구현한 것 같았다. "생각, 표현, 문장, 단어, 내용, 개념이 모두 대단히 신속하고 평이하고 직설적이다. 그리고 대단히 고상하다." 이런 스타일은 우주에 관한 심오하고 근본적인 개념들을 1억 5000만 명에 육박하는 전 세계 시청자들에게 전달하기에 대단히 잘 맞는 스타일이었던 것으로 증명되었다.

텔레비전 작업에 더해, 세이건은 코넬대학교에서 행성학실험실을 운영하며 데이비드 덩컨 천문학 및 우주과학 교수로 재직 중이다. 대학의 전파물리학 및 우주 연구 센터 부소장으로도 일한다. 그는 매리너·바이킹·보이저 탐사에서 주도적인 역할을 맡았으며, 『우주적 연결』, 퓰리처상을 받은 『에덴의 용』, 『브로카의 뇌Broca's Brain』, 다큐멘터리 내용을 바탕으로 한 『코스모스』 등을 썼다.

이어지는 인터뷰를 진행한 자리에는 〈코스모스〉 대본 작업에 스티븐 소터Steven Soter, 1943~ 와 함께 참여했던 앤 드루얀도 함께했다. 대화는 세이건이 〈코스모스〉 시리즈를 최종적으로 다듬던 8월 말에 로스앤젤레스의 그의 집에서 이뤄졌다.

콧 『우주적 연결』에서 당신은 T. S. 엘리엇의 다음 시구를 인용했습니다. "우리는 탐험을 멈추지 않을 것이다 / 그리고 모든 탐험의 끝에서 / 우리가 출발했던 곳에 도달할 것이다 / 그리고 처음으로 그 장소를 알게 될 것이다." 전 여기에서 '안다'

라는 단어에 초점을 맞춰, 처음으로 무언가를 안다는 것에 대해서 묻고 싶습니다. 이것이 당신의 작업에서 중요한 개념처럼 보이기 때문입니다.

세이건 인류는 100만 년 전에 어느 초원에서 작은 무리로 시작한 존재였습니다. 우리는 동물을 사냥했고, 아이를 낳았고, 사회적·성적·지적으로 풍요로운 생활을 발달시켰지만 주변 세상에 대해서는 거의 아무것도 몰랐습니다. 하지만 우리는 이해하기를 갈구했습니다. 그래서 세상이 어떻게 만들어졌는지를 상상한 내용으로 신화를 지어냈습니다. 그 내용은 물론 당시 우리가 아는 지식에 바탕을 두었는데, 그 지식이란 우리 자신과 다른 동물들에 관한 것이었습니다. 그렇게 우리는 세상이 우주의 알에서 깨어났다거나 우주의 신들이 짝짓기를 해서 만들어졌다거나 어떤 강력한 존재의 지시에 따라 창조되었다거나 하는 이야기들을 지어냈습니다. 하지만 우리는 그런 이야기에 완벽하게 만족하지 못했고, 그래서 그 신화의 지평선을 끝없이 좀 더 넓혀왔습니다. 그러다가 이윽고, 이전에 생각했던 것과는 전혀 다른 방식으로 세상이 구성되어 있고 만물이 생성되어 있다는 사실을 발견했습니다.
요즘도 우리는 고대 신화를 잔뜩 이고 살고 있습니다. 그 사실에 약간 당황할 때도 있지만, 그래도 그것을 그보다 좀 더 현대적이고 과학적인 신화를 낳은 우리 충동의 일부로서 존중합니다. 하지만 이제 우리는 우주가 어떻게 구성되어 있기를 바라는가가 아니라 우주가 실제로 어떻게 구성되어 있는

가를 알아낼 기회를 역사상 최초로 갖게 되었습니다. 이것은 세상의 역사에서 결정적인 순간입니다.

"우리는 많은 주제에서
수수께끼와 혼란에 빠져 있고,
그것은 아마 언제까지나 우리의 운명일 것입니다"

콧 엘리엇의 시구는 또한 탐험가로서 인간은 우주에게 우주를 설명해주기 위한 존재인지도 모른다는 생각을 암시하는 듯합니다.

세이건 바로 그렇습니다. 우리는 우주를 대변하는 존재입니다. 우리는 수소 원자에게 우주에서 150억 년 동안 진화할 시간이 주어지면 어떻게 되는지를 보여주는 실례입니다. 그리고 우리는 다음과 같은 질문들에 공명합니다. 맨 처음 우리는 인간 개개인의 기원을 물었고, 그다음에는 사회의 기원을 물었고, 그다음에는 국가의 기원을, 인간 종의 기원을, 우리 종의 선조가 어떤 이들이었는지를, 그다음에는 생명의 기원이라는 수수께끼를 물었습니다. 그리고 이런 질문들도 던졌습니다. 지구와 태양계는 어디에서 비롯했을까? 은하들은 어디에서 왔을까? 이런 질문은 하나하나 모두 심오하고 의미 깊은 질문입니다. 이런 질문은 모든 인류 문화에 전해지는 전승·신화·미신·종교의 주제입니다. 하지만 이제 우리는 역사상 처음으로 이런 질문 중 많은 수에 대답하려는 찰나입니다. 우리가 최종적인 답을 안다고 말하려는 건 아닙니다. 우리는 많은 주제에서 수수께끼와 혼란에 빠져 있고, 그것은 아마 언제까지나 우리의 운명일 것입니다. 우주는 늘 우리의 이해력을 훨씬 더 넘어서는 대상일 것입니다.

예를 들어볼까요. 목성의 큰 위성 중 하나인 이오Io는 17세기에야 발견되었습니다. 그러고도 1979년까지 이오는 초대형 망원경으로 그 표면의 희미하기 짝이 없는 얼룩을 볼 수 있는 소수의 천문학자들을 제외한 이들에게는 빛나는 점으로나 보일 뿐이었습니다. 그런데 이제 우리는 1킬로미터 해상도로 자세히 그 모습을 보여주는 사진을 수천 장 갖고 있습니다. 아무것도 모르던 무지에서 세상 전체에 대한 지식으로 건너뛴 겁니다. 더구나 그조차 하나의 세상일 뿐입니다. 지금까지 우리가 사진으로 찍은 다른 행성과 위성이 20개나 더 있습니다. 20개의 새로운 세상을 알게 된 거죠.

콧 프로이트는 아기가 거울에 비친 자신을 처음 보는 순간에 대해서 말한 적이 있습니다.

세이건 아주 좋은 은유로군요. 인간은 방금 거울을 발명했고, 이제야 멀리서 스스로를 볼 수 있게 된 겁니다.

콧 당신은 〈코스모스〉 시리즈에서, 우주가 이해 가능한 대상이라는 사실은 기원전 6세기 그리스에서 처음 증명되었다고 말했습니다.

세이건 제가 아는 한, 기원전 6세기 이오니아는 우주가 신들의 괴팍한 변덕에 좌우되는 게 아니라 일반적으로 적용되고 인간이 이해할 수 있는 자연법칙에 따른다는 사실이 역사상 처음으로 널리 받아들여진 시기였습니다.

우리가 지구 전체를 사진으로 찍은 건 1960년대가 되어서였습니다. 그제야 우리는 처음으로 지구를 우주 공간에 뜬 작고 푸른 공으로서 보게 되었습니다. 저 먼 우주에는 우리와는 크기도 색깔도 구성도 다른 세상이 더 많다는 걸 깨달았습니다. 지구는 무수히 많은 행성 중 하나일 뿐임을 깨달았습니다. 이런 우주적 관점에는 서로 모순되는 것처럼 보이지만 그래도 아주 강력한 두 가지 유익한 효과가 있다고 생각합니다. 지구는 수많은 행성 중 하나에 불과하다는 느낌, 그리고 그런 지구는 우리에게 그 운명이 달려 있는 장소라는 느낌.

콧 당신은 러시아 과학자 콘스탄틴 예두아르도비치 치올콥스키 Konstantin Eduardovich Tsiolkovskii, 1857~1935의 이 말을 자주 인용하죠. "지구는 인류의 요람이다. 하지만 사람이 영원히 요람에서 살 수는 없다."

세이건 저는 우리가 지구에서 상황이 형편없이 나빠지면 다른 데로 내빼면 된다는 생각에는 강력히 반대합니다. 그것은 경제적 차원에서, 또한 도덕적 차원에서 한심한 생각입니다. 하지만 인간 종의 성숙이 어머니 지구를 벗어나서 은하에서 앞길을 모색하는 능력과 관련되어 있는 건 사실인 듯합니다……. 지구를 버리자는 건 절대 아니지만 말입니다. 우리 집부터 제대로 관리하지 못하고서야 우주를 탐험하기란 영영 어려울 겁니다.
생명은 40억 년 동안 지난한 시행착오를 거치면서 발달했습니다. 하지만 본질적으로 무작위적인 과정이고 무수한 개체가 죽어야 한다는 점에서 낭비가 아주 심한 생물학적 진화와는 달리, 우리에게는 그런 시행착오의 기회가 주어지지 않습니다. 우리가 스스로를 파괴한다면, 지구 생명의 관점에서는 한낱 사소한 비극에 불과하겠지만 우리 자신에게는 분명 거대한 비극일 겁니다. 따라서 우리는 실수를 예견하고 피할 줄 알아야 합니다. 실수로 일을 그르쳐놓고는 "다음번에는 핵탄두를 1만 5000개나 비축해두는 건 좋지 않을 것 같아. 실수에서 배웠어" 하고 말할 순 없습니다. 전 우리 문명이 스스로를 파괴할 위험이 심각하다고 봅니다. 적어도 우리 종이 스스로를 파괴할 가능성이 없지 않다고 봅니다. 하지만 우리가 지구의 모든 생명을 파괴할 가능성은 없을 것 같습니다. 하물며 지구 전체를 파괴할 수 없다는 건 분명합니다. 파괴의 정도에도 위계가 있습니다.

콧 오늘날 우리는 스스로는 물론이거니와 우리의 가장 지적인 가설들 중 일부마저 파괴할 가능성이 있는 듯합니다. 예를 들어 창조론자(진화 반대론자)의 대변인이라고 불리는 뉴욕의 루서 선덜랜드Luther D. Sunderland, 1929~1987에게 동의하는 사람이 점점 많아지고 있습니다. 선덜랜드는 "날개는 날개고, 깃

털은 깃털이고, 눈알은 눈알이고, 말은 말이고, 인간은 인간이다"라고 말하는 사람이죠.

세이건 진화 이론은 지금껏 제안된 이론들 중에서 자연계의 아름다움과 다양성을 가장 잘 설명하는 이론입니다. 자연선택에 의한 진화가 유효하지 않은 이론이라고 보기는 어렵습니다. 진화 개념을 받아들이지 못하는 사람들의 근본적인 문제는 시간 조망의 문제가 아닐까 싶습니다. 누군가 나무 한 그루를 계속 응시한다고 합시다. 아무리 오래 쳐다보더라도 나무가 뭔가 다른 걸로 바뀌진 않죠. 그래서 그는 "진화니 뭐니 하는 건 다 헛소리야"라고 말합니다. 하지만 만일 그가 1억 년을 기다린다면 상당히 다른 무언가를 볼 수 있을 겁니다. 저는 그런 본능적인 느낌이—"내가 못 봤으면 없는 일이야" 하는 느낌이—진화에 대한 의심의 밑바탕에 깔려 있다고 봅니다. 그런 느낌은 특수상대성이론을 의심하는 사람들의 마음에도 깔려 있습니다. 특수상대성이론에 따르면 우리가 광속에 가깝게 움직일 때는 시계가 더 느리게 가기 때문에 더 먼 미래까지 여행할 수 있습니다. 양자역학은 또 어떤가요. 양자역학에 따르면 지극히 작은 것의 영역에서는 아령을 닮은 분자가 이 위치나 저 위치만 취할 수 있을 뿐 그 중간 위치는 취할 수 없습니다. 누군가는 말하죠. "뭐야, 웃기지도 않은 소리야. 난 뭐가 됐든 내가 원하는 중간 위치로 돌릴 수 없다고 금지하는 법칙은 평생 겪은 적 없다고."
이것은 우리의 상식이 적용되지 않는 상황을 보여주는 사례입니다. 우리가 익숙한 우주에 대해서, 수십 년의 시간 규모에 대해서, 0.1밀리미터에서 수천 킬로미터 사이의 공간에 대해서, 광속보다 훨씬 느린 속력에 대해서는 우리의 상식이 잘 맞습니다. 그러나 그런 인간 경험의 범위를 넘어섰을 때도 여전히 자연법칙이 우리 예상에 부합하리라고 기대할 근거는 없습니다. 우리의 예상은 한정된 경험에 의존한 것이니까요.
소수의 사람들이 진화에 대해서 느끼는 불안은 여기에도 원인이 있습니다. 한편 인간이 우주의 정점에 있지 않다는 생각을 언짢게 느끼는 사람들도 있죠.

콧 그런 사람들은 인간이 유인원이기보다는 우주의 정점이기를 바라죠.

세이건 만일 우주의 최고 책임자가 저와 제 형제자매에게 특별한 관심을 갖고 있다면 그건 저한테 특별한 의미가 있는 사실일 겁니다. 일단 기분이 좋겠죠. 또 제가 스스로를 돌볼 필요가 없다는 생각이 들지도 모릅니다. 저보다 훨씬 더 강력한 누군가 대신해줄 테니까요. 이것은 유혹적인 생각입니다만, 우리는 자신의 희망과 욕망을 우주에 투사하지 않도록 대단히 조심해야 합니다. 그 대신 과학의 전통과 최대한 열린 마음을 동원해서, 우주가 우리에게 하는 말을 들어봐야 합니다.
창조론이 제기하는 질문에 관해서라면, 자연선택이 진화의 원인이라는 이론이 가설에 불과한 건 사실입니다. 다른 가능성도 없지 않습니다. 창조론자들은 자신들이 문제 삼는 건 공정성이라고 말합니다. 자신들은 여러 경쟁하는 원칙들 가운데 단 하나만 학교에서 가르치는 것에 반대한다고 말합니다. 공정성에 대한 그들의 관심에는 박수를 보냅니다만, 전 그들의 말이 진심인지 아닌지를 시험하는 첫 단계는 그들이 교회에서 기꺼이 다윈주의 진화를 가르칠 의향이 있는지를 알아보는 거라고 생각합니다. 만약 그들이 정말로 양쪽이 공정하게 노출되지 않는다는 점을 염려하는 거라면 어떻게 교회나 시너고그나 모스크에서는 한쪽만 가르치고 있는지 모를 일이죠. 텔레비전마저도 특정 신념 체계를 소개하는 데 엄청나게 많은 시간을 들인다는 점도 덧붙일 수 있겠고요.

"우리 몸을 이루는 물질은
원래 별의 중심에서 만들어졌습니다.
우리는 별의 물질로 이뤄진 존재들입니다"

콧 책에서든 〈코스모스〉에서든 당신은 우주의 모든 물질이 서로 연관되어 있고 연결되어 있다는 개념에 깊이 몰입하는 것 같습니다.

세이건 그것은 엄청난 힘을 지닌 진실입니다. 우리가 설교단에서 사람들에게 외쳐야 마땅한 이야기가 뭔지 꼽아보자면 틀림없이 이 사실일 것입니다. 우리 몸을 이루는 물질은 원래 별의 중심에서 만들어졌습니다. 우리는 별의 물질로 이뤄진 존재들입니다. 이 속의 칼슘도, 유전자 속의 탄소도, 머리카락 속의 질소도, 안경 속의 규소도 모두 수십억 년 전에 수백 광년 떨어진 별들 속에서 그보다 더 단순한 원자들로부터 만들어졌습니다.
우리가 나머지 우주와 이토록 긴밀하게 엮여 있다는 건 정말이지 놀라운 사실입니다. 별들의 단말마의 몸부림에서 생성된 우주선은 인간이 존재하게끔 만들어준 돌연변이에, 즉 유전물질의 변화에 부분적으로나마 기여했습니다. 최초의 생명이 생겨난 사건에는 햇빛과 번개의 자외선이 박차를 가해주었고, 그 자외선은 또 지구가 태양열로 데워졌기 때문에 생겨난 것이었습니다. 연결들은 복잡하고 강력하고 사랑스럽습니다. 우리는 우주와의 합일을 추구하는 사람들에게 바로 여기 그런 게 있다고 말해줄 수 있습니다. 점성술사들이 주장하는 그런 식의 연결은 아니지만 그보다 훨씬 더 우아한 연결입니다. 더구나 진실이라는 미덕까지 갖고 있죠.

콧 당신은 점성술사에게 조언을 구하는 사람은 아닌가 보군요.

세이건 점성술을 뒷받침하는 증거가 조금이라도 있다면 저도 대찬성하겠지만, 그런 증거는 없습니다. 점성술은 인종주의나 성차별주의와 비슷합니다. 열두 개의 작은 칸을 만들어놓고는 어떤 사람이 그중 한 칸으로 분류되는 순간, 가령 그가 물병자리나 처녀자리나 전갈자리라면, 그것으로 그의 특징을 다 알 수 있다고 말하죠. 그를 개인으로서 알아나가는 수고를 덜어주는 것입니다.

콧　　고든 래트레이 테일러Gordon Rattray Taylor, 1911~1981는 『마음의 자연사The Natural History of the Mind』라는 책에서 당신과는 달리 마음과 뇌를 구별했습니다. 그러고는 뇌만 연구해서는 제대로 설명할 수 없을 것 같은 현상의 사례들을 꼽아 보였습니다. 이를테면 달라진 의식 상태, 기억상실, 예술적 영감, 상상력, 억제, 통증, 플라세보 효과, 시각, 후각, 텔레파시, 의지, 사랑.

세이건　　상상력이라니요! 그런 주장이야말로 상상력의 부족인걸요. 그런 현상들이 결코…….

드루얀　　……물리적 실체에 바탕을 두고 있을 리 없다는 주장이야말로.

세이건　　맞아요. 예를 들어 그가 달라진 의식 상태를 언급했다고 했죠. 그렇다면 알코올 같은 향정신성 약물이 우리의 의식 상태를 자주 바꿔놓는다는 걸 생각해보십시오. 알코올은 C_2H_5OH라는 단순한 분자일 뿐입니다. 그런데 그걸 몸속에 넣으면 갑자기 전혀 다른 기분이 듭니다. 그렇다면 그것은 신비주의적인 현상일까요, 아니면 화학과 관련된 현상일까요?

콧　　지금 말씀하시는 건 우리가 그 의식 상태에서 무엇을 경험하는가가 아니라 그런 화학이 어떤 상태를 일으키는가 하는 것 같은데요.

드루얀　　하지만 왜 춤꾼과 춤을 구별해야 하죠? 왜 경험과 그 경험을 일으키는 요인을 구별해야 하죠? 그건 불필요한 구분이에요. 과학이란 결국 실재를 믿는 것, 그리고 자연을 심문해서 답을 얻어내는 것, 거울로부터 등을 돌리지 않고 그것에—즉, 실재에—더 다가가는 것 아니겠어요.

콧 『에덴의 용』에는 이런 대목이 있습니다. "인간의 뇌가 취할 수 있는 서로 다른 기능적 배열의 가짓수는 막대하기 때문에 어떤 두 사람도 서로 정말로 같을 수는 없다. 함께 성장한 일란성쌍둥이라고 해도 말이다……. 모든 가능한 뇌 상태가 이미 다 점유되었을 리는 만무하다. 아직까지 한 번도 점유되지 않은 상태, 심지어 인류 역사상 어느 인간도 눈길 주지 않았던 상태의 정신 구조가 틀림없이 무수히 많을 것이다." 우리가 그런 정신 상태로 들어가 보려면 어떻게 해야 할까요?

세이건 글쎄, 모르겠습니다. 한 사람이 앞으로 1000년을 더 살더라도 들어가 보지 못할 상태가 많을 테니까요.

콧 우리가 그런 영역으로 진출하기 위해서 어떤 시도를 해볼 수 있을까요?

세이건 한 가지 방법은 기존의 인식을 불신하는 것입니다. 새로운 인식에 관심이 있다면, 어느 정도 객관성을 갖춘 채로 우리가 아직까지 이야기하지 않은 진실들을 살펴봐야 할 겁니다.

콧　그렇다면 당신이 〈코스모스〉에서 언급했던 과학자들은 전복적인 사람들이라고 할 수 있나요?

세이건　네. 앨프리드 노스 화이트헤드Alfred North Whitehead, 1861~1947는 "위험은 미래의 본분"이라고 말했습니다. 무언가를 위협하지 않는 새로운 생각이란 제구실을 못하는 겁니다.

콧　미래가 위험할 거라고 생각합니까?

세이건　당연히 그럴 겁니다. 물론 현재도 상당히 위험합니다. 예를 들어 말해볼까요. 현재 지구의 200개쯤 되는 국가들이 갖고 있는 정부 형태 중에서 다음 세기 중반까지 적용 가능한 형태는 하나도 없는 게 분명합니다. 단 하나도 없습니다. 우리는 어떻게 해서든 여기에서 저기로 가야 합니다. 하지만 어떻게 여기를 어지럽히지 않고서 저기로 가겠습니까? 세상은 엄청나게 빠른 속도로 바뀌고 있습니다. 인류의 생존은 그 변화를 다루는 데 달려 있지만, 정부들은 일반적으로 아무것도 바꾸지 않으려고 합니다.

미래를 진지하게 염려하는 나라라면 21세기 중반에 제대로 작동할 사회형태를 찾아내기 위해서 지금 갖가지 실험적 공동체를 현실적 차원에서 분주하게 발명해내고 있을 겁니다. 1960년대의 대안 공동체들은 그런 징조였다고 봅니다. 많은 사람이 사회가 전반적으로 제대로 돌아가지 않는다는 걸, 자신이 달리 무엇을 할 수 있는지를 찾아봐야 한다는 걸 자발적으로 인식했던 겁니다. 더 큰 사회는 그런 대안이라는 생각을 좋아하지 않았습니다. 더 나은 세상의 가능성이란 일종의 힐난이니까요. "지금까지 왜 그런 변화를 이루려고 노력하지 않았지?" 하고 묻는 힐난이니까요. 우리 중에는 유의미한 변화를 이룰 수 있는 사람이 극소수이기 때문에, 누구나 그런 질책에 저항하는 경향이 있습니다.

드루얀 사람들은 변화에 저항하지만, 사실 우리가 우주의 변화로부터 피해 있을 곳은 없죠. 그러니까 이건 아주 심각한 문제입니다.

콧 그래서 당신은 사람들을 좀 각성시키려고 노력하는 거죠.

세이건 그건 대단히 윤리적인 동기입니다. 하지만 사실 제가 느끼는 동기의 많은 부분은 과학을 이해하는 것이 재미있다는 사실에서 나옵니다. 과학은 소통 가능한 재밋거리입니다.

콧 거들먹거리는 태도는 바라지 않는 것 같군요.

세이건 몇몇 장소에서 전달되는 형태대로라면, 과학은 합리적인 사람이라면 세상 그 누구도 알고 싶어 하지 않을 만한 내용으로 보입니다. 이해가 불가능할 정도로 어려운 데다가 뭐랄까, 사람들의 머리를 썩혀서 사회적 상호작용을 못하도록 만드는 무언가처럼 그려지죠.

콧　　밥 딜런은 새 음반 《슬로 트레인 커밍Slow Train Coming》에서 과학자를 아주 폄하하는 시선으로 그렸더군요.

드루얀　　전 거기에 마음이 무척 상했어요. 제가 딜런에게서 늘 좋아했던 점은 그가 용감한 은유를 사용한다는 것, 그리고 어떤 솔직한 감정들을 뼛속까지 사무치게 전달해낸다는 점이었죠. 그는 늘 배짱 있게 들리죠. 그런데 이제 그는 빛에 눈이 멀었는지, 등을 돌리고는 손쉬운 설명만 추구하는 것처럼 보여요.

콧　　『에덴의 용』에서 당신은 히포의 성 아우구스티누스의 말을 인용했습니다. "나는 더 이상 별을 꿈꾸지 않는다."

세이건　　그 말을 딜런의 또 다른 인용구와 비교해보십시오. "난 다이아몬드 하늘 밑에서 한 손을 자유롭게 흔들며 춤추지." 이 말을 아우구스티누스의 말, 그리고 딜런 자신이 최근에 한 말과 비교해보자고요.

"우리는 지구의 모든 살아 있는 것들에게
어느 정도라도 공감과 존중을 느끼지 않나요?
그들은 우리 친척입니다"

콧　　뇌가 취할 수 있는 정신적 배열의 가짓수가 엄청나게 많다는 개념과 관련해서 이렇게 쓰셨죠. "이런 시각에서 보면 인간 개개인은 진정으로 희귀하고 독특한 존재다. 그리고 개개인의 생명의 신성함이란 그로부터 자연스럽게 따라 나오는 윤리적 결론이다." 이 말은 "45억 년에 걸친 진화의 귀중한 유산을 동등하게 부여받은 동료로서 다른 인간과 생물을 깊이 존중하는 마음"이라는 당신의 다른 표현과 이어집니다. 둘 다 모든 지각 있는 인간과 동물에 대한 사랑을 강조한다는 점에서 대단히 불교적인 메시지를 전하는데요.

세이건 당연한 논리적 연장이라고 생각되지 않습니까? 사람들은 분명 자기 가족을 사랑하고 그다음에는 친척을, 그다음에는 친구를 사랑합니다. 그다음에는 공동체에 대해서, 부족에 대해서 어느 정도의 애착을 품습니다. 오늘날 사람들이 자신을 동일시하는 중요한 한 차원은 민족국가죠. 자, 그렇다면 다음번 동일시의 대상은 명백히 지구의 모든 인간입니다. 하지만 왜 거기에서 끝나겠습니까? 특히 우리가 공통의 유산을 이해한다면, 동식물과의 유전적 친족 관계를 이해한다면 말입니다. 한 동물에서 다른 동물로 빈틈없이 겹쳐진 디졸브들의 집합이 가능하지 않을까요? 우리는 지구의 모든 살아 있는 것들에게 어느 정도라도 공감과 존중을 느끼지 않나요? 그들은 우리 친척입니다. 이것은 자명한 개념입니다.

콧 당신의 시각은 오늘날 일반적으로 통용되는 시각보다 윤리적으로 훨씬 더 넓은 범위를 아우릅니다.

세이건 이 역시 예의 시간 조망의 문제입니다. 인류는 역사의 대부분을 수렵 채집 사회에서 살았습니다. 오늘날까지 남아 있는 그런 사회들을 보면—그다지 수가 많진 않습니다—그곳에는 어느 정도의 협동이 있고, 소외가 없습니다. 현대사회에서는 들어보지 못한 이야기죠. 우리가 물려받은 사회적 유산을 무시하는 것은 심각한 실수입니다. 인간에게는 선한 협동을 해내는 역량이 있지만 현대사회가 그것을 장려하지 않을 따름입니다. 이 상황은 바뀌어야 합니다.

콧 과학계에는 입자물리학, 천체물리학, 생물물리학, 지구물리학 하는 식으로 각기 구획되고 전문화한 분야들이 나뉘어 있습니다. 한 분야의 종사자는 자기 분야 바깥의 문제에 대해서는 일반적인 발언을 하기를 꺼리는 편입니다. 하지만 당신은 〈코스모스〉에서 온 우주를 다뤘죠!

세이건 그러면 정말 재미있답니다. 정확히 그 부분, 아직까지 접촉이 많지 않았던 어느 두 분야의 경계야말로 흥미진진한 지점입니다. 경계는 임의적인 것입니다. 가령 천문학과 지질학, 화학과 생물학, 심지어 수학과 물리학을 나누는 경계란 인위적인 것, 우리가 발명한 것입니다. 실제 세상에서는 그런 주제들이 서로 자유롭게 넘나듭니다.

세상의 모든 것은 서로 연관되어 있습니다. 이렇게 상상해보세요. 컴퓨터가 이 나라에 사는 모든 사람의 이름을 죽 훑다가 무작위로 아무나 한 명을 고르고 당신은 그 사람에게 연락을 해야 합니다. 당신이 누군가 아는 사람에게 전화를 걸고,

그 사람이 또 다른 사람에게 전화를 걸고, 이런 식으로요. 그렇다면 당신이 목표 인물에게 닿기 위해서 해야 할 통화는 평균 몇 회일까요?
요컨대 아무리 막연하게라도 당신을 알아서, 당신이 "여보세요, 찰리, 귀찮은 부탁을 드려서 죄송합니다. 당신이 오마하에 산다는 건 알지만 제가 노스다코타 주 파고에 사는 어떤 사람에게 연락을 하고 싶어서 그러는데 저를 위해서 전화 한 통 해주실 수 있을까요?" 하고 말할 수 있는 사람을 찾으려면 총 몇 명에게 전화를 걸어야 할까요? 당신을 위해 이런 전화를 또 다른 사람에게 걸어서 똑같은 부탁을 할 수 있는 사람이 몇이나 될까요? 대충이라도 몇 명쯤?

콧 70명에서 80명쯤 아닐까요.

세이건 반올림해서 100명이라고 합시다. 그리고 모든 사람이 그렇다고 가정합시다. 자, 당신은 100명을 알고, 그 사람들 각각이 또 100명씩 압니다. 그 100명들 중에서 이미 당신의 명단에 오른 사람은 몇 안 된다고 합시다. 그렇다면 당신이 1만 명에게 가닿기 위해서는 단 두 통이면 됩니다. 100 곱하기 100이니까요. 100만 명에게 가닿으려면 세 통, 1억 명에게 가닿으려면 네 통이면 됩니다. 그리고 미국 인구는 2억 명밖에 안 되죠.

콧 이 사례의 교훈은 뭘까요?

세이건 이런 게 불교 고유의 개념은 아니라는 겁니다. 모든 것이 서로 연관되어 있다는 생각, 그건 그냥 진실입니다.

콧 〈뉴욕타임스〉는 얼마 전에 이런 기사를 실었습니다. 양자역학의 한 가지 황당한 결과 때문에 일부 과학자들은 온 우주가 "그것을 담은 시간까지 포함하여 자발적 양자 요동으로부터, 즉 우주에 앞서 존재했던 무에 발생한 작은 '씰룩거림'으로부터 생겨났을지도 모른다"라고 추측한다는 겁니다. 이것도 불교에서 하는 말과 아주 비슷하게 들리지 않습니까?

세이건 동의합니다. 꼭 동양철학처럼 들리는군요. 그리고 아마 버젓한 과학 논문에 기반을 둔 이야기겠죠.

"감정은 인간 고유의 것이라 할 수 없습니다.
인간 고유의 능력은 생각입니다"

콧 이런 종류의 추론은 늘 종교적·철학적 질문으로 이어지는 것 같지 않습니까?

세이건 모든 과학이 그렇습니다. 저는 바로 그 때문에, 그러니까 우리가 타고난 과학자이기 때문에 우리가 종교적 질문을 떠올리는 거라고 생각합니다. 과학은 인간이 다른 동물보다 상당히 더 잘한다고 말할 수 있는 유일한 활동입니다. 음악도 대체로 인간이 다른 동물과 공유하는 감정의 표현이라 할 수 있지만, 인간은 다른 동물과는 달리 과학과 기술에 능통하기 때문에 그 감정을 실재화할 수 있죠. 그리고 과학기술은, 흰개미탑이나 그딴 걸 제외하고는, 분명 지구의 다른 어떤 동물도 갖지 못한 것입니다. 과학기술은 인간만의 특징적인 능력입니다. 감정은 인간 고유의 것이라 할 수 없습니다. 동물들도 거의 틀림없이 깊은 감정을 많이 느낄 겁니다. 인간 고유의 능력은 생각입니다. 따라서 전 종교적 발상에 모종의 과학적 근거가 있는 것으로 밝혀지더라도 크게 놀랄 일은 아니라고 봅니다.

콧 하지만 아까 과학도 여전히 하나의 신화라고 말씀하셨는데요.

세이건 신화란 우리에게 주어진 정보를 최대한 모아서 무언가의 기원을 설명하려는 시도라고 할 수 있으니까요.

콧 그렇다면 미래에는 과학보다 더 나은 신화가 나타날 가능성도 있는 겁니까?

세이건 전 그럴 거라고 장담합니다. 우리가 우주에 대한 절대적 진실이 처음 발견된 바로 그해에 살고 있을 확률이 얼마나 되겠습니까? 얼마나 많은 해가 존재하는지를 감안하면 그건 너무나 놀라운 우연일 겁니다. 그보다는 인간의 지식이란 연속된 근삿값들의 집합일 가능성, 그래서 우리가 지금 틀린 것이 무수히 많으며 향후 100, 200년 안에 사실로 밝혀질 거라고 짐작조차 하지 못하는 환상적인 것이 무수히 많을 가능성이 훨씬 더 큽니다.

콧 우리가 전혀 모르는 새로운 사고방식들이 존재한다는 말 같습니다.

세이건 존재해야만 합니다. 그 질문에 대한 답은 수많은 다양한 차원에서 '그렇다'일 수밖에 없습니다. T. S. 엘리엇은 어떤 장소를 처음으로 알게 되는 것에 관해서 말했죠. 하지만 두 번째로 알게 되는 것, 세 번째로 알게 되는 것도 있습니다. 저는 단편적인 시간들이 연속체로 이어져 있는 것이라고 봅니다. 우리는 늘 지구를 어느 정도까지 압니다. 우리가 사는 곳을 어느 정도까지 압니다. 하지만 언제든 그 지식을 유의미한 정도로 조금 더 늘릴 수도 있습니다.

콧 그렇다면 절대적으로 확실한 건 영영 없겠군요?

세이건 우리가 걱정해야 할 것은 두 가지 극단적인 상황입니다. 하나는 모든 것이 다 알려져서 우리가 더 알 것이 없는 극단적 상황입니다. 다른 하나는 모든 것이 너무 복잡해서 우리가 손도 못 댈 상황입니다. 하지만 우리는 운 좋게도 어느 쪽도 아닌 우주에서 살고 있습니다. 우리가 사는 우주에는 실제로 자연법칙이 있고, 우리가 발견할 것들이 있습니다. 그것들은 우리가 어느 정도까지 이해하는 게 불가능할 정도로 까다롭진 않지만, 전부 다 이해하는 건 영영 불가능할 만큼 까다롭습니다. 우리가 아직 알아내지 못한 흥미진진한 발견들이 더 있습니다. 이것은 가능한 최선의 세상입니다.

드루얀 가능한 최선의 우주죠!

신과 칼 세이건이 한 우주에?

칼 세이건은 미국의 "가장 유능한 과학 세일즈맨"이라고 불려왔다. 세이건이 천문학 교수이자 행성학실험실 운영자로 있는 코넬대학교의 다른 과학자는 그를 학자적 과학자와 비교하며 이렇게 말했다. "세이건은 자주 옳고 늘 재미있다. 늘 옳고 별로 재미있지 않은 대부분의 학자들과는 다르다."

무엇보다도 세이건은 미국에서 제일 유명한 과학 선생님이자 과학의 헌신이다. 호평받은 공영 텔레비전 다큐멘터리 시리즈 〈코스모스〉를 통해서 수백만 시청자가 보았던 그의 얼굴은 어느덧 모두에게 낯익은 것이 되었다. 세이건의 청중은 시청자뿐 아니라 독자도 가공할 만큼 많다. 『우주적 연결』 『에덴의 용』 『지구의 속삭임』 같은 그의 책들은 수백만 권이 팔렸으며, 10여 개 언어로 번역되었다.

이 인터뷰는 〈U.S.가톨릭〉 1981년 5월 호에 실렸다. 〈U.S.가톨릭〉은 클라렛선교수도회 미국 지부에서 1935년 '성 주드의 목소리The Voice of St. Jude'란 제목으로 창간한 월간지로 1963년에 현재 이름으로 바뀌었다. 인터뷰어 에드워드 웨이킨(Edward Wakin, 1927~2009)은 포드햄대학교에서 40년 이상 커뮤니케이션학을 가르쳤고 종교와 중동의 문화 등에 관해 20여 권의 책을 썼다.

세이건은 "과학에서 평범한 사람들에게 설명하지 못할 내용은 아무것도 없다"라고 주장한다. 그리고 이 퓰리처상 수상자 겸 과학자 겸 작가 겸 선생은 책과 텔레비전 시리즈를 통해서 그 주장을 증명해 보인다. TV 스튜디오, 교실, 실험실, 심지어 미국 우주탐사 사업까지 제 마당으로 여기는 45세의 이 천문학자만큼 과학을 명료하고 생생하게 전달할 사람은 또 없다.

신앙인들에게도 그는 흥미로운 인물이다. 호감 가고 재미난 한 개인 속에서 신앙인은 현대 과학의 사고 · 태도 · 견해를 접할 수 있다. 누구도 칼 세이건을, 장차 우주를 연구하는 사람이 되는 게 꿈이었던 브루클린 출신의 소년을 과학의 대변인으로 선출하지 않았다. 그가 스스로 그런 명예를 추구한 것도 아니었다. 하지만 어쨌든 그는 그런 이름을 갖게 되었으므로, 신앙인이 과연 과학자들은 신앙과 신앙인을 어떻게 생각하는지 궁금할 때 살펴볼 증인으로서 칼 세이건만 한 사람도 없다.

웨이킨 당신은 언젠가 코넬대학교의 세이지 예배당에서 했던 일요일 설교에서, 종교와 과학의 대면이 "최소한 많은 사람의 마음속에서" 전통적인 종교적 견해를 "침식하는" 결과를 낳았다고 말했습니다. 오늘날 과학과 종교의 관계는 어떻습니까?

세이건 넓게 말해서 종교적 태도와 종교의 일부 내용은 사실상 모든 과학 탐구의 한 요소라 할 수 있습니다. 우주를 전체적으로 바라보면 우리는 놀라운 것을 발견하게 됩니다. 우주가 굉장히 아름다우며 복잡하고 정교하게 구성되어 있다는 것을 알게 됩니다. 우리가 우주에 감탄하는 것이 스스로 우주의 일부

이기 때문인가, 즉 우리가 우주 속에서 진화했고 우주에 의해서 진화했기 때문인가 하는 문제에 대해서는 제가 답을 아는 척하지 않겠습니다. 하지만 우주의 우아함이 우주의 가장 놀라운 성질 중 하나라는 사실에는 의문의 여지가 없습니다. 자연의 아름다움·복잡함·정교함을 보면서 경외감을 느끼지 않기란 어렵습니다. 저는 숭배라는 단어도 지나치지 않다고 생각합니다.

웨이킨 그 관점에서 신은 어디에 들어갑니까?

세이건 제가 강연을 끝낸 뒤 청중이 제게 "신을 믿습니까?"라고 물으면 저는 질문자가 말하는 '신'이란 정확히 무슨 뜻이냐고 되묻곤 합니다. 이 용어는 무수히 다양한 종교에서 무수히 다양한 뜻으로 통합니다. 어떤 사람에게는 그것이 흰 턱수염을 길게 기른 옅은 피부색의 거대한 남자, 저기 하늘 어디의 왕좌에 앉아서 땅에 떨어지는 참새의 수를 일일이 헤아리느라 바쁜 남자를 뜻합니다. 또 다른 사람에게는—가령 바뤼흐 스피노자나 알베르트 아인슈타인에게는—신이 우주를 묘사하는 모든 물리법칙의 집합과 사실상 같은 뜻이었습니다. 저는 세상에 자연법칙의 존재를 부정하는 사람이 있으리라고는 상상할 수 없습니다만, 하늘의 노인에 대한 설득력 있는 증거는 모르겠습니다.
우주적 맥락에서, 우주의 엄청난 규모는—우주에는 은하가 1000억 개 넘게 있고 각 은하마다 1000억 개가 넘는 별이 있

약 1000억 개의 별이 있는 우리은하의 파노라마 사진

습니다—우리에게 인간사의 하찮음을 일깨웁니다. 우리가 보는 우주는 아주 아름다운 동시에 아주 폭력적입니다. 우리가 보는 우주는 서양이나 동양의 전통적인 신을 배제하지 않지만, 그렇다고 해서 그런 신을 꼭 필요로 하지도 않습니다.

웨이킨 그래도 신앙인에게는, 특히 서구 기독교에는 중요한 문제인 '제1원인'의 문제가 남지 않습니까?

세이건 저는 이른바 제1원인 문제는 그저 추론에 지나지 않는다고 답하겠습니다. 어쩌면 우주란 무한히 오래된 것이라서 최초의 원인이란 게 아예 없었을 가능성도 완벽하게 말이 됩니다. 실제로 그런 관점을 지닌 상세한 우주론 모형들이 있는데다가 그런 모형들도 우리가 아는 모든 사실에 잘 부합합니다. 제가 생각하기로는, 제1원인이 있었다고 말하는 것만으로는 만족스럽지 않습니다. 그건 문제를 해결하는 게 아니라 해결을 미루는 것에 지나지 않습니다. 만일 '신'이 우주를 만들었다고 말한다면 당연히 다음 질문은 '그 신은 누가 만들었지?'가 되죠. 이때 '신'은 늘 존재하고 있었다고 대답한다면 마찬가지로 우주도 늘 존재하고 있었다고 말하면 왜 안 됩니까? '신은 어디서 생겨났을까?' 하는 질문이 우리 가련한 인간들이 이해하기에 너무 어려운 문제라면, '우주는 어디에서 생겨났을까?' 하는 질문은 인간들에게 너무 어려운 질문이 아니란 걸까요? 신이라는 가설은 정확히 어떤 방식으로 우리의 우주론 지식을 발전시켜줄까요? 그 가설은 우리가 그것이 버티는지 무너지는지를 시험할 수 있는 어떤 예측을 내놓습니까?

> "신이 아예 존재하지 않는다고 확신하려면
> 우주에 대해서 우리가 지금 아는 것보다
> 훨씬 더 많이 알아야 할 겁니다"

웨이킨 그 말은 당신이 그 질문에 대한 답을 미정으로 두겠다는 이야기처럼 들립니다.

세이건 신 가설과 영혼 가설에 의문을 제기하는 사람이 모두 무신론자인 건 아닙니다. 무신론자는 신이 존재하지 않는다고 확신하는 사람, 신의 존재를 반박하는 타당한 증거를 갖고 있는 사람을 말하죠. 우리는 신을 아득히 먼 시간과 장소로, 궁극의 원인으로 계속 내쫓을 수 있기 때문에 그런 신이 아예 존재하지 않는다고 확신하려면 우주에 대해서 우리가 지금 아는 것보다 훨씬 더 많이 알아야 할 겁니다. 신의 존재를 확신하는 것과 신의 부재를 확신하는 것은, 의혹과 불확실성이 가득하기 때문에 좀처럼 자신만만하기 어려운 이 주제에서, 둘 다 지나치게 자신만만한 양극단으로 보입니다. 그 중간의 다양한 입장도 얼마든지 허용될 수 있을 겁니다. 신의 존재라는 이 주제에 사람들이 막대한 감정적 에너지를 쏟고 있다는 점을 고려할 때, 이 주제에 대한 집단적 무지의 범위를 좁히는 데 필요한 도구는 기꺼이 탐구하고 용기를 내는 열린 마음입니다.

웨이킨 그렇다면 당신은 신의 문제에 대해서 아직 결론을 내리지 않은 상태라고 판단해도 됩니까? 당신은 이 문제의 결론이, 특히 과학 전문가들의 결론이 아직 내려지지 않았다고 느끼는 것 같은데요. 당신은 사람들이 종교적 현상이나 초자연적 현상으로 여길 만한 일들에 대해서 자연적 설명을 찾으려 애쓰는 것 같습니다.

세이건 맞습니다. 다만 제게 자연계에 대한 감정보다 깊은 종교적 감정은 없다고 말해두고 싶습니다. 전 자연의 세계와 종교적 직관을 구태여 구별하지 않겠습니다. 이 점을 누구보다 잘 표현한 사람은 아인슈타인이었습니다. 그는 우주의 심오함과 아름다움을 음미하는 것은 종교적 경험과 같다고 말했죠. 그의 말을 빌리자면, "이런 의미에서, 오로지 이런 의미에서만 나는 독실한 종교적 인간이다".

웨이킨 그러면 신자들과 불신자들에 대해서는 어떻게 생각합니까?

세이건 신자든 불신자든 그들의 의견이 사실에 토대하지 않을 때는 어느 쪽이든 불편합니다. 전 교조적인 무신론자들, 세상에 신이 있을 수 없다고 주장하는 사람들이 대단히 불편합니다. 제가 아는 한 그런 견해를 지지하는 강력한 증거는 없으니까요. 전 또한 교조적 신자들도 불편합니다. 제가 아는 한 그들에게도 아무런 강력한 증거가 없습니다. 우리가 답을 모르는 상황이라면 왜 당장 마음을 정해야 한다는, 어느 한쪽 가설에 충성을 맹세해야 한다는 압박을 느끼는 걸까요?

웨이킨 임상적으로 사망 선고를 받았다가 되살아난 사람들이 전하는 다양한 사후생死後生 증언은 어떻게 생각합니까?

세이건 글쎄, 모두 일화적인 이야기들뿐입니다. 임사 체험을 했다가 소생한 사람들도 있죠. 제가 아는 한 그런 경험은 그들이 말한 그대로일지도 모릅니다. 지난 몇 백 년 동안 과학으로부터 신랄하게 비판당했던 그들의 경건한 신앙을 옹호하는 증거일지도 모릅니다. 개인적으로 저는 사후생이 있다면 기쁠 것 같습니다. 특히 그 사후생에서 제가 이 세상과 다른 세상들에 대해서 더 배울 수 있다면 좋겠습니다.
사실 서로 다른 문화, 서로 다른 종교적 가정을 가진 사람들이 다들 자기 몸이 환한 빛을 향해서 떠올랐고 그곳에서 어떤 고귀한 존재가 자신을 기다리고 있더라는, 거의 비슷한 내용의 임사 체험을 보고한다는 건 꽤 놀라운 일입니다. 제가 추측하기로는 그런 사례가 정말이지 너무 많은 것으로 보아—더구나 문화를 가로질러 동질적인 것으로 보아—그런 경험이 그저 관용적인 묘사나 유용한 수사적 표현만은 아닐 것 같습니다.

웨이킨 그렇다면 당신의 추측은 뭔가요?

세이건 제 추측은, 좀 더 심오한 설명이 있으리라는 것입니다. 그렇다고 해서 그 설명이 꼭 그들이 보고한 내용, 즉 그들이 정말 천국으로 가서 신을 만난 것이라는 법은 없습니다. 저는 『브로카의 뇌』라는 책에서 대안이 될 만한 설명을 하나 잠정적으로 제안해보았죠. 추론일 뿐입니다만.

제 설명은 모든 인간이 진정으로 문화를 넘어서 공유하는 하나의 경험인 출생의 경험에 초점을 맞춥니다. 우리는 칠흑 같은 어둠 속에서 9개월을 보낸 뒤에 난생처음 희미한 빛을 보는데, 그건 틀림없이 눈부시고 충격적인 경험일 겁니다. 그보다 더 극적인 전이의 경험은 상상하기 어렵죠. 그리고 보통은 그 빛에서 우리를 기다리는 사람이 있습니다. 산파든 산과의사든 아버지든.

최소한 저와 다른 몇몇 사람이 보기에 임사 체험이란 우리가 인생 최초의 경험, 아마도 인생에서 가장 심오한 경험이었을 그 출생의 순간에 가닿는 것 아닐까 싶습니다. 우리가 죽음의 문턱에 도달한 순간에 탄생의 기억을 떠올린다는 것, 이게 천국에 다녀왔다는 이야기들을 설명해줄 수 있을 것 같습니다. 딴말이지만, 세례라는 개념 자체가 재탄생의 상징으로 여겨지지 않나요?

웨이킨 이런 이야기가 모든 문화를 관통하는 종교적 믿음과는 어떤 관계가 있습니까?

세이건 사람들이 보편적으로 종교적 생각을 받아들이는 건 그 속에 우리의 어떤 지식과 공명하는 지점이 있기 때문일 수밖에 없습니다. 무언가 깊이와 동경을 느끼게 하는 것, 누구나 자기 존재의 핵심이라고 여기는 것이. 전 그런 공통의 요소 중 하나가 출생이라고 말하는 겁니다. 그 종교적 경험의 신비로운 핵심은 문자 그대로의 진실은 아니지만, 그렇다고 해서 해롭게 그릇된 거짓도 아니라고 생각합니다. 그보다는 오히려, 흠은 좀 있을지언정, 우리의 가장 최초이자 가장 심오한 체험과 다시 접촉하고자 하는 용감한 시도가 아닐까요.

웨이킨 종교적 믿음에 관한 답변에서 느껴지는 과학의 목소리를 듣노라니 당신이 과학과 종교의 관계를 어떻게 보는지 궁금합니다.

세이건 제가 볼 때 둘은 거의 아무런 소통을 하지 않고 있습니다.

웨이킨 소통해야 합니까?

세이건 당연합니다.

웨이킨 양쪽이 서로에게 무슨 말을 해줄 수 있을까요?

세이건 종교는 과학에 과학이라는 사업의 사회적 토대에 대해서, 과학의 목표에 대해서, 우리가 과학을 할 때 늘 염두에 두어야 할 인간적 가치에 대해서 말해줄 수 있을 겁니다. 오펜하이머가 말년에 핵무기 개발에 대해서 했던 말도 있죠. 과학자들은 이제 죄를 알았다는 말.

과학도 종교에 해줄 말이 꽤 있을 것 같은데, 주로 증거의 속성에 관한 이야기일 것입니다. 전 고대에 어떤 권위자가 주장했던 말을 일절 의심하지 않고 믿는다는 것은 우리의 정치에 심각한 위험을 끼칠 수 있는 생각이라고 봅니다. 종교의 권위주의적 측면은 우리의 생존에 진지한 위험이 될 거라는 걱정이 듭니다.

웨이킨 당신이 하는 이야기에서는 초월을 갈구하는 인간의 욕구가 빠졌다는 느낌이 듭니다.

세이건 신비화에 찬성하시는 겁니까?

웨이킨 아니요, 전 초월에 찬성합니다.

세이건 그게 무슨 뜻이죠?

"신화에 모종의 용도가 있는 건 분명합니다.
그 용도란 우리로 하여금 좀 더 큰 틀에서
우리 처지를 이해하도록 돕는 것입니다"

웨이킨 실체적이고 경험적인 것을 넘어서는 걸 말합니다. 우리가 인간 존재에 대한 시각을 경험적인 것에 대해서로만 제약한다면, 그보다 더 깊은 인간의 욕구는 충족하지 못할 테니까요.

세이건 전 동의하지 않습니다. 우리가 신화라고 부르는 것은 그것이 자연과 공명할 때, 그것이 진실에 기반을 둘 때, 그것이 외부의 실재를 반영할 때 더욱더 심오해지고, 적절해지고, 설득력이 커집니다. 인간은 어떤 환경 속에서 진화한 존재입니다. 우리 선조들 중에서 그 환경에 잘 적응하지 못한 사람은 다 죽었습니다. 세상을 과학적으로 바라보는 관점은 그것이 그 환경 속에서 잘 통했기 때문에 선택된 것입니다.

지구의 모든 사람이 신화에 깊은 감정을 느낀다는 건 엄연한 사실이므로 신화에 모종의 용도가 있는 건 분명합니다. 그리고 그 용도란 우리로 하여금 좀 더 큰 틀에서 우리 처지를 이해하도록 돕는 것입니다. 상상해보세요. 우리 선조들은 달, 행성, 별을 바라보면서 그것들을 이해하고자 하는 욕구에 답하고자 스스로 이야기를 지어냈습니다. 많은 경우 그 이야기에는 신이 등장했습니다. 달을 신으로 여긴다거나 하는 식으로요.

자, 그렇다면 달에 대한 그런 신화는 거짓이기 때문에 더 심오합니까? 우리는 구태여 쓸데없는 소리를 덧붙이면서 "신의 의미를 재정의한다면 우리가 달을 계속 신으로 부를 수 있겠지?" 하고 말해야 합니까? 아닙니다. 달은 신이 아니란 걸 인정하고 넘어갑시다. 저는 우리가 달의 실제 정체를 이해하게 된 것이 훨씬 더 큰 성취라고 생각합니다. 달은 나이가 45억 년이고, 생성 초기에 엄청난 폭발이 일어나서 크레이터가 파였고, 생명이 한 번도 나타나지 않은 황량한 세상이라는 사실을 알게 된 것이.

웨이킨 그렇다면 신화에서 신비를 제거하는 게 중요하겠군요.

세이건 우리는 언제든 좀 더 깊이 파고들 수 있습니다. 어떤 주제를 하나 잡아서 계속 질문을 던진다면 언젠가는 반드시 지식이 바닥나는 지점에 다다를 겁니다. 우리의 힘은 한계가 있습니다. 늘 그럴 겁니다. 세상에는 진정한 신비가 충분히 많이 있으니까 우리가 괜히 새로 지어낼 필요는 없습니다.

웨이킨 그 지점에 다다르면 당신은 신자, 불신자, 무신론자 중에서 뭐가 될까요?

세이건 우리가 아직 그 단계를 넘어서지 못했다고 말하는 것 외에 구태여 왜 또 다른 말을 하려고 합니까? 인류의 탐구 역사에서는 무언가에 성급하게 헌신하는 바람에 잘못된 답을 얻었던 사례가 괴로울 만큼 많습니다. 그런 경우에는 많은 사람이 고통을 겪을 수 있습니다. 우리는 역사에서 배워야 합니다.

웨이킨 하지만 인간이 의심만으로 살 수 있습니까?

세이건 없죠. 하지만 전 그렇게 말하는 게 정확한 표현이라고는 생각하지 않습니다.

웨이킨 그러면 한번 직접 표현해보시죠.

세이건 질문이 아니라 그 질문에 대한 제 답을 말해보죠. 우리가 생존하려면 창조성과 의심을 적절히 섞어서 갖고 있어야 합니다. 모든 주제에 대해서 모든 종류의 생각이 제안되고 있고, 또 그래야만 합니다. 어떤 생각은 열정적이고, 어떤 생각은 영감을 주고, 어떤 생각은 똑똑합니다. 하지만 그렇다고 해서 그런 생각들이 다 옳다는 보장은 없습니다. 그중 다수는 결국 말짱 틀린 것으로 밝혀집니다. 100퍼센트 틀린 것으로 밝혀집니다.

웨이킨 그러면 우리는 어떡해야 하죠?

세이건 회의를 품어야 합니다. 증거를 요구해야 합니다. 누군가 어떤 일이 어떤 방식으로 벌어진다고 주장하면 우리는 실험을 실시해서 그것이 실제 그 말대로 벌어지는지를 확인해봐야 합니다. 그 생각이 내적으로 일관된 것인지를 점검해봐야 합니다. 그 생각의 논리 구조를 시험해봐야 합니다. 우리가 이미 아는 다른 믿음직한 지식들과 잘 부합하는지를 알아봐야 합니다. 그러고 나서야 새로운 생각을 받아들여야 합니다. 이것이 과학의 표준적인 활동입니다. 전 이런 관행이 좀 더 널리 적용되었으면 좋겠습니다.

웨이킨 그렇게 회의주의에 바탕을 두는 태도는 궁극적으로 불안한 토대 위에 서 있는 것 아닐까요? 회의주의는 회의주의 자체마저도 의심할 태세를 갖추고 있을 테니까요.

세이건 전 그게 모순이라고 생각하지 않습니다. 창조성과 회의주의의 혼합은 과학의 핵심입니다. 우리가 그 혼합이 잘 통한다는 걸 아는 이유는, 과학이 지금까지 이뤄낸 발전을 목격했기 때문입니다. 우리는 선조들이 보았다면 입을 다물지 못했을 실제적인 성취들을 이뤄냈습니다. 추상적인 개념들에도, 심지어 수학적 몽상들에도 일말의 타당성이 있습니다. 그것들도 외부 세계와 실제적으로 연결되어 있습니다. 그리고 우리는 기존의 믿음을 약간이나마 내버림으로써 그런 발전을 이뤘습니다. 저는 종교가 믿음을 충분히 내버리지 않는 것이 우려스럽습니다. 회의주의가 없다면 한 생각이 다른 생각보다 더 좋다고 말할 근거가 없습니다. 그리고 그것은 아무 생각도 없는 것이나 마찬가지입니다. 우리에게는 좋은 생각과 부족한 생각을 가려내는 키질이 꼭 필요하고, 그 도구가 바로 회의주의입니다.

"자연의 장엄함 앞에서 느끼는 경외감
그 자체를 종교적 체험이라고 부른대도
전 반대하지 않겠습니다"

웨이킨 그러면 종교와 과학의 관계는 무엇입니까. 아니, 무엇이어야 합니까? 둘은 완벽한 타인인가요?

세이건 우리가 과학을 들여다보면 그 속에서 정교함, 깊이, 탁월한 아름다움을 발견하게 되는데, 전 그것이 어느 관료주의적 종교가 제공하는 이야기보다 훨씬 더 강력하다고 믿습니다. 심지어 자연의 장엄함 앞에서 느끼는 경외감 그 자체를 종교적 체험이라고 부른대도 전 반대하지 않겠습니다.

웨이킨 신, 천국과 지옥, 형식 종교를 믿는다고 말하는 과학자들에 대해서는 어떻게 생각합니까?

세이건 "당신의 증거는 무엇입니까?" 하고 묻겠습니다. 만일 그가 그것은 믿음의 문제라고 대답한다면, 전 그에게 그가 그 대목에서 과학의 검증된 기법을 잊은 거라고 말해주겠습니다. 만일 그가 증거를 제시한다면, 전 당연히 주의 깊게 살펴보겠습니다.

다시 말하지만 종교가 우리더러 어떤 전통을 이의를 제기하지 말고 무조건 받아들이라고 가르칠 때, 그런 종교는 인류의 미래에 대단히 심각한 피해를 끼치는 것입니다. 우리가 앞으로 50년을 생존할 유일한 방법은 기존의 믿음에 진지하게 도전하는 것뿐입니다. 종교적 믿음뿐 아니라 경제, 사회구조, 정치에 관해서도 마찬가지입니다. 우리가 엄마 무릎에 앉은 아기 때부터 기존의 인식에 도전해선 안 된다는 가르침을 받고 자란다면, 영원히 여기에서 저기로 나아갈 수 없을 겁니다.

웨이킨 마지막으로, 과학자이자 과학의 해설자이자 '창조적 회의주의'의 화신인 칼 세이건은 무엇을 믿습니까?

세이건 제가 한 가지 깊이 믿는 것은, 정확히 무엇이 되었든 전통적인 신이 존재한다면 인간의 호기심과 지성은 그 신이 선사한 것이라는 사실입니다. 그럴 경우에 우리가 우주와 자기 자신을 탐구하고자 하는 열정을 억누르는 것은 신이 주신 선물을 푸대접하는 꼴일 것입니다.(그리고 애초에 그런 행동 방침을 따를 수도 없을 것입니다.) 거꾸로 그런 전통적인 신이 존재하지 않는다면 우리의 호기심과 지성은 우리 생존을 지킬 핵심 도구인 셈입니다. 어느 쪽이든 지식이라는 사업은 과학과 종교 양쪽 모두와 부합하며, 우리 종의 안녕에 긴요한 요소입니다.

창백한 푸른 점

마리노 우리가 우주선을 우주로 보내어 무엇이 있는지 발견하기 전에, 우주에 대한 인류의 인식은 어땠습니까?

세이건 지구가 태양계의 중심일 뿐 아니라 우주의 중심이라고 생각하는 것, 인간을 고양시키거나 즐겁게 만들기 위해서 그 자리에 놓였다고 생각하는 것, 그것은 세상에서 가장 자연스러운 일입니다. 인류 역사 내내 온 세상 사람이 그렇게 생각했습니다. 그리고 그런 생각은 오늘날에도, 지금 이 순간에도 우리와 함께합니다. 우리는 태양이 뜨고 진다고 말하죠. 실제로는 지구가 도는 것임을 암시하는 표현은 우리가 쓰는 표현 중에는 없습니다. 대부분의 사람은 학교에서 지구가 둥글다는 사실을 배웠겠지만 마음 깊은 곳에선 아마 다들 안 믿었을 것입

이 인터뷰는 〈NASA매거진NASA Magazine〉 1992년 가을 호 32~33쪽에 실렸고, 인터뷰는 에디터 클레어 마리노(Claire Marino)가 맡았다. 인터뷰가 이루어진 1992년은 『창백한 푸른 점』이 출간되기 이태 전이다.

니다. 우주탐사 시대가 도래한 뒤에야, 특히 처음으로 우리가 지구를 사진으로 찍어서—주로 유인 탐사에서 찍었죠—지구가 까만 벨벳 같은 우주를 바탕으로 푸르고 희고 아름다운 보석처럼 떠 있는 모습을 본 뒤에야 사람들은 우리의 진정한 위치를 갑자기 깨닫게 되었습니다.사진은 「자긍심의 실체」를 참조.

마리노 인류가 처음 우주에서 자신을 바라본 것 덕분에 사람들의 의식이 뚜렷이 달라졌다고 생각합니까?

세이건 바깥에서 우리 행성을 찍은 초상은 더없이 직접적인 방식으로 사람들에게 충격을 주었습니다. 인류 역사에서 그런 건 단 한 번도 본 적 없었으니까요. 요즘은 그런 사진이 세계적인 상징처럼 통합니다. 어딜 가든 그 사진을 볼 수 있어서 약간 질리기까지 하죠. 하지만 당연히 새로운 세대는 새롭게 그 경이로움을 느낄 겁니다.

"과학자들도 사람이니까,
당연히 그들도 여느 사람들과 마찬가지로
그 시대의 열정과 편견에 사로잡힙니다"

마리노 보통 사람들에게는 지구의 초상을 본 일이, 지구를 그렇게 돌아볼 수 있는 능력을 갖춘 일이 아주 중요한 사건이었다고 기억합니다. 과학계는 그런 사건에 대해서 보통 사람들과는 좀 다르게 느끼나요?

세이건 알다시피 과학자들도 사람이니까, 당연히 그들도 여느 사람들과 마찬가지로 그 시대의 열정과 편견에 사로잡힙니다. 우주에서 지구를 바라보았을 때 느꼈던 경이로움은 과학자들도 보통 사람들과 똑같이 느꼈다고 봅니다. 그리고 인류가 지구를 벗어나서 저 멀리서 자기 자신을 돌아볼 수 있다니 얼마나 멋진 업적입니까. 그런 측면에서 제일 심오한 사례는 보이저호로 얻었던 사진이라고 생각합니다. 보이저호가 태양계의 제일 바깥 행성을 지나친 뒤, 우리는 그 카메라를 거꾸로 돌려서 지구를 찍도록 지시했습니다. 사진에 찍힌 지구는 창백한 푸른 점이었죠. 대륙도, 구름도, 바다도 안 보입니다. 반사된 햇빛 속의 한 점에 지나지 않습니다! 그토록 머나먼 곳에 떠 있는 하나의 점이죠. 전 그 사진이 서늘하고, 짜릿하고, 흥분되고, 관점을 넓혀주고, 의식을 일깨우는 경험이라고 느꼈습니다. 흔히 천문학을 가리켜 인간을 겸허하게 만들고 품성을 다져주는 경험이라고들 말하는데, 그 사진이 꼭 그런 사례입니다.

마리노 우주에서 지구를 돌아본 그 매혹적인 경험은 어떤 면에서 우주탐사의 제일 중요한 이득 중 하나가 아니었을까 싶군요.

세이건 무형의 이득 중에서 제일 중요한 것으로 꼽힐 만합니다. 우주탐사의 다른 이득들과는 달리 가격표를 붙일 수 없는 이득이죠.

마리노 인류의 탐험 욕구에 대해서 설명해 주실 수 있을까요?

세이건 그것은 우리에게 깊이 새겨진 욕구입니다. 누가 뭐래도 우리는 수렵 채집인에서 유래했으니까요. 인간은 문명 이전에 지구에서 살았던 역사의 99퍼센트를 소규모 유랑 집단으로 살았습니다. 그리고 인류는 늘 탐험했습니다. 탐험은 다른 무엇만큼이나 우리에게 깊이 내재된 본성입니다. 그런데 이제 역사상 처음으로 우리는 바다 밑을 제외하고는 거의 모든 곳을 다 탐사한 세상에서 살게 되었습니다. 인간은 거의 모든 곳을 다 가봤습니다. 그래서 이제 탐험의 충동은 출구가 없는 실정입니다. 요행히도 바로 이 순간 우리 앞에 열려 있는 우주를 제외하고는 말입니다. 우리에게는 이제 하나의 별을 도는 하나의 작은 행성 표면보다 훨씬 더 방대한 무대가 있습니다. 우리의 탐험가 기질을 맘껏 펼칠 수 있는 무대가 있습니다.

마리노 우주에 더 발견할 것이 뭐가 있죠? 우리는 왜 계속 우주로 나가야 하죠?

세이건 만일 우리가 탐험 본능을 타고났다는 제 주장을 받아들인다면 "왜"라고 물을 필요조차 없습니다. 인간은 왜 다른 인간과 함께 있는 것을 즐기느냐는 질문을 던질 필요가 없는 것처럼 말입니다. 우리는 그냥 원래부터 그런 존재니까요. 그렇더라도 전 우리가 탐험해야 할 아주 구체적인 이유들이 있다고 생각합니다. 그중에서도 가장 심오한 이유는, 우리는 다른 무엇

태양계에서 대기층이 가장 두꺼운 행성인 금성으로, 매리너 10호 촬영(1974)

이 가능한지를 알아야만 우리 자신을 이해할 수 있다는 것입니다. 만일 우리가 지구에만 처박혀 있는다면, 그래서 오직 한 가지 종류의 화산·지진·기후변화·날씨·생명만 안다면, 우리는 자기 집을 이해하는 데 있어서도 근본적으로 제한된 셈입니다.

금성은 이산화탄소로 인한 온실효과가 끔찍한 세상이라 표면 온도가 약 470도까지 올라갑니다. 화씨로 900도쯤 되죠. 최고로 뜨거운 가정용 오븐보다 더 뜨거운 온도입니다. 우리는 대대적인 이산화탄소 온실효과가 그런 결과를 낳을 수 있다는 사실을 꼭 알아야 합니다. 우리가 지금 이산화탄소를 비롯한 온실 기체를 대기로 마구 쏟아내고 있으니까요. 다음에는 화성으로 가볼까요. 그곳에서는 큼직한 생물체는 고사하고 미생물조차 찾아볼 수 없습니다. 단순한 유기 분자조차 찾아볼 수 없습니다. 왜 그럴까요? 화성은 행성 전체에 오존 구멍이 뚫려 있기 때문입니다. 화성에는 오존이 없습니다. 그래서 태양의 작열하는 자외선이 아무런 방해를 받지 않은 채 곧장 표면을 때리므로, 설령 그곳에 유기 분자가 있더라도 금세 튀겨지고 말 것입니다. 이 정보는 요즘 오존층에 구멍을 내고 그 두께를 얇게 만들고 있는 우리에게 소용이 있지 않나요? 이렇듯 행성 탐사는 아주 실용적으로 적용될 수 있습니다.

전쟁보다 지구

아래는 코넬대학교의 천문학 교수이자 행성학실험실 운영자인 칼 세이건과의 인터뷰 내용이다. 그는 퓰리처상을 받은 『에덴의 용』을 비롯하여 많은 책을 썼다.

피어스 리우에서 열릴 1992년 UN 지구정상회의가 어떤 성과를 거두리라 생각합니까?

세이건 국가 정상들이 만나서 환경문제를 의논한다는 것은 전례가 없는 사건입니다. 만일 산업화된 나라들뿐 아니라 개발도상국들까지 포함하여 주요 국가의 지도자들이 모두 지구환경

이 인터뷰는 1992년 2월 28일 자 〈지구정상회의신문Earth Summit Times〉에 게재되었다. 지구정상회의는 1972년 스웨덴 스톡홀름에서 열린 국제연합인간환경회의(United Nations Conference on the Human Environment, UNCHE)의 정신을 이어 1992년 6월 3일부터 14일까지 브라질 리우데자네이루에서 열린 환경 회의다. 인터뷰어 폰치타 피어스(Ponchitta Pierce, 1942~)는 저널리스트이자 작가, 프로듀서로 〈퍼레이드〉 등에 글을 썼고 CBS, PBS 등의 방송사와 프로그램을 함께했다.

을 지키기 위한 구체적 행동에 합의한다면 그것은 역사적으로 중요한 사건일 것입니다. 반면에 그들이 말만 나누고 행동은 결의하지 않는다면 그냥 기념사진을 촬영할 기회에 지나지 않을 겁니다.

피어스 어떤 사람들은 회의가 당신이 말한 것처럼 기념사진 촬영에 지나지 않을 거라고 예상합니다.

세이건 현재 미국이 이산화탄소 배출을 제한하자는 제안에 저항하고 있으니—미국은 지구에서 첫째가는 이산화탄소 배출 국가인데도 말입니다—그런 결과가 나올 가능성도 충분히 있습니다. 미국의 현재 견해는, 오존층을 고갈시키는 염화불화탄소 화합물을 제한하는 일에 미국이 앞장섰으니까 지구온난화에 대한 책임은 면제받아야 하지 않겠느냐는 겁니다. 부시-수누누John E. Sununu 행정부의 공식 입장이 그거죠.

피어스 전 수석 보좌관 존 수누누가 백악관을 나갔으니 이제 미국의 환경 정책이 좀 달라지지 않을까요?

세이건 미국이 역행적 정책을 채택한 데 수누누가 중요한 역할을 했다는 건 분명한 사실입니다. 그가 그만뒀으니 상황이 조금은 바뀔지도 모르죠. 올해 대통령 선거가 있다는 사실도 물론 도움이 될지 모릅니다. 정확히 어떻게 될지 예측은 전혀 못하겠지만요. 가령 미국은 브라질 회의에 대통령이 직접 참석할까요?

피어스 보통 시민들은 회의를 어떻게 평가해야 할까요?

세이건 충분히 희망을 품어볼 만합니다. 여기, 우리가 무심결에 일으킨 지구적 환경 위기들이 있습니다. 대체 누가, 냉장고나 에어컨에서 쓰이는 용매가 태양자외선 복사를 늘려서 지구 전체 인구에게 위험을 가하리라는 생각을 미리 할 수 있었을까요? 대체 누가, 석유와 천연가스와 석탄을 그냥 태우기만 하는 것으로도 지구 기후에 심대한 변화가 일어날 수 있다는 사실을 미리 예측할 수 있었을까요?

우리는 완벽하게 납득할 만한 이유에서 그런 산업 활동을 해왔습니다. 그러다가 이윽고 제 꾀에 넘어갔다는 사실을 깨우쳤죠. 우리가 지구 대기의 취약성과 기술의 힘을 제대로 이해하지 못하고 있었다는 사실을.

약간 비관적으로 느낄 이유라면, 피해를 되돌리기는 아주 어렵다는 사실입니다. 염화불화탄소 화합물은 대기 중에 100년 가까이 존속합니다. 따라서 우리가 지금 당장 그 생산을 몽땅 중단하더라도 우리 손주들과 그 자식 세대까지는 오존층 고갈이 적잖이 발생할 것입니다. 이것은 단기적인 것과 장기적인 것의 싸움, 기성 산업 및 정치와 미래를 보호하는 일의 싸움입니다.

피어스 환경보호보다 걸프 만 전쟁에 수십억 달러를 모으기가 더 쉬워 보인다는 건 아이러니하지 않습니까?

세이건 다른 나라의 우두머리를 악마화하는 것은, 특히 그 나라가 우리와 다른 문화일 때는 훨씬 더 쉬운 일입니다. 눈에 보이지 않는 기체에 대한 대중적 관심을 일으키는 것이 훨씬 더 어렵습니다. 게다가 그 위험을 이해하려면 과학을 좀 알아야 하고, 그 피해가 우리 자식과 손주 대에 벌어지는 경우라면 더욱더 그렇습니다.

피어스 한 인간으로서 그 사실에 화가 납니까? 체념? 좌절?

세이건 물론입니다. 우선순위가 이기적으로 왜곡되는 걸 보노라면 아주 심란해집니다. 그러나 달리 생각하면, 대부분의 국가 지도자들에게도 자식과 손주가 있습니다. 산업계 우두머리들에게도 있습니다. 그 점에 희망을 걸어봅니다.

피어스 사람들은 우리가 오존층 고갈 위험을 과소평가했었다는 사실에 큰 관심을 보였습니다. 그런데도 지구온난화에 대해서는 우리가 그 위험을 과대평가하고 있다고 말하는 사람들이 있습니다. 최종 기록은 아직 작성되지 않았다는 겁니다.

세이건 완벽하게 설득력 있는 증거가 갖춰질 때까지, 즉 우리가 지구적 환경 위기의 목전에 다다를 때까지 기다려야 할까요? 아니면 이 문제를 살펴보는 과학자들 대다수가 하는 말이 옳을지도 모르니까 사전에 신중한 조치를 해야 할까요?
전 여기서 희한한 모순을 하나 느끼는데요, 이 문제에 있어서 천천히 가자고 주장하는 사람들의 태도가, 많은 경우 군사적 대비에 대한 그들 자신의 태도와 반대된다는 겁니다. 그들은 군사적 대비에 관해서는 적이 어떻게 나올 것 같은가를 근거로 계획해서는 안 되고 적이 만에 하나라도 무엇을 할 능력이 있는가를 근거로 계획해야 한다고 주장하거든요. 하지만 그런 사고방식을 가진 사람이 지구환경에 대해서도 같은 말을 하는 건 들어보지 못했습니다.

"우리는 환경 의식이 없거나
환경문제를 알면서도 무관심한 정치인을
표로 쫓아내야 합니다"

피어스 환경이 처한 위험은 워낙 커서, 사람들은 "나 혼자 힘으로 무슨 도움이 되겠어?" 하고 말할지도 모릅니다.

세이건 굵직한 문제는 개인들이 풀 수 없습니다. 예를 들어 미국 군대는 주요한 이산화탄소 배출원입니다. 자동차 산업도 마찬가지입니다. 개개인이 각자 일상에서 균형을 회복하기 위한 행동을 취하는 것만으로는 부족합니다. 개인들은 정치적 과정에도 관여해야 합니다.
우리는 환경 의식이 없거나 환경문제를 알면서도 무관심한 정치인을 표로 쫓아내야 합니다. 정말로 그렇게 되면 보나마나 정치인들 사이에서 환경 의식이 놀랍도록 급격히 치솟을 겁니다. 또한 소비자들은 환경적으로 위험한 제품에 대해서

—연료를 많이 소비하는 자동차도 포함해서—불매운동을 벌여야 합니다. 그러면 금세 디트로이트에서 환경에 대한 헌신이 새롭게 일어나는 걸 보게 될 겁니다.

피어스 지금까지는 지구환경에 대해서 이야기했는데요, 우주 환경은 어떻습니까?

세이건 금성을 볼까요. 금성은 이산화탄소의 온실효과 때문에 표면 온도가 섭씨 약 470도나 됩니다. 주석도 납도 녹아버릴 고온이죠. 한때 금성에 연비 좋은 자동차를 몰며 버텼던 금성인 종족이 살았었다는 말은 아닙니다. 다만 누군가 온실효과의 위험을 의심하는 사람이 있다면 우리와 제일 가까운 이웃 행성을 보라고만 말해줘도 된다는 것입니다.

화성의 오존 고갈도 마찬가지입니다. 화성에는 오존층이 아예 없기 때문에 그 표면은 자외선을 받아서 뜨겁게 이글거립니다. 그러므로 가까운 행성들은 우리가 지구에서 저지르지 말아야 할 멍청한 짓들을 경고하는 중요한 이야기를 들려주는 셈입니다.

콜라 전쟁이 아니다

플래토 〈토크 오브 더 네이션〉 '사이언스 프라이데이'입니다. 저는 아이라 플래토입니다. 우리는 누구나 우리가 관심의 중심에, 우주의 중심에 있다고 생각하고 싶습니다만, 칼 세이건의 말을 빌리자면 사실 "우리는 우주의 1000억 개 은하 중 하나에 지나지 않는 어느 평범한 은하의 컴컴한 한구석에 처박힌 어느 범상한 별 근처의 한 예사로운 행성에서 살고 있을 뿐"입니다. 이 말이 우울하게 느껴진다면 이건 어떻습니까. 우리의 따분하고 시시한 바위투성이 행성조차 영원히 우리 곁에 있을 거란 보장이 없다는 겁니다. 우리가 스스로 지구를 파괴하지 않더라도 길 잃은 소행성이 달려와서 지구를 파괴할지도 모른답니다. 그러면 우리는 어떡해야 할까요? 천문학자

이 인터뷰는 1994년 12월 16일에 방송된 〈토크 오브 더 네이션Talk of the Nation〉을 녹취한 것이다. 〈토크 오브 더 네이션〉은 미국공영라디오방송(NPR)에서 1991년부터 2013년까지 방송된 라디오 프로그램으로 주로 논쟁적 현안을 기민하게 다뤘다. 인터뷰어 아이라 플래토(Ira Flatow, 1949~)는 저널리스트이자 방송인, 저술가로 이 프로그램의 금요일 코너인 '사이언스 프라이데이'를 첫 방송부터 종방까지 20년 넘게 진행했다.

칼 세이건은, 그 때문에라도 우리 인류는 탐험가로서의 뿌리로 돌아가서 항성 간—심지어 은하 간—방랑자가 될 거라고 대답할지도 모르겠습니다. 오늘 이 시간에는 칼 세이건을 모셔서 천문학과 우주탐사와 인류의 미래에 관해서 이야기 나눠보도록 하겠습니다. 칼 세이건 박사는 뉴욕 주 이타카에 있는 코넬대학교의 데이비드 덩컨 천문학 및 우주과학 교수고, 그곳에서 행성학실험실을 운영하고 있습니다. 그는 또 행성협회Planetary Society를 공동 창립하여 회장을 맡고 있고, 이번에 새 책 『창백한 푸른 점』을 냈습니다. 칼 세이건을 모실 수 있어서 기쁩니다. 프로그램에 나와주셔서 감사합니다!

세이건 환영해주셔서 고맙습니다.

"저기 저것이 바로 우리다.
모든 사람이 바로 저 티끌 같은 먼지와
햇살 위에서 삶을 살아갔다"

플래토 『창백한 푸른 점』. 모든 인터뷰어가 저자에게 묻는 첫 질문은 늘 이거죠. 제목이 무슨 뜻입니까?

세이건 저는 보이저 1호와 2호 우주선 사업에 참여했습니다. 그런데 그 우주선들이 목성, 토성, 천왕성, 해왕성을 다 스쳐 간 뒤에, 제가 처음부터 꼭 하고 싶었던 일을 해볼 수 있었습니다. 뭔가 하면, 두 우주선 중 하나의 카메라를 뒤로 돌려서 우주선이 떠나온 우리 행성을 사진으로 찍는 겁니다. 그 사진에 과학적 데이터는 별로 없을 게 분명했습니다. 너무 먼 곳이라서 지구는 하나의 점, 창백한 푸른 점으로만 보일 테니까요. 하지만 일단 사진을 찍고 보니 지구가 뭐랄까, 너무나도 취약하고 작다는 느낌이 사무치게 들었습니다. 만일 우리가 그보다 더 먼 거리에서 사진을 찍었다면 지구는 아예 안 보였을 것입니다. 머나먼 별들의 배경 속에 그냥 묻혀버렸을 겁니다. 이런 생각이 들더군요. '저기 저것이 바로 우리다. 저것이 우리 세상이다. 저것이 우리 모두다. 우리가 알고 사랑하고 한 번이라도 이름을 들어봤던 모든 사람이 바로 저 티끌 같은 먼지와 햇살 위에서 삶을 살아갔다.' 그 사진을 보니 우리가 서로를 더 아껴야 한다는 생각, 그리고 그 창백한 푸른 점을 보호해야 한다는 생각이 들었습니다. 그것은 우리에게 주어진 유일한 집이니까요. 또한 당신이 앞에서 말한 것처럼, 그 사진은 우리 세상과 우리 자신이 상대적으로 얼마나 작은지를, 얼마나 미미한 존재인지를 뚜렷이 보여주었습니다.

플래토 예전에 사람이 달 위를 걸었을 때 말입니다, 지구가 달 위로 떠오르는 유명한 사진이 있었죠. 당신의 창백한 푸른 점에 대비시켜서 그것을 밝고 푸른 구슬이라고 불러도 될 것 같은데요. 그 사진은 환경 운동 같은 여러 운동을 북돋웠던 것 같습니다. 사람들이 스스로를 정치적 국경 따위 없이 하나로 통일된 행성으로 바라볼 수 있었기 때문에 말입니다.

세이건 정확한 말씀입니다.

플래토 창백한 푸른 점도 그것과 비슷하게 활용될 수 있을까요? 심지어 그보다 더 멀리 내다보도록 하는 무언가로?

세이건 바로 그겁니다. 우리는 한 단계 한 단계 점점 더 멀리 나아가고 있습니다. 당신이 말한 그 아폴로 17호 사진은 많은 사람에게 환경 의식을 일깨웠던 것 같습니다. 그리고 창백한 푸른 점은, 적어도 제 생각에는, 우리가 지구를 지구로 알아볼 수 있는 제일 먼 거리에 우주선이 도달했던 사건입니다. 우리 세상이 그토록 작다는 것을 깨달으면 우리가 우주의 중심이라는 생각은 강하고 확실하게 반증됩니다. 하물며 우주가 존재하는 이유가 우리 때문이라는 생각은 더 말할 것도 없습니다.

플래토 유인 우주 프로그램은 어떻게 됐습니까? 그게 얼마나 인기였는지는 구태여 설명할 필요도 없겠죠. 유인 탐사는 1960년대에 장안의 화제였습니다. 우리는 모두 그 이야기를 들으면서 자랐습니다. 다들 열렬히 흥분했죠. 모두가 탐사를 지지했고, 셀 수 없이 많은 돈이 탐사에 투입되었습니다. 그런데 지금은 그 방면으로 아무 일도 없습니다.

세이건 정확히 옳은 말씀입니다. 우선 지적해두어야 할 점은, 그것은 역사적이고 신화적인 업적이었다는 것입니다. 지금으로부터 1000년 뒤의 사람들은 GATT(관세 및 무역에 관한 일반 협정)가 대체 뭔지, 1990년대 후반에 미국 하원 의장이 누구였는지를 전혀 모르겠지만, 그때도 아마 아폴로 프로그램은 기억할 겁니다. 그것은 인류가 최초로 다른 세상에 발을 들여놓은 사건이었으니까요. 하지만 그 아폴로 프로그램은 과학의 문제가 아니었습니다. 탐사의 문제도 아니었습니다. 그것은 군비경쟁의 문제였고, 다른 나라들을 겁주려는 문제였고, "러시아를 이기자!" 하는 문제였습니다. 그리고 우리가 실제로 러시아를 이긴 순간, 프로그램은 끝나고 말았습니다. 그 사실을 가장 극명하게 보여주는 대목은, 달에 마지막으로 내린 우주인이 첫 과학자였다는 점입니다. 요컨대 과학자가 달에 도착하자마자 프로그램이 끝난 겁니다. 사람들은 "이봐, 지금 과학에 돈을 낭비하는 거야?" 하고 아우성쳤습니다.

이후 1970년대, 1980년대, 1990년대에는 NASA가 유인 프로그램에 대해서…… 전 유인 프로그램을 '맨드manned' 프로그램이라고 부르는 건 싫은데요, 왜냐하면 여성 우주인들도 있으니까요. 차라리 '휴먼human' 프로그램이라고 부르는 게 좋을 것 같습니다. 아무튼 유인 프로그램에서 NASA는 왕복선을 지향합니다. 그런데 그 왕복선이 보통 무슨 일을 하느냐 하면, 사람을 다섯 명이나 여섯 명이나 일곱 명쯤 깡통에 태워서 상공 200마일약 320킬로미터로 올려 보냅니다. 그러고는 그곳에서 통신위성 따위를 띄우는데, 그건 사실 무인 추진 로켓으로도 쉽게 띄울 수 있죠. 그러고는 그 위에서 영원이 잘 사니 마니, 토마토가 잘 자라니 마니 따위를 알아봅니다. 다음번에 할 일은 지구 저궤도에서 탄산음료가 어떤 맛이 나는지를 알아보는 거라고 하더군요. 맙소사. 그러고는 도로 내려와서 "또 한 번 탐사를 마쳤습니다" 하고 보고합니다. 하지만 그건 탐사가 아닙니다. 그건 200마일 거리의 똑같은 고속도로를 버스로 왕복하는 것이나 마찬가지입니다.

플래토 우주에서 콜라 전쟁이 벌어지겠군요!

세이건 콜라 전쟁이죠. 만일 NASA가 지구 근접 소행성에 인간을 보냈거나 혹은 화성에 착륙시켰다면 우주탐사에 대한 대중의 열광은 아주 높은 수준으로 계속 유지되었을 겁니다. NASA가 잘못했다고 말하는 건 아닙니다. NASA는 그런 결정을 스스로 내릴 수 없습니다. 그런 결정은 훨씬 더 높은 수준에서 내려집니다. 아무튼 결정은 그런 방향으로 내려지지 않았고, NASA는 어떻게든 알아서 진행할 수밖에 없으니까, 그 때문에 우주 프로그램에 대한 사람들의 흥미가 떨어진 겁니다. 이유야 충분하죠! 사람들은 바보가 아닙니다. 사람들은 우리가 아무 데도 안 간다는 걸 꿰뚫어본 겁니다. 이 대목에서 당신이 프로그램 첫머리에 제기했던 질문을 돌아볼까요. 우주탐사는 엄청나게 비싼 일인데 우리에게는 그보다 훨씬 더 시급한 문제가 많지 않느냐는 질문 말입니다. 물론 우리에게는 다른 시급한 문제들이 있고, 그런 일에는 돈이 듭니다. 하지만 산수를 따져 보자고요. 만일 우리가 급하게 서두르지 않는다면, 당장 몇 십 년 만에 해내야 한다고 말하지 않는다면, 그리고 미국이 지구의 다른 우주탐사 국가들과 손을 잡는다면 기존 예산을 한 푼도 더 늘리지 않고서도 탐사를 쉽게 해낼 수 있습니다. 적절한 목표에 집중한다면 돈을 파산 지경으로 퍼붓지 않고서도 해낼 수 있습니다.

플래토 방금 흥미로운 사실을 지적하셨는데요, 대부분의 사람은 NASA의 우주 예산이 국방 예산만큼 크다고 생각하지만 실제로는 그 5퍼센트밖에 안 되죠.

세이건 네, 정확히 그렇습니다.

"돈을 어디에서 구할지가 걱정이라면
국방부야말로 꼼꼼히 살펴보기에
가장 알맞은 지점입니다"

플래토 사람들은 '아니, 우리가 그 많은 돈을 우주에 쓴단 말이야' 하고 생각하지만, 예산을 살펴보면 실제로는 거의 안 쓰는 거나 마찬가지입니다.

세이건 사실입니다. 그리고 덧붙이자면, 만일 수많은 시급한 사회문제, 환경문제, 그 밖의 문제들을 처리할 돈을 어디에서 구할지가 걱정이라면 냉전이 끝난 지금도—간접비를 포함하여—연간 3000억 달러 이상을 지출하는 국방부야말로 꼼꼼히 살펴보기에 가장 알맞은 지점입니다.

플래토 당신이 책에서 언급한 또 다른 흥미로운 사실이 있습니다. 그다지 오래되지 않은 1989년 7월에, 부시 대통령은—아폴로 11호의 달 착륙 20주기를 기념하면서—"우주탐사 구상Space Exploration Initiative이라는 이름의 장기적인 미국 우주 프로그램"을 선언했습니다. 그 사업이 제안한 일련의 목표들은 우주정거장 건설, 인간을 다시 한 번 달에 보내는 것, 화성에 최초로 인간이 착륙하는 것 등이 있었습니다. 부시 대통령은 서면성명에서 그 사업의 목표 시점을 2019년으로 정했습니다. 그런데 요즘도 그 프로그램에 관해서 말하는 사람이 있습니까? 그 프로그램은 대체 어떻게 됐죠?

세이건 그 프로그램은 사산되었습니다. 공화당 행정부가 그 사업에 정치적 자본을 투입할 의향이 없었기 때문입니다. 2019년까지 뭘 하겠다고 말하는 건 아주 쉬운 일입니다. 그게 무슨 일이든 대통령 임기가 세 번 하고도 절반이 더 지난 미래의 일이니까요. 그때 누가 대통령일지 알 게 뭡니까. 후임자들을 끌어들일 수 있는 것도 아니고요. 케네디 대통령의 아폴로 프로그램이 특별했던 이유는, 그가 1961년에 그 역사적 연설을 하면서 아직 설계되지도 않은 추진 로켓, 아직 발명되지도 않은 합금, 아직 구상되지도 않은 랑데부와 도킹 기술을 써서 아직 아무도 가본 적 없는 달에 가겠다고 선언했고, 더구나 그걸 1960년대 말까지 해내겠다고 말했다는 것입니다. 선언 시점에는 미국이 미처 지구궤도에도 못 올라간 상황이었는데 말입니다. 그러나 그 일정은 정치적으로 도달 가능한 일정이었습니다. 그리고 놀라운 사실은 우리가 정말 그 일정대로 해냈다는 것입니다. 그것은 정말로 놀라운 기술적·인간적 성취였습니다.

플래토 당신은 이 책에서 대부분의 사람들과는 다른 방식으로 우주로의 이주를 주장했습니다. 멋진 책이에요. 제 개인적인 견해로는 당신이 최근에 낸 책들 가운데 최고로 꼽을 만합니다. 아주 흥미진진하고, 대개의 사람들이 우주와 탐사에 대해서 잘 모를 것 같은 내용이 꽉꽉 들어차 있습니다. 아무튼 이 책에서 당신은 이렇게 주장하는 방침을 취했습니다. 과학이나 탐사나 교육처럼 다들 쉽게 주장할 만한 이유에서 우주로 나가자고 주장하지는 말자. 오히려 그 대신, 우주로의 이주는 인류가 미래에 생존할 수 있는 유일한 방법일지도 모르니 그걸 하자.

세이건 맞습니다. 저는 로봇 우주탐사를 열렬히 지지하고, 지난 35년 동안 로봇 탐사에 관여해왔습니다. 우리가 과학을 하고 싶다면 그게 최선입니다. 그편이 더 싸고, 인간의 목숨을 걸지 않아도 되고, 더 위험한 곳에도 갈 수 있고, 기타 등등 장점이 많습니다. 하지만 아폴로 프로그램처럼, 현실에서 유인 우주비행을 지지하는 정당한 근거는 그보다 훨씬 더 폭넓은 정치적·역사적 의제여야만 할 겁니다. 그리고 전 그런 근거가 세 가지 있다고 봅니다. 첫째는 감정적인 것인데—많은 사람이 이 감정을 느끼지만 느끼지 않는 사람도 많이 압니다—바로 우리가 방랑자에서, 수렵 채집인에서 유래했다는 점입니다. 인류는 지구에서 거주한 기간의 99.9퍼센트 동안 고정된 주거지가 없는 상태로 살았습니다. 아주 오래 그렇게 지내다가 최근에야 마을과 도시를 지었습니다. 그리고 이제 지구에 대한 탐험은 모두 끝났기 때문에 우리는 일시적으로 정주하는 상태가 되었습니다. 제 생각에는 그래서 많은 사람이 다른 탐험을 갈망하는 것 같습니다. 모두가 직접 나설 필요는 없습니다. 우리에게는 가상현실이 있으니까요. 몇 명만 탐험하더라도 그 경험을 많은 사람에게 전달할 수 있습니다. 하지만 만일 당신의 아이가 굶주리는 형편이라면 이 논증이 그다지 호소력 있게 와 닿지 않겠지요.

"환경은 아주 취약합니다.
우리가 숨 쉬는 대기의 두께는,
지구본 겉에 발라진 유약의 두께 정도밖에 안 됩니다"

플래토 하지만 첨언하자면, '슈메이커-레비 9' 혜성이 목성에 가서 쾅 부딪쳤을 때 그 뉴스는 신문 1면에 실렸습니다.

세이건 물론 그랬습니다. 그 이야기는 제가 말하는 두 번째, 세 번째 논점으로 이어지는데요, 이것은 훨씬 더 직접적이고 실용적인 문제들입니다. 저는 지구라는 행성을 버려도 좋다고 말하려는 게 절대로 아닙니다. 우리가 지구환경을 보호하기 위해서 최선의 노력을 한껏 기울여야 한다고 생각합니다. 하지만

목성 탐사선 갈릴레오호가 찍은 슈메이커-레비 9 혜성과 목성의 충돌(1994)

우리의 기술이 가공할 수준에 도달했다는 것, 심지어 무시무시한 수준에 도달했을지도 모른다는 건 명백한 사실입니다. 우리를 뒷받침하는 환경은 아주 취약합니다. 우리가 숨 쉬는 대기의 두께는, 지구 크기와 비교하자면, 지구본 겉에 발라진 유약의 두께 정도밖에 안 됩니다. 상황이 이렇기에, 우리가 스스로를 파괴할 가능성이 충분합니다. 우리는 분명 스스로에게 위험한 존재입니다. 전 다른 세상에서도 인류의 자급자족 공동체가 번성해서—물론 이것은 장기적으로 하는 얘기고, 서두를 건 없습니다—인류가 위험을 분산한다면 좋겠습니다. 달리 말해 포트폴리오를 다변화하면 좋겠습니다. 그렇게 하면 인류가 생존할 확률이 훨씬 더 높아질 게 분명합니다. 마지막 세 번째 논점은 우리가 최근에야 확인할 수 있게 된 구체적인 위험의 문제인데, 당신이 방금 말한 사건, 즉 지난 7월 목성에 충돌했던 슈메이커-레비 9 혜성과 관련이 있습니다. 지구는 수많은 소행성과 혜성의 무리 속에서 태양을 돌고 있습니다. 그런 천체들의 궤도가 어떻게 분포해 있는지를 살펴보면, 언젠가 지구가 그것들에게 가서 부딪치거나 거꾸로 그것들이 우리에게로 와서 부딪칠 것이란 사실을 똑똑히 알 수 있습니다. 그런 천체는 대부분 작기 때문에, 지구 대기로 들어오면 다 타버려서 별다른 해를 끼치지 않습니다. 하지만 우리가 더 오래 기다릴수록 더 큰 것이 와서 부딪칠 확률이 더 높아집니다. 지난 7월 목성에 부딪쳤던 혜성은 그런 종류로는 제일 큰 것이었죠. 폭이 1킬로미터쯤 되었습니다. 그 때문에 목성 구름에는 대충 지구만 한 얼룩이 생겨났습니다. 폭이 그렇게 1킬로미터쯤 되는 천체라면 지구에 어마어마한 피해를 일으킬 것입니다. 지금으로부터 6500만 년 전에 지구와 충돌했던 폭 10킬로미터의 천체는 공룡을 비롯해서 당시 지구에 살았던 생물 종의 75퍼센트를 싹 쓸어냈죠. 자, 우리가 그런 위험을 다루려면 우선 지구 근접 천체들의 목록을 작성해야 합니다. 구체적으로 위협이 되는 천체가 있는지 없는지 바쁘게 찾아보아야 합니다. 그런데 우리는 아직 그 일도 안 하고 있어요. 둘째, 일탈한 소행성이나 혜성이 지구와 충돌할 궤적을 밟고 있는 걸 확인했을 때 그걸 처리할 수 있는 기술을 개발해야 합니다. 그런 기술을 알아내야만 하는데(원한다면 할 수 있습니다), 우주로 나가지 않고서는 그걸 해낼 수 없습니다. 따라서 이것은 인류가 장기적으로 최소한 안쪽 태양계까지라도 진출해야 하는 현실적인 이유라는 게 제 주장입니다.

플래토 우리가 우주로 나가서 식민지를 건설하려면 어떤 작업을 진행해야 할지, 거주지로 적당한 장소는 어디인지 짧게 설명해 주시겠습니까?

세이건 단계별 작업이 될 거라고 생각합니다. 첫 단계는 다른 세상들을 과학적으로 탐사해서 상황을 대충 살펴보는 것입니다. 그리고 인간이 우주에서 오랫동안 안전하게 생존할 수 있는 기술을 개발하는 것입니다. 현재 미국이 주도하고 있는 국제우주정거장 프로젝트는 이 문제에 주로 집중해야 합니다. 그런

데 지금은 별로 그러지 않습니다. 앞으로는 아마 그러겠지만 어쨌든 아직은 아닙니다. 그리고 그것과 연관된 작업이 몇 가지 있습니다. 우리는 태양 플레어로부터, 즉 태양에서 발생하는 고에너지 폭발로부터 우리 몸을 지키는 능력을 시험해봐야 합니다. 우주인이 타 죽으면 안 되잖습니까. 그런 사건이 그다지 자주 벌어지진 않지만요. 그다음에는, 우리가 쉽게 접근할 수 있는 천체들이 있습니다. 우리가 방금 걱정했던 충돌의 범인인 지구 근접 소행성 중 일부는 달보다 가기가 더 쉽고, 갔다가 돌아오기는 훨씬 더 쉽습니다. 어떤 소행성은 정말 희한하게 생겼죠. 꼭 두 개의 세상을 풀로 붙여놓은 것처럼 생겼습니다. 그러니 그런 소행성은 행성이 처음 생겨났던 과정의 일부를 축소판으로 아니면 스톱모션처럼 간직하고 있는 존재일지도 모릅니다. 그렇다면 우리는 그곳에서 지구의 기원을 알아낼 수 있을지도 모릅니다. 게다가 그곳은 중력이 작기 때문에 온갖 종류의 엔지니어링 작업을 실시하기에 알맞을 겁니다. 하지만 진정한 시험대, 진정한 초점은 지구와 제일 가깝고 비슷한 행성인 화성이 되어야 합니다. 화성에는 대기가 있고, 극관이 있고, 바람이 있고, 두 위성이 있고, 거대한 화산들이 있습니다. 그리고 제일 중요한 점은 지금과는 달리 40억 년 전에는 그곳이 따뜻하고 축축한 세상이었으리라는 확실한 증거가 있다는 것입니다. 40억 년 전은 지구에서 생명이 생겨난 시점이기도 합니다. 서로 아주 비슷하고 가까운 두 행성이 있는데 한쪽에서는 생명이 발생하고 다른 쪽에서는 발생하지 않는 일이 가능할까요? 아니면 40억 년 전에 화성에서도 생명이 발생했던 걸까요? 바이킹호 탐사 결과는 부정적이지만, 화성의 표면 아래 레퓨지아refugia. 과거에 광범위하게 서식했던 어떤 생물체가 소규모 서식지로 제약되어 오래 살아남은 영역에서, 즉 모종의 오아시스에서 생명이 여태 버티고 있을 가능성은 없을까요? 아니면 생명은 이미 다 멸종했고, 화학적이든 형태학적이든 그 화석만이 남아서 지구에서 올 탐사자를 기다리고 있을지도 모릅니다. 화성은 아주 흥미로운 장소입니다. 전 이런 것이 명백히 우리가 추구할 목표라고 봅니다.

플래토 버지니아비치의 청취자 로버트를 전화로 연결해보겠습니다.

로버트 세이건 박사님, 우선 오늘 이렇게 말씀 나눌 수 있어서 영광입니다.

세이건 고맙습니다.

로버트 천만에요. 질문이 있습니다. 일부는 벌써 답변하신 것 같지만 아무튼 말해보겠습니다. 요즘 우리가 환경에 온갖 나쁜 짓을 저지르는 바람에 스스로에게 만족스럽지 못한 결과가 나고 있다고 말씀하신 것 같습니다. 사람들은 자연이란 원래 변하면서 스스로 보완해나가는 법이라고 말하지만, 그 결과가 꼭 우리에게 좋으리라는 법은 없죠. 그래서 저는 궁금한데요, 우리가 이주를 염두에 둔다면 어디로 가야 할까요? 우리가 갈 만한 장소는 어디일까요? 어떤 일정에 따라서 가야 하고, 그곳에 도달하기 전에 밟아야 할 기본 단계는 무엇일까요?

세이건 글쎄요, 전화 주시기 불과 몇 분 전에 제가 다 대답한 것 같은데요.

"장기적인 계획은 화성 표면을
지금보다 훨씬 더 순하고 지구와 비슷한 환경으로
개조하는 것입니다"

플래토 제가 한 단계 더 발전시켜서 여쭤보겠습니다. 우리가 화성으로 간다고 합시다. 중간 단계를 다 거쳐서 화성으로 갔다고 합시다. SF 영화에 나오는 것처럼 우리는 그곳에서 화성 대기를 바꿔서 행성 전체를 거대한 식민지로 만들게 될까요, 아니면 소규모 은신처들을 짓고 그 속에서만 살게 될까요?

세이건 아시겠지만, 제가 말한 일정이란 앞으로 몇 년 뒤가 아닙니다. 우리는 앞으로 몇 십 년 뒤에야 시작할 테고, 일이 정말로 굴러가는 건 앞으로 몇 백 년 뒤가 될 겁니다. 기술 개발에 적합한 일정이 그렇습니다. 그러니까 맨 처음에는 한 사람만 화성에 내리겠죠. 틀림없이 국제 협력 팀일 것입니다. 그 사람은 자신에게 필요한 환경을 다 갖추고 우주복도 꽁꽁 입고 내렸다가, 하룻밤만 묵은 뒤에 우주선으로 도로 복귀할 겁니다. 그다음에는 그곳에 기본적인 서식지를 짓겠죠. 폐쇄된 생태계를 만들어서, 우리가 그 속에서 살 수 있게 할 겁니다. 애리조나에서 진행되었던 바이오스피어 2Biosphere Ⅱ. 외부와 격리된 인공 생태계 실험장 프로젝트랑 비슷하게 말입니다. 그런 걸 여러 개 지어서 일종의 마을처럼 여길 수도 있을 겁니다. 하지만 장기적인 계획은—거창한 계획이고 아직 이게 가능한지 아닌지조차 모르지만—화성 표면을 지금보다 훨씬 더 순하고 지구와 비슷한 환경으로 개조하는 것입니다. SF 작가들이 테라포밍Terraforming이라고 부르는 일인데요, 지구와 비슷한 환경으로 바꾼다는 뜻이죠. 그리고 가령 금성에서는 그러기가 무진장 어렵습니다만 화성에서는 그렇게까지 불가능한 일이 아닙니다. 적어도 어느 정도는 가능합니다. 이때 핵심 문제는 화성이 너무 춥다는 것, 그리고 대기에 오존층이 없기 때문에 태양의 치명적 자외선이 표면으로 곧장 떨어진다는 것입니다. 두 문제의 해결책은 같습니다. 화성에 더 많은 대기를 만드는 겁니다. 화성은 춥기 때문에 많은 기체가 흙 속에 얼어서 화학적으로 결합해 있습니다. 아니면 영구동토층이나 극관의 형태로 갇혀 있습니다. 그렇게 화성 표면에 얼거나 화학적으로 결합해 있는 기체를 대기로 내보낼 방법이 틀림없이 있을 겁니다. 그렇게 함으로써 기온을 높이고 자외선을 차단하는 것입니다. 방법은 아직 모릅니다. 당연히 그곳에서 더 많은 연구를 해봐야겠죠. 딴말이지만, 화성으로 갈 때 또 하나 중요한 점은—만일 이걸 해낼 수 있다면 비용이 훨씬 덜 들 텐데요—화성의 자원을 써서 지구로 돌아오는 비행의 연료와 산화제를 생산하는 겁니다. 만일 우리가 돌아올 때 쓸 연료와 산화제를 갖고 가지 않아도 된다면—즉, 화성에 갈 때 필요한 양만 가지고 갔다가 돌아올 때 필요한 양은 그곳에서 생산한다면—화성까지 져 나를 무게가 훨씬 가벼워질 테고, 따라서 탐사 비용이 훨씬 적어질 겁니다.

플래토 그걸 어떻게 하죠? 흙에서 캐내나요?

세이건 덴버의 마틴매리에타사에서 일하는 로버트 주브린에 따르면, 가장 흥미로운 가능성은 압축 메탄을 가지고 가는 겁니다. 그래서 그걸 대기 중 이산화탄소와 결합시키는 겁니다. 산소 분자를 생성해서 메탄과 결합시키면—산소 분자는 이산화탄소에서 생성해낼 수 있습니다—연료와 산화제를 얻을 수 있습니다. 그리고 인간이 화성에 장기 체류할 때는 산소 분자로 숨을 쉬어야 할 테고 물을 마시거나 물로 씻어야 할 테니까, 그곳의 자원을 많이 활용하면 할수록 화성으로 이주하는 비용을 훨씬 더 아낄 수 있을 것입니다. 우리가 아직 전혀 개척해보지 않은 기발한 발상들이 잔뜩 있으니까, 화성으로의 이주는 사람들이 상상했던 것보다 재정적 고갈 면에서나 작업 면에서나 훨씬 덜 버거운 일일지도 모릅니다.

플래토 세이건 박사, 새 TV나 영화 계획은 없습니까? 영화를 한 편 작업하고 있다고 들었는데요. 맞나요?

세이건 네. 저는 1980년대 중반에 『콘택트』라는 소설을 썼는데요, 머나먼 우주의 발전된 문명이 보낸 전파 메시지를 우리가 처음

수신하는 이야기입니다. 워너브러더스가 지금 그 이야기를 메이저 장편영화로 만들고 있습니다. 그렇게 표현하더라고요. 저와 아내 앤 드루얀도 제작과 각본에 공동 참여합니다. 감독은 오스트레일리아 감독 조지 밀러가 맡을 거고, 조디 포스터가 주연을 맡을 겁니다. 하지만 1995년에 워너브러더스가 밀러를 해고하여 결국 로버트 저메키스가 감독을 맡았다.

플래토 거물급인데요!

세이건 (웃음) 네! 정말 기쁩니다! 그러니까 일이 다 잘 진행된다면 1996년 여름에는 영화가 나올 겁니다.

플래토 당신이 제작을 거드니까 영화는 원작에 충실하겠군요. 원작을 그대로 따르지 않는 영화가 많죠. 혹시 이번에도 그럴까요?

세이건 아직 확실히 말하긴 이른 것 같습니다.(웃음) 아시겠지만, 일단 영화는 책과는, 특히 소설과는 다른 문법과 조건을 따르니까요. 소설에서는 제가 인물의 머릿속에 어떤 생각이 들어 있는지 길게 설명할 수 있지만 영화에서는 그걸 눈으로 보여줘야 합니다. 책을 쓰는 것과 영화 극본을 쓰는 것이 다르다는 건 재미난 일입니다. 그리고 제작 총책임자인 린다 옵스트와 조지 밀러가 제가 그걸 배우도록 많이 도와주었습니다. 하지만 적어도 아직까지는 영화가 원작에 충실합니다. 물론 이야기가 영화의 문법에 가깝도록, 그래서 좋은 영화가 되도록 바꾸는 작업도 이뤄지고 있지만요.

"외계 생명이 있을지 없을지는 우리가 모르죠.
모르니까 찾아보자는 거 아닙니까!"

플래토 외계 생명 수색 프로젝트, 즉 SETISearch for Extra-Terrestrial Intelligence는 어떻게 됐습니까? 미결로 남았거나 죽었거나 폐지되었습니까?

세이건 그게 참 재밌는 이야기입니다. 제가 좀 길게 설명해보겠습니다. SETI 프로젝트에도 여러 가지가 있습니다. 모두 대형 전파망원경을 써서 우주의 누군가 우리가 이해할 수 있는 메시지를 보내고 있는지 찾아보는 작업이죠. 우선 그중 하나인 프로젝트 METAMegachannel Extra-Terrestrial Assay에 대해서 이야기한 뒤, 그다음으로 아마 당신이 말하는 작업인 NASA의 작업으로 넘어가겠습니다. META는 민간 회원들로 구성된 조직이—각자 5달러나 10달러씩을 내고 가입한 회원들이—후원하는 프로그램입니다. 행성협회라는 비영리 조직인데, 당신이 아까 저를 소개할 때 어디 회장이라고 했던 바로 그 협회입니다. 우리가 5년 동안 조사하고 2년 동안 후속 점검을 한 끝에 저와 프로젝트 책임자 폴 호로위츠Paul Horowitz, 1942~는—그는 하버드대학교의 물리학 교수입니다—작년에 〈천체물리학 저널Astrophysical Journal〉에 그 결과를 논문으로 발표했습니다.

결과는 이랬습니다. 우리는 진짜 외계 생명의 신호를 우주에서 오는 다른 전파와 구별하기 위해서, 또한 지구에서 발생하는 수많은 주파수 간섭과 구별하기 위해서 여러 가지 판별 공식, 즉 필터를 적용했습니다. 이를테면 협대역 전송이어야 하고, 신호가 지구와 함께 회전해서는 안 되고, 모든 전자 장비에 이따금 발생하는 정전기 잡음보다 세야 하고, 기타 등등의 조건들을 적용한 것입니다.

그런 필터들을 적용해보았더니, 모든 필터를 다 통과하고 남는 사건은 한 줌쯤 되더군요. 그런데 그중에서도 제일 강한 다섯 가지 사건, 즉 진짜 신호의 후보로서 제일 유력한 다섯 가지 신호는 모두 우리은하의 평면에서 나온 것이었습니다. 은하 평면에는 별들이 있으니까, 그리고 전자 장치가 유독 우리은하 평면을 살펴볼 때만 고장이 난다고 생각하기는 어려우니까 그런 신호는 당연히 심장이 살짝 뛰게 만들고 소름이 좀 끼치게 만들기에 충분합니다. 그런데 그 신호들에는 대단히 희한한 점이 있었습니다. 더구나 다른 수색 프로그램들에서도 똑같이 확인된 현상인데요, 무엇인가 하면 그런 신호가 나온 장소를 2분 뒤에 살펴보면 신호가 사라지고 없다는 겁니다. 하루 뒤에 봐도, 한 달 뒤에 봐도, 7년 뒤에 봐도—우리는 다 확인해봤습니다—똑같은 신호를 두 번 다시 볼 수가 없었습니다. 그런데 재현 불가능한 결과는 과학에서 거의 쓸모가 없죠. 과학에서는 똑같은 결과로 도로 돌아가서 확인할 수 있어야 하고, 우리에게 회의적이거나 우리와는 다른 가정을 품고 있는 다른 관찰자들도 그 결과를 똑같이 확인할 수 있어야 합니다. 자, 그러니 우리는 그 신호가 뭔지 모릅니다. 다만 하늘의 그 지점들을 좀 더 조사해볼 가치가 있다는 건 확실합니다. 그리고 이제 우리는 그보다 훨씬 더 규모가 큰 BETA, 이건 '10억 개 채널을 통한 외계 조사Billion-channel Extra-Terrestrial Assay'의 약자인데요, 그 프로젝트로 옮겨 가려고 합니다. 폴 호로위츠가 벌써 준비를 거의 다 했습니다.

그리고 동시에 그보다도 더 세련된 수색 프로그램을 NASA가 후원하고 있었습니다. NASA의 프로그램은 1992년 10월에 시작되었고 의회가 자금을 댔지만 수치스럽게도 불과 1년 뒤에 의회에 의해 중단되었습니다. 네바다 주 상원 의원 리처드 브라이언이 댄 중단의 근거는 우주에 외계 생명이 존재할 가능성이 있는지를 우리가 제대로 모르는 데다가 돈이 너무 많이 든다는 것이었습니다. 그야 물론 외계 생명이 있을지 없을지는 우리가 모르죠. 모르니까 찾아보자는 거 아닙니까! 사전에 답을 안다면 찾아볼 필요도 없지 않겠습니까. 그리고 만일 성공한다면 그 영향은 어마어마할 겁니다. 혁신적일 것입니다. 그보다 더 중요한 발견은 상상하기 어렵습니다. 그리고 비용에 관해서라면, NASA의 SETI 프로그램에 드는 돈은 매년 공격용 헬리콥터 한 대 값 정도였습니다. 그런데 이 이야기에는 근사한 후렴이 딸려 있습니다. NASA가 프로그램을 후원하지 않는 동안 전자 산업계의 지도자들이 기부를 해서 총액이 700만 달러쯤 모였습니다. 그 덕분에 내년 초에 오스트레일리아에서 프로젝트가 다시 개시될 거라고 합니다. 정말 멋진 일이죠. 수색 프로그램은 중요한 일이고, 기술이 충분히 싸졌기 때문에 정부 지원이 없어도 진행될 수 있을 겁니다. 하지만 정부가 마음을 바꾼다면 당연히 더 좋겠죠.

플래토 일리노이 주 엘사의 청취자 존을 연결합니다. 안녕하십니까!

존 안녕하세요, 아이라! 세이건 박사님! 말씀 나눌 기회를 얻어서 기쁩니다!

세이건 고맙습니다!

존 세이건 박사님, 이건 약간 주제에서 벗어난 얘기지만, 아까 지구에서 우리를 뒷받침해주는 환경에 대해서 말씀하셨죠. 우리가 스스로에게 위험할 만큼 기술이 발전했다고도 말씀하셨죠. 제가 듣기로 지난 몇 년 동안 간간이 논의되었던 문제 하나는 태양에너지 수집 체계였습니다. 그걸 어떤 궤도로 올리든지—아마 지구 정지궤도겠죠—아니면 달에 설치하든지 해서, 태양에너지를 모아서 지구로 쏘아 보내겠다는 겁니다. 제 생각엔 마이크로파를 써서 전달한다고 했던 것 같은데요.

세이건 맞습니다. 네.

존 그렇다면 지구가 태양에 접하는 면적의 크기가 사실상 더 커지는 효과를 낳아서 지구가 수집하는 총 태양에너지 양이 늘고, 그 때문에 지구온난화의 사촌 같은 현상이 추가로 발생하지 않을까요?

세이건 그런 체계가 어떻게 작동할지는 정확히 모르겠습니다만, 전 『창백한 푸른 점』에서 그 논증은 쓰지 않았습니다. 왜 안 썼느냐? 만일 우리에게 햇빛을 전기로 바꾸는 수단이 있다면 왜 굳이 그걸 지구궤도에 올려 보내겠습니까? 그 계획을 주장하는 사람들은 "그걸 저 높이 올려두면 24시간 태양을 바라보도록 만들 수 있지" 하고 말합니다만, 그래봐야 수확이 겨우 두 배로 늘 뿐입니다. 반면에 그걸 지구궤도로 올려 보내는 비용은—그 뒤에 마이크로파로 그 에너지를 지상으로 쏘아 보내는 데 드는 비용은—두 배보다 훨씬 많이 듭니다. 그 계획은—의회 조사국과 국립과학아카데미가 살펴보았던 계획인데요—비용 효율적이지 않은 것 같습니다. 하지만 당신이 제기한 일반적인 질문, 즉 지구온난화가 주로 화석연료, 석탄, 석유, 천연가스, 나무를 태워서 난 온실 기체 때문에 발생하는 거라면 우리가 어서 대안 에너지원을 찾아야 하지 않겠느냐는 질문에 대해서라면, 답은 전적으로 그렇다는 것입니다. 햇빛을 전기로 바꾸는 작업은 지상에서도 할 수 있습니다. 풍력 터빈을 쓸 수도 있고, 바이오매스를 에너지로 전환할 수도 있고, 수소 연료 전지를 쓸 수도 있습니다. 그런 기술을 진지하게 발전시킨다면 화석연료 경제를 차츰 대체할 수 있을 겁니다. 그 전에 화석연료 경제를 지금보다 훨씬 효율적으로 쓸 수도 있을 겁니다. 연료 1갤런당 75마일을 달리는 차를 틀림없이 만들 수 있는데 왜 갤런당 25마일의 연비로 만족해야 합니까? 더구나 속도도 잘 나고 세련되게 생겼고 안전한 차를 만들 수 있는데? 틀림없이 가능합니다. 우리가 지상에서도 기술을 써서 환경을 훨씬 더 안전하게 만들 수 있는 방법이 많이 있습니다.

"우주에서 벌 돈이 있다면,
우리는 기업들이 우주에 못 가도록
뜯어말려야 할 겁니다"

플래토 좋습니다. 미주리 주 캔자스시티의 청취자 숀에게로 가볼까요. 안녕하세요, 숀!

숀 안녕하세요! 제가 세이건 박사에게 묻고 싶은 건 이겁니다. 제 생각에, 우주탐사를 늘리는 방법은 상업적인 산업계에게 그것이 수지맞는 일이란 사실을 보여주는 겁니다. 우주에서 돈을 벌 수 있다는 사실을 기업들에게 알려주는 순간, 우리는 오히려 기업들을 지상에 묶어두기 위해서 안간힘을 써야 하는 형편이 될 겁니다. 여기에 대한 의견을 듣고 싶습니다.

세이건 고맙습니다! 그 말씀이 정확하다고 생각합니다. 정말로 우주에서 벌 돈이 있다면, 우리는 기업들이 우주에 못 가도록 뜯어말려야 할 겁니다.

플래토 우주로 가야 하는 이유 중 하나로 우주에 다이아몬드가 있을지 모른다는 사실을 언급하신 적이 있지 않습니까…….

(일동 웃음)

세이건 잠깐만요. 그건 사실상 SF 같은 이야기인데요, 그 전에 짚어 둘 점이 있습니다. 왜 산업계가 앞다투어 우주로 진출하려고 하지 않을까요? 그건 아직까지 누구도 상업적으로 타당한 프로젝트를 생각해내지 못했기 때문입니다. 물론 우주로 나가는 수단을 제작하는 항공 제조업체들은 예외겠지만 말입니다. 하지만 그 밖에는 우주에서 어떤 광물도, 의약품도, 볼베어링도, 괜찮은 합금도 만들 수 없습니다. 판단 기준은 이래야 합니다. 만일 우주에서 어떤 기술을 만드는 데 X달러가 든다면, 그 X달러로 지구에서 더 값싸거나 더 나은 대안 제품을 생산할 수 있을까? 대답은 늘 '그렇다'인 것 같습니다. 대답이 '아니요'라면 우주에 산업이 생기겠지만, 우주에서 생산하는 편이 더 싸지는 날은 영영 오지 않을 가능성이 큽니다. 하지만 몇 가지 희한한 가능성이 있긴 합니다. 아이라가 언급한 게 그중 하나인데요, 딱 한 편의 일본 과학 논문에 따르면 화성에서는 지구에서보다 다이아몬드가 천연적으로 더 쉽게 생성될지도 모른다고 합니다. 그러니까 네, 어쩌면 가능성이 있을지도 모르죠.

플래토 이제야 제 말에 관심을 쏟아주는군요!

(일동 웃음)

세이건 정말로 그런 경우라면 제너럴일렉트릭이나 드비어스영국의 다이아몬드 채광·유통·가공·도매 업체가 우주 프로그램에 돈을 대겠죠. 하지만 그게 사실인지 확신할 수 없는 데다가, 아무튼 확인해 보기 위해서라도 화성에 가서 찾아봐야겠죠.

플래토 네. 하지만 이제 한 바퀴 돌아서 원점으로 돌아왔습니다. 당신은 우리가 상업적 이유 때문에 우주에 가야 하는 게 아니라 순전히 현실적인 생존의 문제 때문에 가야 한다고 주장합니다. 그리고—어디선가 말씀하셨는데 어디서 들었는지는 잊었습니다—소행성이나 혜성이 지구로 돌진해 와서 우리를 파괴할 확률이, 즉 우리가 다른 천체와의 충돌로 죽을 확률이 비행기 추락 사고로 죽을 확률보다 크다고도 말씀하셨죠.

세이건 이런 얘깁니다. 우리가 지구 근접 소행성의 현재 통계를 안다면 지구 문명 전체를 파괴할 만한 소행성이나 혜성이 다음 세기에 지구에 부딪칠 확률이 얼마나 되는지를 계산해볼 수 있습니다. 요컨대 그런 질문은 타당한 질문이라는 것입니다. 그리고 현재 그 답은 2000분의 1입니다. 이 확률이 큰지 작은지는 여러분이 스스로 결정할 수 있겠지만, 비교 차원에서 우리가 일정이 미리 짜인 상업 여객기 운항 경로 중 하나를 무작위로 골라서 탔을 때 사고로 죽을 확률을 보면 그게 약 200만 분의 1입니다. 그런데 많은 사람이—최근 들어 더욱더—비행을 두려워하고 보험을 들어둡니다. 제 말은, 우리가 그보다 확률이 1000배 더 큰 사건에 대해서도 보험을 들어둬야 한다는 겁니다.

플래토 안녕하세요, 마이클, 열 살이라고요! 기분 어때요, 마이클?

마이클 좋아요. 제 질문은, 만일 우리가 우리은하 중심에 갈 수 있다면, 우주가 어떻게 보일까요? 그곳에서 살 수 있을까요? 거기까지 어떻게 가고, 어떤 우주선을 타고 가고, 어떤 엔진을 써야 할까요?

세이건 정말 좋은 질문들입니다, 마이클. 그리고 열 살인데 벌써 그렇게까지 생각했다니 대단한데요! 스무 살이 되면 그런 문제에서 더 중요한 기여를 하게 되기를 바랍니다. 은하의 중심은 2만 5000년 광년쯤 떨어져 있습니다. 만일 우리가 거의 광속으로 여행한다면—정확히 광속으로 여행할 순 없지만 광속에 가깝게 여행할 순 있죠—우주선 안에서는 거기까지 가는 데 시간이 얼마 안 걸리는 것처럼 느껴지겠지만 여기 지구에서는 2만 5000년이나 걸리는 걸로 측정될 겁니다. 그러니까 마이클이 거기까지 가서 잠시 놀다가 돌아오면 지구에서는 2만 5000년이 흘러 있을 테고, 친구들은 모두 죽고 없을 거예요.
그건 특수상대성이론이 가하는 제약 때문에 그렇습니다. 특수상대성이론은 자연법칙이고, 우리가 그걸 빠져나가기는 아주 어려워 보여요. 하지만 우리보다 훨씬 더 뛰어난 능력을 갖고 있는 발전된 문명이라면 가능할지도 모르죠. 전 그런 이야기를 아까 말했던 『콘택트』라는 소설에서 써봤습니다. 그리고 은하중심에서는 우주가 어떻게 보일까, 글쎄요, 지금 우리는 은하의 한구석에서 살고 있습니다. 우리가 볼 때는 별들이 서로 멀리 떨어져 있기 때문에 밤하늘이 대체로 캄캄해 보이죠. 하지만 은하중심에서는 별들이 서로 훨씬 더 가까이 있습니다. 색색의 근사한 별들은, 물론 딱 붙어 있진 않겠지만, 지구에서 보는 것보다는 서로 훨씬 더 가까이 있는 것처럼 보일 겁니다. 그리고 은하중심에 인간 거주지를 건설한다는 발상은, 어쩌면 가능할지도 모르겠지만, 그곳은 위험하답니다. 때때로 폭발이 일어나는 데다가 우리은하 중심에는 아마 거대한 블랙홀이 있는 것 같습니다. 그러니 당분간은 상황이 훨씬 더 안전한 이곳, 은하중심에서 멀찌감치 떨어진 나선 팔에 머무르는 게 나을 것 같군요.

플래토 크면 우주인이 되고 싶나요, 천문학자가 되고 싶나요?

마이클 과학 엔지니어요.

플래토 좋아요! 행운을 빕니다!

마이클 안녕히 계세요!

플래토 전화줘서 고맙습니다. 안녕!

세이건 대단해요! 멋졌습니다!

"타이탄의 대기압은 지구와 비슷합니다.
그 대기는 질소, 즉 N_2로 구성되어 있습니다.
바로 지구의 생명을 구성하는 물질들이죠"

플래토 '사이언스 프라이데이'에는 어린 청취자들 전화도 많이 옵니다. 많이들 걸어주면 좋겠어요. 금요일에는 학생들이 학교에서든 어디에서든 일찍 귀가하는 게 아닌가 싶어요. 우리 프로그램을 듣기 위해서 학교를 땡땡이치더라도 전 상관없습니다. 괜찮아요.(웃음) 자, 당신 책에서 가장 흥미로운 부분 중 하나는—책의 맨 앞부분에 나오는 이야기인데요—, 대부분의 사람은 지구에서 생명이 진화한 것과 비슷한 방식으로 생명이 생겨났을지도 모를 다른 곳을 태양계에서 찾아보려 할 때 이렇게 말합니다. "행성 중 하나로 가보자고. 화성이나 금성으로." 하지만 당신은—이 문제를 오래 연구해왔으니까—이렇게 말합니다. "토성의 위성 중 하나인 타이탄으로 가보자고. 우리가 원시적인 생명의 구성단위를 발견할 수 있을지도 모르는 곳은 타이탄이야." 왜 타이탄이죠? 거기 뭐가 있죠?

세이건 네. 정말 대단한 발견이고, 뜻밖의 발견이죠. 누가 생각했겠습니까? 당신이 말한 대로 우리는 화성이나 뭐 그런 근처 행성을 생각했죠. 타이탄은 토성의 큰 위성입니다. 그곳은 오렌지색 아지랑이 층과 구름으로 덮여 있죠. 위성에 구름과 대기가 있다는 건 아주 희한한 일입니다. 그뿐 아닙니다. 타이탄의 대기압은 태양계의 다른 어디보다도 지구와 비슷합니다. 게다가 그 대기는 이곳 지구의 대기처럼 주로 질소, 즉 N_2로 구성되어 있습니다. 그렇다면 그 오렌지색 물질은 뭘까요? 우리는 이제 꽤 자신 있게 알고 있는데요—전 거의 확신해도 좋다고 생각합니다—그것은 복잡한 유기물질입니다. 그리고 만일 우리가 그 물질을 물에 집어넣는다면, 단백질의 구성단위인 아미노산과 핵산의 구성단위인 뉴클레오티드 염기가 확인될 겁니다. 바로 지구의 생명을 구성하는 물질들이죠. 게다가 그 물질이 만나처럼 하늘에서 떨어져 내리는 겁니다…….

플래토　　하지만 타이탄은 춥죠.

세이건　　물론 그렇습니다. 따라서 그런 생명의 단위 중 일부가—핵심 구성단위가—실제 그곳에서 만들어졌다면, 고스란히 그곳에 보존되었을 가능성도 생각해볼 수 있습니다. 기온이 아주 낮아서 부패하지 않을 테니까요. 자, 그것들이 우리를 기다리고 있으니까 가서 찾아보자고요. 그런데 어쩌면 그보다 더 나은 일도 가능할지 모릅니다. 토성계는 지구보다 태양으로부터 훨씬 더 멀기 때문에—지구보다 열 배 더 멀죠—아주 춥습니다. 타이탄 표면의 평균온도는 절대온도 94도섭씨 영하 179.15도 쯤 됩니다. 그래서 누군가는 이렇게 말할지도 모릅니다. "바로 그 점이 지구와의 유사성이 엇나가는 대목이야. 왜냐하면 지구에는 생명에 꼭 필요한 액체 물이 있는데 타이탄에는 없으니까." 하지만 우리가 알기로 타이탄의 단단한 표면에는 얼음이 포함되어 있는데, 이따금 혜성이 타이탄에 충돌하면 일시적으로 그 얼음이 녹아서 액체 물이 절벅거리는 웅덩이가 만들어집니다. 그러니 이제 우리는 타이탄의 역사를 통틀어—표면의 평균적인 한 지점에서—액체 물이 얼마나 오래 고여 있었을까 하는 질문을 던져볼 수 있습니다. 그리고 그 답은 약 1000년인 것으로 보입니다. 1000년 동안, 하늘에서 떨어진 유기물이 그럭저럭 따뜻한 액체 물과 섞이는 겁니다. 그 정도면 생명의 발생으로 나아가는 후속 단계를 밟기에 충분한 조건이 아닐까요? 우리는 아직 답을 모릅니다. 하지만 타이탄은 우리를 기다리고 있고, 우리는 거기로 가볼 겁니다. 3년 뒤에 NASA와 ESAEuropean Space Agency. 유럽우주국의 공동 사업인 카시니Cassini 프로그램이 2004년에 토성계에 도달할 우주선을 발사할 테니까요. 우주선에 딸린 행성 진입선은 유기화학을 점검할 수 있는 능력을 갖추고 있어서, 타이탄 대기로 진입하면서 표본을 채취할 겁니다. 그리고 만일 행운이 따른다면 무사히 표면에 착륙해서 그곳에 뭐가 있는지도 살펴볼 겁니다. 우리가 지구 생명의 기원을 이해하기 위해서 가봐야 할 최적의 장소가 타이탄이란 건 아주 흥미로운 사실입니다.

플래토 대단하네요. 그리고 물론 이런 지식은 보이저 탐사에서 알아낸 게 많죠. 현재 우리가 아는 내용의 거의 대부분이 보이저 탐사에서 나왔죠.

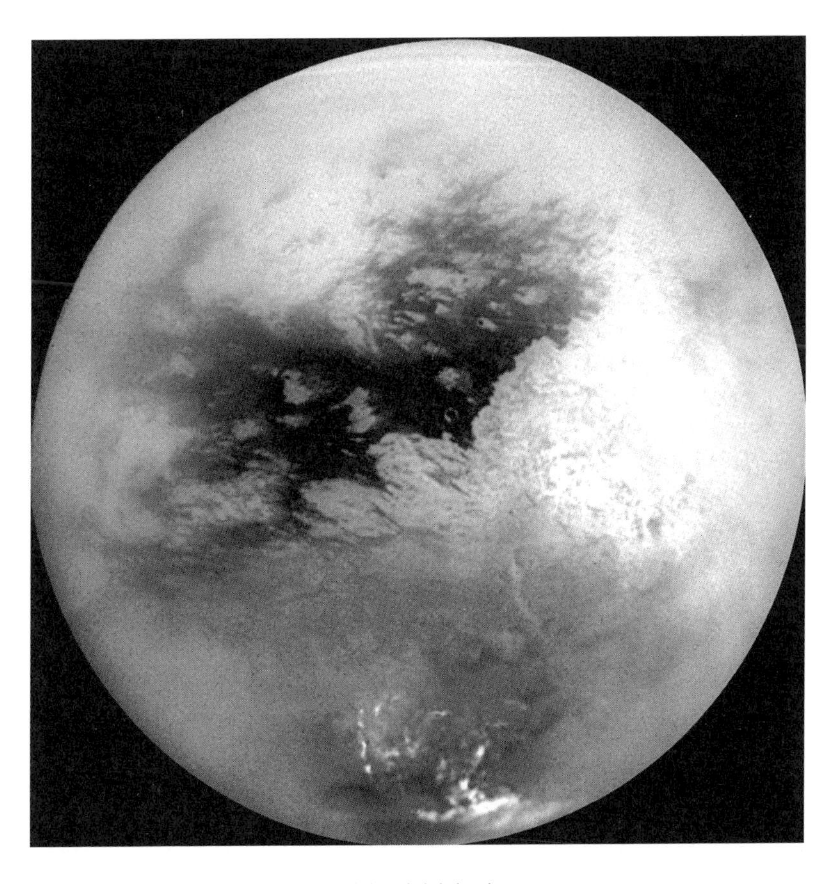

카시니-하위헌스호가 2004년 찍은, 대기를 걷어낸 타이탄의 모습으로,
이 토성 탐사선은 칼 세이건 사후 10개월여 뒤인 1997년 10월 15일 발사되었다

세이건 맞습니다. 제가 방금 말한 타이탄에 관한 이야기는 기본적으로 보이저호 데이터에 바탕을 둔 것입니다. 그 우주선은—보이저 1호와 2호가 있으니까 두 우주선이죠—미국의 산업이 만들어낸 작품이고, 정부가 NASA의 제트추진연구소와 칼텍캘리포니아공과대학의 약칭을 통해서 운영하고 있습니다. 두 우주선은 예정대로 제때, 예산 내에서 제작되었고, 설계자들의 기대마저 훨씬 능가하는 성과를 거뒀습니다. 우리가 태양계의 대부분에 대해서—즉 목성, 토성, 천왕성, 해왕성에 대해서—아는 내용은 거의 모두 두 우주선 덕분입니다. 그리고 현재 두 우주선은 아직까지 멋지게 활약하면서 머나먼 별들을 향해서 나아가는 중입니다.

플래토 창백한 푸른 점을 돌아보면서 말이죠. 이번에는 오리건 주 유진의 제인을 연결해보겠습니다. 안녕하세요, 제인!

제인 제가 궁금한 건…… 세이건 씨, 우리가 앞으로 우주에 만들지도 모르는 새 환경을 더럽히는 일은 없을 거라고 예상하신다면, 그 가정의 근거가 무엇인지 여쭤봐도 될까요?

세이건 무턱대고 낙천적인 그 가정 자체입니다.

제인 그렇군요!

(일동 웃음)

세이건 당연히 그러지 말아야 함에도 불구하고 우리가 몹시 너저분한 것, 우리 행성조차 잘 돌보지 못하고 있는 것은 사실입니다. 따라서 우리가 지구를 제대로 보살피는 능력을 증명해 보이기 전에는 다른 행성까지 망가뜨리는 건 참자, 다른 행성을 지구 같은 행성으로 바꾸는 계획을 논하기 전에 일단 지구부터 지구 같은 행성으로 만들자는 주장에도 일리가 있습니다. 그리고 만일 다른 행성에 생명이 있다면 전 이 논리에 크게 공감할 것입니다. 그 행성은 그곳의 생명이 소유한 것이므로—소유한다는 게 무슨 뜻이든 말입니다—우리는 그곳에서 극도로 조심할 의무가 있다고 말하겠습니다. 하지만 제가 아는 한, 생명은 태양계를 통틀어 태양으로부터 세 번째 행성인 지구 외에는 아무 데도 없습니다.

"우리가 메시지를 받는다면
그것은 곧 인간 지식의 모든 분야가
재고의 대상이 된다는 뜻일 것입니다"

플래토 우리 사회는 다른 행성의 생명에 대한 뉴스를 감당할 준비가 되어 있을까요? 다른 곳에서 생명을 발견했다는 확실한 뉴스가 발표된다면 우리가 그 뉴스에 대처할 수 있을까요?

세이건 그 생명이 미생물이라면 아무도 아무 걱정 안 할 겁니다. 하지만 만일 먼 우주의 다른 문명이 보낸 메시지를 받는다면 그건 전혀 다른 문제겠죠. 그때 인류의 다양한 구성원들이 어떤 다양한 반응을 보일지를 저는 소설 『콘택트』에서 상상해보았습니다. 제 생각에, 많은 사람은 그 소식에 엄청난 경이로움을 느낄 것입니다. 우리가 메시지를 받는다면 그것은 분명 우리보다 훨씬 똑똑한 존재에게서 온 메시지일 겁니다. 우리보다 멍청한 존재라면 메시지를 보낼 줄 모를 테니까요. 우리도 불과 얼마 전에야 전파를 발명하지 않았습니까. 그러므로 정말로 똑똑한 존재들이 우리에게 자신들의 지식을 알려줄 것입니다. 그것은 곧 인간 지식의 모든 분야가 재고의 대상이 된다는 뜻일 것입니다. 그냥 지식뿐 아니라 사회조직이나 종교 같은 것도요. 당연히 어떤 사람들은 방어적인 태도를 취할 테고, 자신이 지금까지 사실로 간주했던 것이 사실이 아닐지 모른다는 데 걱정할 것입니다. 과학도 마찬가지죠. 우리가 천문학의 기본에서 틀린 게 있었을까? 수학의 어느 대목에서 실수한 게 있었을까? 사람들이 아주 초조해할 모습이 눈에 선하죠. 그래도 그런 지식에 접촉한다는 것은 처음 학교에 들어가는 것과 같을 겁니다.

플래토 시간이 다 되어서 2분밖에 안 남았지만, 여기 출연하셨을 때 꼭 여쭤봐야 할 과학 질문이 두 개 있습니다. 첫째, 최근에 우주의 나이가 그 속의 일부 은하들의 나이보다 더 어리다는 뉴스가 나왔는데요, 어떻게 생각하십니까?

세이건 환상적인 이야기 아닙니까? 어떤 사람의 자식이 그 사람보다 더 나이가 많다는 얘길 들은 거나 마찬가지죠. 그러니까 뭔가 분명 잘못되었습니다. 하지만 이 문제는 두 가지 요소로만 구성된 문제입니다. 별의 연대 측정 기법이 틀렸거나 아니면 우주의 연대 측정 기법이 틀렸거나. 딱 두 가지 가능성뿐입니다. 전 십중팔구 우리가 별의 나이는 옳게 측정했는데 우주의 나이를 측정하는 과정에서 뭔가 실수가 있었던 것으로 밝혀질 거라고 생각합니다. 하지만 두고 봐야죠! 멋진 질문입니다.

플래토 또 다른 멋진 질문은 이겁니다. 정체 모를 암흑 물질이란 대체 뭘까요? 가설이라도 있습니까? 암흑 물질에 대한 뉴스를 들으면 들을수록 상황은 계속 나빠지기만 하는 것 같더군요.

세이건 네, 많은 가설이 있고, 그 가설들은 서로 배타적입니다. 우리가 암흑 물질이 존재한다는 사실을 아는 것은 그것이 미치는 중력 효과 때문이지, 우리가 직접 눈으로 볼 수 있는 건 아닙니다. 그렇지만 아이라, 당신과 저도 그다지 많은 빛을 내지 않는 물질로 이뤄져 있으면서도 분명 어느 정도의 질량을 갖고 있잖아요. 암흑 물질은 어쩌면 얼음덩어리일지도 모릅니다. 정지질량상대적으로 정지한 것처럼 보이는 물체가 갖는 질량을 가진 중성미자일지도 모릅니다. 블랙홀일지도 모르고요. 어쩌면 지구에서 아직까지 아무도 감지하지 못한 어떤 기본 입자일지도 모릅니다. 아직은 모릅니다. 가설은 평이한 것부터 극단적으로 기이한 것까지 다양합니다. 그리고 이 문제에서도 우리는 결국 답을 찾을 겁니다.

플래토 우리가 우주의 95퍼센트를 구성하는 물질에 대해서 아무것도 모르면서도 어떤 물체 위에 앉아 있을 수 있다는 걸 생각하면 자못 숙연해집니다. 아주 숙연해지는 생각이에요.

세이건 그렇게 생각하면 좀 우울할 수도 있죠. 하지만 다르게 보면, 그것이 존재한다는 사실을 발견했으니까 이제 그게 뭔지만 알아내면 되는 겁니다. 우리는 더 많이 알아가는 궤적을 밟고 있습니다. 그러니 그걸 가능하게 한 과학에게 경의를 표합시다.

과학이 세상에 착륙하다

뉴욕 브루클린에서 자라는 꼬마였을 때, 칼 세이건은 밤하늘을 응시하며 경탄했다. 별에 대한 책을 빌리려고 도서관으로 찾아갔던 일은 그의 운명을 결정지었다. 그는 이후 평생을 천문학에 바칠 것이었다. 세이건은 자신이 대학을 다녔던 1950년대가 과학과 미래에 대한 낙관이 가득했던 시절이었다고 회상한다. 25세에 시카고대학교에서 천문학과 천체물리학으로 박사 학위를 받은 뒤 그는 여러 기라성 같은 일류 기관에서 가르친 다음에 코넬대학교로 옮겨 데이비드 덩컨 천문학 및 우주과학 교수가 되었다. 그는 그 대학에서 행성학실험실도 운영하고 있다.

세이건은 매리너·바이킹·보이저·갈릴레오 우주선 탐사에서 주도적인 역할을 맡았다. 또한 생명의 기원, 금성의 온실효과, 핵전쟁이 지구에 미칠 장기적 영향 등의 분야에서 수행한 연구로 유명하다. 올해 그는 국립과학아카데미가 수여하는 가장 영예로운 상인 공공복지메달을 받았다. 그는 세계 최대의 우주 관련 단체인 행성협회를 공동 창립한 뒤 회

이 인터뷰는 유나이티드항공의 기내지 〈헤미스피어Hemispheres〉 1994년 10월 호에 수록되었다. 인터뷰는 저널리스트이자 편집자 앤 칼로시(Anne Kalosh)가 맡았다.

장을 맡고 있으며, '불가사의한 현상의 주장에 대한 과학적 조사 위원회Committee for the Scientific Investigation of Claims of the Paranormal, CSICOP'에 창립 회원으로 참여하여 심령술사, 영매, 점성술사, UFO 목격담, 외계인에 의한 납치 경험담을 분석하고 거짓을 폭로하는 일을 해왔다.

"수십억의 수십억." 에미상과 피바디상Peabody award을 받은 TV 시리즈 〈코스모스〉가 세계 60개국에서 방송되고 미국 공영 텔레비전 역사상 가장 많은 사람이 시청한 시리즈가 된 이래 이 말은 세이건의 서명과도 같은 문구가 되었다. 시리즈와 함께 나온 책 『코스모스』는 지금까지 영어로 출간된 모든 과학책을 통틀어 가장 많이 팔린 책이 되었다.

퓰리처상 수상자인 세이건은 논쟁적인 입지도 대담하게 취한다. 그는 우주탐사를 다국적 협력 사업으로 진행해야 한다고 초기부터 주장했고, 레이건 행정부의 전략방위구상(이른바 '스타워즈')에 대한 과학계의 반대를 앞장서서 이끌었으며, 소련이 핵무기 실험 모라토리엄을 지키는 데 비해 미국은 실험을 계속하는 것에 반대하는 시위에 참가했다가 두 차례 체포되기도 했다.

과학 대중화 운동에 나선 세이건은 스물다섯 권의 책을 편집하거나 썼다. 그중 『혜성』 『잊혀진 조상의 그림자』는 작가인 아내 앤 드루얀과 함께 썼다. 『창백한 푸른 점』은 올해 말에 서점에 깔릴 것이고, 그 후속작은 회의주의와 과학의 속성을 다룬 책이 될 것이다. 드루얀과 세이건은 『잊혀진 조상의 그림자』의 속편을 쓰기 전에 소설도 한 권 더, 사랑 이야기를 함께 쓰려고 한다.

현재 59세의 세이건은, 미국 과학 문해율 조사에서 미국인의 94퍼센트가 과학적 문맹이라는 결과가 나온 우리 세상의 미래를 심각하게 걱정하고 있다.

칼로시　과학을 모르는 게 사람들의 일상에 어떤 불편을 끼치나요?

세이건　우리가 사는 사회는 과학기술에 절대적으로 의지하는 사회입니다. 그런데도 우리는 거의 아무도 과학기술을 이해할 수 없도록 하는 환경을 만들어왔습니다. 그것은 재앙을 낳는 확실한 처방입니다. 워싱턴에서는 매일 우리 미래에 영향을 미칠 결정들이 내려지고 있습니다. 정보 고속도로, 핵무기고 감축, 에이즈 연구, 죽어가는 사람의 통증을 덜어주는 환각제를 비범죄화해야 하느나 마느냐, 미국이 지금처럼 계속 산업 기술을 선도하기 위한 최선의 방안은 무엇인가, 오존층 고갈을 어떻게 다룰까, 지구온난화를 어떻게 다룰까 같은 문제들이죠. 현대사회의 거의 모든 측면은 과학기술 분야의 지적인 의사결정에 의지하고 있습니다. 미국은 민주주의국가라고들 말하죠. 민의의 대변자들이 제대로 투표하도록 대중이 감시해야 한다고들 말합니다. 그런데 대중이 문제가 뭔지를 모르고 그 문제를 이해하지도 못한다면 어떻게 그 일을 하겠습니까?

칼로시　왜 사람들이 과학을 따라잡지 못하는 걸까요?

세이건　이유는 많습니다. 단기적으로는 이런 이야기를 할 수 있겠죠. 왜 농구 코치가 화학을 가르치는 걸까요? 왜 학교 채권 문제가 거듭 부결되는 걸까요? 왜 교사들이 실험이 아니라 교과서에만 의지할까요? 왜 교사가 아이들보다 겨우 한 발만 앞서 있는 걸까요? 왜 아이들이 꼬치꼬치 캐묻는 질문을 던지는 걸 교사가 막을까요? 일요일 아침에 백인 남성 전문가들이 나와서 떠드는 쇼에서 과학에 관한 토론이 벌어지는 걸 마지막으로 본 게 언제였을까요? 미국 대통령이 과학에 대해서 뭔가 지적인 발언을 하는 걸 마지막으로 들은 게 언제였을까요? 세상의 작동 방식을 알아내는 데 헌신하는 사람이 주인공으로 등장하는 텔레비전 드라마를 마지막으로 본 게 언제였을까요? 하지만 이런 건 다 증상일 뿐 원인은 아닙니다. 제가 생각하는 원인은 이렇습니다. 과학은 어렵습니다. 과학은 우리 바람에 늘 부응해주지는 않습니다. 과학은 늘 우리를 안심시켜주기만 하진 않습니다. 과학은 우리가 불신할 이유가 충분한 몇몇 사람의 손에 막대한 힘을 쥐여 줍니다. 과학자들은 어떤 의미에서는 기술을 통해서 오존층 고갈, 지구온난화, 에이전트오렌지Agent Orange. 베트남전쟁 때 사용되었던 고엽제, 기타 등등에 책임이 있습니다. 이렇게 말하면 많은 과학자는 "잠깐만, 우리는 우리 일을 하는 것뿐이에요. 그런 건 다 정부와 산업이 과학을 악용한 거라고요" 하고 말하겠죠. 그 말도 어느 정도는 사실입니다. 그리고 과학자들이 용감하게 나서서 기술의 그런 위험에 대중의 관심을 일깨웠다는 것도 어느 정도는 사실입니다. 그럼에도 불구하고, 만일 우리에게 과학이 없었다면 그런 문제들도 없었겠죠. 하지만 그렇다면 또한 우리는 수명이 겨우 25년이었을 테고, 영아 사망률이 무진장 높았을 테고, 삶을 즐겁게 해주거나 심지어 생존을 가능하게 해주는 많은 것이 존재하지 않았을 것입니다. 일종의 교환관계가 성립하는 것입니다. 그리고 이런 변화는 너무나 빠르게 벌어졌기 때문에, 사람들은 미처 쫓아가질 못해서 헐떡대고 있습니다.

칼로시 낸시 레이건은 점성술사의 자문을 구했고, 영매들은 어마어마한 추종자들을 거느리고, 타블로이드 신문에는 섹스에 미친 외계인들이 인간을 납치한다는 이야기가 잔뜩 실립니다. 이것은 오늘날 무지가 폭발적으로 만연하고 있다는 증거가 아닐까요?

세이건 아니요, 전 인간은 과거에도 늘 그랬다고 생각합니다. 인류에게는 고대 그리스 시절부터 악마가 있었고, 지상으로 내려와서 인간과 짝짓기를 하는 신들이 있었고, 중세에는 잠든 사람을 성적으로 희롱한다는 몽마가 있었죠. 요정도 있었고요. 그리고 지금은 외계인이 있죠. 제 눈에는 그런 게 다 비슷한 것들처럼 보입니다.

칼로시 하지만 요즘은 우리에게 예전보다 훨씬 더 많은 지식이 있고 훨씬 더 나은 소통 체계가 있다는 점이 다르지 않나요?

세이건 글쎄, 과연 그럴까요? 텔레비전을 보세요. 비판적인 과학이 얼마나 많이 소개되고 미심쩍은 미신은 얼마나 많이 소개되나요? 전 오히려 텔레비전은 거꾸로 작동한다고 말할 수도 있을 것 같습니다. 사람들을 더 잘 속게 만들고 덜 비판적으로 만든다고요.

"질문에 대한 답을 모르겠다고 고백해도
정말 괜찮습니다.
설령 질문자가 여섯 살짜리라도요"

칼로시 과학을 겁내는 사람이 자기 자녀에게 어떻게 해줄 수 있을까요?

세이건 제일 중요한 건 자신이 답을 모르는 질문을 아이가 던질 때 겁먹지 않는 겁니다. 질문에 대한 답을 모르겠다고 고백해도 정말 괜찮습니다. 설령 질문자가 여섯 살짜리라도요. 최악은 아이를 비웃는 겁니다. 그러면 아이는 어른들을 성나게 하는 질문이란 게 있다고 믿게 되고, 그런 경험을 몇 차례 하고 나서는 더 이상 질문을 던지지 않게 됩니다. 우리는 과학을 편하게 여기게 되었을지도 모르는 사람을 한 명 잃은 겁니다. 이 과정은 자기 증식적입니다. 과학을 모르고 두려워하는 세대가 역시 과학을 모르고 두려워하는 다음 세대를 낳습니다. 그러니까 만일 답을 모르겠다면 "같이 찾아보자. 백과사전을 보자" 하고 말하면 됩니다. 백과사전이 없다면 도서관에 가면 됩니다. 그것도 싫다면, 최소한 이렇게 말하면 됩니다. "그 질문에 대한 답은 아무도 모를지 몰라. 어쩌면 네가 커서 그 답을 처음 알아내는 사람이 될지도 몰라." 그런 게 격려입니다.

칼로시 학교에서 창조론과 진화를 둘 다 가르치는 게 왜 잘못인가요?

세이건 창조론은 과학이 아니라 신비주의, 종교입니다. 창조론을 신화 수업에서, 사회 트렌드를 다루는 수업에서, 심지어 종교 수업에서 가르치는 건 저도 문제 삼지 않겠습니다. 그런 경우에는 그런 이야기를 하는 게 아주 좋을 수도 있다고 생각합니다. 하지만 과학 수업에서는 아닙니다. 그건 과학이 아니니까요.

칼로시 30년 넘게 교수로 가르쳐오셨죠. 그동안 학생들에게 어떤 변화가 있었습니까?

세이건 최고의 학생들은 전혀 변함이 없습니다. 여전히 끝내주게 훌륭합니다. 그러나 그 외에는 제가 무슨 말을 하든 다 일화적인 이야기일 뿐입니다. 그래도 레이건 시절에는 아이들이 꼬치꼬치 캐묻는 질문을 훨씬 덜 던지는 편이었던 것 같습니다. 특히 권력자들에 대한 질문을. 요즘은 그런 질문을 더 많이 던지는 편인 것 같은데, 아주 잘된 일입니다. 그리고 역시 레이건 시절에는 돈 되는 경력을 선택하는 아이가 훨씬 더 많았고, 이상에 이끌려서 선택하는 아이는 비교적 적었던 것 같습니다. 요즘은 그것도 바뀌는 기미가 보이는 것 같습니다. 하지만 이 역시 제 느낌이 틀렸을지도 모릅니다. 통계적으로 유의미한 조사는 아닙니다.

칼로시 클린턴 행정부가 과학에 더 나은 환경을 제공하고 있다고 판단하시는 것 같군요.

세이건 네, 약간이지만 그런 것 같습니다. 하지만 환경문제에 대해서는 아직 충분하지 않습니다. 우리가 앨 고어의 책에서 기대함직한 수준에 비하면 턱도 없죠. 행정부는 "이봐요, 우리는 일한 지 아직 1년밖에 안 됐으니까 좀 더 시간을 줘요" 하고 말하는 것 같은데, 전 기꺼이 그러겠습니다. 과학과 환경문제 분야에서 대통령이든 부통령이든 앨 고어만큼 많이 아는 사람은 지난 몇 십 년 동안, 어쩌면 몇 백 년 동안 없었습니다.

칼로시 환경문제에 대한 행정부의 성적을 어떻게 평가합니까?

세이건 기업들의 심기를 거스를까 봐 대단히 조심한다는 인상입니다. 하지만 기업들이야말로 문제의 일부입니다. 그들은 대체로 단기 수익에 영향을 미치는 문제에 관해서라면 환경에 미칠 영향은 염려하지 않으니까요. 몇몇 예외는 있습니다만, 그보다는 듀퐁사 같은 반응이 더 전형적이죠. 과학자들이 염화불화탄소 화합물이 위험하다는 사실을 발견하자 듀퐁은 "아니아니, 그건 가설일 뿐입니다. 걱정하지 마세요" 하고 말하는 광고를 내보냈죠. 그러니 산업계에 압박을 가하지 않고서 환경을 깨끗하게 만들겠다는 건 순진한 생각입니다. 우리는 산업계를 당근과 채찍으로 쿡쿡 찔러야 합니다.

칼로시 기업들을 엄중 단속하는 대신 개인들이 희생하는 게 중요하지 않을까요? 가스세를 물려서 사람들이 운전을 덜 하도록 만드는 게 오염 문제를 푸는 데 더 효과적이지 않을까요?

세이건 하지만 상황이 어떻냐 하면, 늘 중고차가 더 많이 오염시킵니다. 오염 절감에 효율적인 차, 연비가 더 좋은 차는 새 차일 가능성이 높습니다. 그러나 가난한 사람들은 새 차를 살 수 없습니다. 그러니 오염이 심한 차를 모는 사람들에게 벌금을 매길 경우 그 벌금은 가난한 사람들에게 상대적으로 더 많이 부과될 겁니다.

칼로시 당신이 대통령이라면 예산을 어떻게 분배하겠습니까?

세이건 아주 어려운 질문입니다. 연방 예산에 얼마나 많은 부문이 있는지 생각해보세요. 그래도 한 가지 말하고 싶은 건, 다른 중요한 국가적 요구가 산적해 있는데도 불구하고 이른바 국방 예산이 간접비까지 포함해서 연간 3000억 달러가 넘는다는 건 심각한 잘못이라는 겁니다. 소련은 붕괴했습니다. 냉전은 끝났습니다. 우리가 다른 나라를 많이 침공해야 할 이유는 없을 겁니다. 우리는 3000억 달러의 일부만 가지고도 스스로를 방어할 수 있고, 그렇게 아낀 돈은 다른 많은 문제를 푸는 데 어마어마한 도움이 될 겁니다. 하지만 이 행정부는 그 방향으로 갈 의향은 없습니다.

칼로시 자신이 UFO를 목격했다고 열렬히 믿는 사람이 많습니다. 일부는 자신이 외계인에게 납치되어 성폭력을 당했다고 주장합니다. 정말로 외계 우주선이 지구를 방문했다고 생각합니까?

세이건 외계인이 지구를 방문한다면 멋질 겁니다……. 설령 그들이 땅딸막하고, 뚱하고, 부루퉁하고, 섹스에 집착하는 존재일지라도요. 설령 그럴지라도 그들이 발전된 문명의 전령으로서 이곳을 찾아왔다면 아무쪼록 꼭 그들을 발견해야겠죠. 하지만 문제는 증거가 부실하다는 겁니다. 숱한 경험담 중에서, 우주선 선장의 항해일지 한 쪽을 찢어 왔다거나 지구에 없는 동위원소 조성의 기이한 합금을 살짝 긁어서 가지고 왔다는 사람은 한 명도 없습니다. 납치 이야기에 곧잘 등장하는 한 가지 흥미로운 상황은 외계인이 작은 감시 기기를 자기 콧구멍 속에 심었다고 말하는 경우인데요, 잘된 일이죠! 그 기기를 하나 구하면 문제가 해결될 테니까요. 그런데 납치 애호가들이 하는 얘기란 게, 그 이식물이 톡 떨어져버리는 경우가 많은데 그러면 사람들은 그걸 내던져버린다는 겁니다. 납치된 사람들은 어쩌면 그렇게들 호기심이 없는 걸까요. 그 물건이 자신의 주장을 증명해줄 결정적인 증거란 사실도 깨닫지 못하다니 말입니다.

그리고 또 자신이 외계인의 정자로 임신했다고 주장하는 여자들이 있습니다. 그렇다면 양수 천자 검사를 해보면 안 될까요? 초음파검사는? 아기가 태어나거나 유산된 경우는 어떨까요? 그런 경우는 어떻게 됐다고 생각해야 좋을까요? 산과 인턴이 절반은 인간이고 절반은 외계인인 아기가 태어난 걸 보고서도 아무런 호기심을 발휘하지 않은 채 다음 분만을 거들러 갔다?

"진화는 지구에서만 독특하게 나타나는
과정이 아닙니다. 자연선택은 우주 어디서나
똑같이 적용될 겁니다"

칼로시 다른 행성에 생명이 있다는 결론을 내리게끔 해주는 견실한 과학적 증거가 하나라도 있습니까?

세이건 그런 건 없습니다. 개연성을 논증할 수는 있습니다. 이런 식으로요. 우주에는 별이 무척 많고 행성도 무척 많습니다. 생명을 구성하는 생물학적 기본단위는 어디에나 널려 있습니다. 그리고 진화는 지구에서만 독특하게 나타나는 과정이 아닙니다. 다윈주의적 자연선택은 우주 어디서나 똑같이 적용될 겁니다. 이런 요소들을 다 합하면 외계 생명이 존재할 가능성이 꽤 높다는 주장을 개연성 있게 전개할 수 있습니다. 하지만 그게 전부입니다. 개연성을 주장하는 게 전부입니다. 요컨대 우리가 외계 생명을 찾아보지 말아야 할 정도로 그게 그렇게 터무니없는 소리는 아니라고 말해주는 것입니다. 찾아볼 가치가 있다고 말해주는 것입니다. 지금까지 우리는 로봇 우주선으로도 찾아보았고—가령 화성으로 간 바이킹호로 찾아보았습니다—대형 전파망원경을 써서 우리에게 메시지를 보내는 존재가 있는지도 살펴보았지만, 몇몇 수수께끼 같은 발견을 제외하고는 아직 외계 생명에 대한 설득력 있는 증거는 나타나지 않았습니다. 하지만 아직은 수색의 초기 단계입니다. 아직까지는 발견을 못 한 것뿐입니다. 어쩌면 영영 못 발견할 수도 있지만 또 어쩌면 당장 내일이라도 발견할 수도 있습니다. 현재 우리에게 필요한 건 불확실성을 견디는 것입니다. 지금 당장 결론을 내릴 필요는 전혀 없습니다. 증거가 나타나기 전에는 이쪽인지 저쪽인지 확실히 아는 척을 하지 않아도 괜찮습니다.

칼로시 허블우주망원경은 왜 중요한가요?

세이건 허블우주망원경은 지구 대기보다 높은 곳에 설치된 최초의 대형 광학 망원경으로, 눈 돌리는 곳마다 중요한 발견을 해냈습니다. 가령 망원경이 오리온성운으로 눈을 돌렸을 때, 우리가 별들의 산란장이라고 알고 있는 그곳에서, 허블망원경은 조사한 별들 중 절반에 기체와 먼지로 구성된 납작한 원반이 딸려 있다는 걸 확인했습니다. 그것은 우리 태양계의 기원을 이해하려고 애쓰는 사람들이 예측했던 현상, 이른바 태양 성운이었죠. 그 가설을 오로지 물리학적 근거로부터 맨 처음 제기했던 사람은 18세기와 19세기의 이마누엘 칸트와 피에르 시몽 라플라스였습니다. 그런데 이제 우리는 그걸 눈으로 보게 된 겁니다. 요즘 우리가 관측하는 바에 따르면, 행성은 별이 형성되는 과정에서 반드시까지는 아니라도 자주 따라서 생겨나는 것 같습니다. 우리은하에는 별이 4000억 개가 있으니까, 만약에 그중 다수나 대부분에 행성계가 딸려 있다면 외계 생명의 확률은 대단히 높아집니다. 물론 이런 논증이 외계 생명의 존재에 대한 증거가 되어주는 건 전혀 아닙니다. 그저

우주왕복선 디스커버리호가 찍은 허블우주망원경(1997)

개연성 논증을 좀 더 지지할 따름이죠. 하지만 이건 엄청나게 흥분되는 일입니다. 그리고 우리가 행성계를 찾아보기 시작하면 우리 태양계가 형성된 방식도 더 잘 이해할 수 있게 됩니다.

칼로시 우주탐사에서 허블 다음에는 논리적으로 어떤 단계가 오나요?

세이건 허블은 지구궤도에서 우주를 살펴보는 관측소인데, 그건 우주탐사에서 한 분야에 지나지 않습니다. 아무튼 그 범주에서 그다음으로 올 게 분명한 단계는 AXAFAdvanced X-ray Astrophysics Facility, 즉 '발전된 엑스선 천문학 시설'이라는 프로젝트입니다. 그것은 대형 망원경을 써서 허블망원경이 한 일을 똑같이 하되, 다만 빛스펙트럼 중 엑스선 영역에 대해서 하는 겁니다. 우주에는 블랙홀처럼 보통의 빛으로는 보이지 않지만 에너지가 높기 때문에 우리가 AXAF 같은 프로젝트를 통해서 잘 이해할 수 있는 천체가 많이 있습니다. 그러나 말했듯이 이것은 우주 프로그램의 한 부분일 뿐입니다. 지구를 살펴보면서 환경의 건강을 감시하는 작업, 로봇 탐사선으로 소행성이나 혜성이나 행성이나 달을 직접 탐사하는 작업, 이런 것들이 향후 우주탐사의 또 다른 부분입니다.

칼로시 지구가 직면한 가장 심각한 문제는 뭘까요?

세이건 많습니다. 무지, 자민족 중심주의와 외국인 혐오, 인구 폭발

—이건 이제 누그러지기 시작했지만 누그러지는 속도가 충분히 빠르진 않습니다. 그리고 민주주의의 미덕에 대한 이해가 부족한 것. 저라면 틀림없이 이런 것들을 목록에 올리겠습니다. 아마 이보다 훨씬 더 긴 목록이 되겠지만, 아무튼 이런 문제들은 상위에 나열될 겁니다.

칼로시 지구온난화를 말씀하실 줄 알았는데요.

세이건 그건 무지 항목에 포함되는 걸로 하겠습니다.

자긍심의 실체

로즈 칼 세이건이 나와주셨습니다. 여러분은 그를 저명한 천문학자로 알고 있죠. 공영 텔레비전에서 방영되었던 그의 프로그램 〈코스모스〉는 역사상 가장 많은 사람이 시청한 공영 텔레비전 프로그램 중 하나였을 겁니다. 정확한 숫자는 모르겠지만요. 아마도 드라마 〈시빌 워〉가 시청자는 더 많았겠지만 어쨌든 〈코스모스〉는 대단한 시리즈였고, 그 덕분에 칼 세이건은 큰 주목을 받게 되었습니다. 그가 새 책을 냈는데 제목은 『창백한 푸른 점』입니다. 우주 속에서 인류의 미래를 전망해 보는 내용인데, 우리가 오늘 저녁에 이야기할 주제도 바로 그것입니다. 일단 창백한 푸른 점이 무슨 뜻인지 알려드리고자 이 사진을 보여드리겠습니다. 이 사진은 어디서 찍은 것이냐

이 인터뷰는 1995년 1월 5일 방영된 〈찰리 로즈 쇼The Charlie Rose Show〉를 녹취한 것이다.(#1285) 〈찰리 로즈 쇼〉는 작가, 정치인, 과학자, 운동선수와 배우 등 각 분야의 명사와 만나는 대담 프로그램으로 1991년 PBS에서 처음 선보여 지금까지 이어지고 있다. 진행자 찰리 로즈(Charlie Rose, 1942~)는 CBS 등에서 오랫동안 뉴스와 시사 프로그램을 진행했고 1987년 에미상을 수상한 저널리스트이자 방송인이다.

하면—칼, 출연을 환영합니다.

세이건 안녕하세요, 찰리.

로즈 이 사진은 보이저 2호가 찍은 거죠?

세이건 사실은 보이저 1호입니다.

로즈 보이저 1호랍니다. 아무튼 이 사진을 보면 뭐가 보이죠? 이 사진의 의미가 뭐죠?

세이건 그 우주선은 목성, 토성, 천왕성, 해왕성을 스쳐 지난 뒤 놀랍게도 이제 별들을 향해서 나아가고 있습니다. 인류의 공학적 성취죠. 우리는 그 우주선의 카메라를 뒤로 돌려서, 우주선이 멀리 나아간 그 지점에서 우리 행성을 사진으로 찍었습니다. 우리 행성은 정말 가까스로 눈에 보이는 정도죠. 여기 이것, 이 연약하고 섬세하고 창백한 푸른 점, 이게 바로 우리가 사는 곳입니다. 이게 바로 모든 인간이 지금까지 살아온 곳입니다. 우리는 그 지구가 얼마나 취약한 곳인지를 한눈에 볼 수 있습니다. 그리고 이것은 우리의 위치를 깨닫게 함으로써 우리를 겸허하게 만드는, 품성을 다져주는 경험입니다.

로즈 우리가 엄청나게 더 큰 무엇의 작은 일부에 지나지 않는다는 걸 일깨우기 때문에, 그래서 겸허한 기분이 든다는 거죠?

보이저 1호가 찍은, 창백한 푸른 점으로 보이는 지구(1990)

세이건　바로 그겁니다. 그리고 제가 그 의미에 대해서 한마디만 하겠습니다. 이 점은 어느 평범한 별의 주변을 도는 아홉 개의 행성 중 하나에 지나지 않습니다.이 중 명왕성이 2006년 8월 행성 지위를 박탈당해 현재는 여덟 개 행성. 그 별은 또 완벽하게 평범한 은하의 외곽에 놓여 있고, 그 은하에는 그런 별이 4000억 개나 더 있으며, 그런 은하가 이 우주에는 1000억 개쯤 더 있습니다. 그리고 최근의 이론에 따르면 이 우주마저도 수많은 우주 중 하나, 어쩌면 무한히 많을지도 모르는 폐쇄된 우주들 중 하나라고 합니다. 이런 맥락에서 우리가 우주의 중심 혹은 초점일 확률이 얼마나 될까요?

로즈　당신이 보기엔 전혀 없죠.

세이건　제가 보기엔 조금도 없습니다.

로즈　당신은 또 이렇게 믿죠. 이런 이야기는 제가 잘 모르는 이야기입니다만, 우리가 어쩌면—우리에게 그런 능력이 생길 것이기 때문에—다른 장소에서, 말하자면 서식하게 될지도 모른다고요. 왜냐하면 우리가 다른 장소에도 생명이 생존하는 데 필요한 조건을 주입할 수 있을 테니까 말입니다.

세이건　정확히 말하자면 인간의 생명이 생존하는 데 필요한 조건이죠. 기술은 양날의 칼이고, 그 힘은 어마어마합니다. 그 힘이 커지는 속도도 눈부십니다. 그러니까 내일 당장은 아니고 앞으로 몇 십 년 내도 아니지만, 앞으로 몇 백 년 내에는 우리가 어떤 행성의 환경 전체를 바꿔서 인간이 거창한 생명 유지 장치 없이도 안락하게 살 수 있도록 만들 수 있을 가능성이 높아 보입니다. 그리고 그보다 훨씬 더 이전부터 그곳에 베이스캠프를 설치할 수 있을 겁니다.

"인류는 지난 1만 년 동안 문명을 이루어
한자리에 머물러 살았습니다.
우리 몸에는 그 피가 흐르고 있습니다"

로즈 그렇군요. 당신은 늘—제 기억이 옳다면 말인데요—유인 탐사를 강하게 지지해왔지요.

세이건 꼭 그렇진 않습니다. 유인 탐사에 대한 제 생각은 좀 복잡합니다. 왜 그런지 말해볼까요. 유인 탐사는 과학에 꼭 필요한 작업인 것처럼 선전되었지만 사실은 그렇지 않습니다. 로봇을 쓰면 그 비용의 10퍼센트로도 해낼 수 있는 데다가 사람의 목숨을 걸지 않아도 됩니다. 그리고 유인 우주 비행을 정당화하는 통상적 근거들은 제가 볼 때 설득력이 좀 부족합니다. 하지만 저는 『창백한 푸른 점』에서 이와는 다른 의견을 제시했는데요, 뭔가 하면 제가 말한 이런 반대는 모두 단기적인 반대인 데 비해 장기적으로는 인간이 우주로 나가야 한다는 것입니다. 그 이유도 말해보겠습니다. 첫 번째 이유는, 우리가 탐험하는 종이라는 것입니다. 인류는 지난 1만 년 동안 문명을 이루어 한자리에 머물러 살았습니다. 하지만 그 이전 10만 년 동안 인류는 방랑자, 탐험자, 유목민이었죠. 우리 몸에는 그 피가 흐르고 있습니다. 그리고 우주 비행은 인류의 그 기나긴 전통을 이어갈—현재로서는 우리에게 유일하게 열려 있는—기회입니다. 둘째, 제가 언급했던 인간의 놀라운 기술은 우리 자신에게 위험할 수 있습니다. 우리를 보호해주는 대기는 몹시 얇습니다. 기술은 우리를 보호해주는 그 환경을 파괴할 수 있습니다. 전 지구라는 행성을 내버려도 좋다고 말하는 게 결코 아닙니다. 우리는 지구와 스스로를 보호하기 위해서 최선의 노력을 힘껏 기울여야 합니다. 하지만 그래도 전, 여기 말고 다른 행성에도 인간이 거주하는 것이 만약의 위험에 대비하는 좋은 보험일 거라고 생각합니다. 공화당 정치인들의 표현을 빌리자면 포트폴리오를 다변화하는 전략이죠. 그리고 마지막으로, 구체적으로 파악되는 위험 하나가 걱정거리로 부상하기 시작했는데—역시 10년 내에 벌어질 일은 아니고 몇 백 년 혹은 몇 천 년 내에 벌어질 일입니다만—큰 소행성이나 혜성이 지구를 때릴 위험입니다. 그 문제를 다루려면 우리는 우주로 나가야 합니다. 이런 요소들을 모두 고려할 때, 저는 우리가 수십 년 내지 수백 년의 시간 규모에서 꼭 상당한 수준으로 우주에 진출해야 한다고 생각합니다.

로즈 우주왕복선은 찬성하지 않습니까?

세이건 우주왕복선은 깡통에 사람을 다섯, 여섯, 일곱 명 넣어서 상공 200마일약 320킬로미터로 쏘아 올린 뒤 그곳에서 통신위성 따위를 띄우는 사업입니다. 그런 거야 사실 무인 추진 로켓으로도 얼마든지 띄울 수 있는데 말이죠. 그러고는 그 위에서 영원이 잘 번식하니 마니, 토마토가 잘 자라니 마니 하는 실험을 한 뒤에 도로 내려옵니다. NASA는 그걸 탐사라고 부르지만 그건 탐사가 아닙니다.

로즈 네, 하지만 그런 작업을 통해서—제가 제 수준에 어울리지 않는 말을 지껄이고 있습니다만—그보다 훨씬 더 중요한 다른 일을 하는 데 도움이 될 만한 지식을 얻을 수 있지 않을까요?

세이건 전혀 수준에 어울리지 않는 말이 아닌걸요. 아주 좋은 질문입니다. 네, 만일 우리가 장기 우주 비행을 한다면, 가령 러시아 프로그램이 그랬던 것처럼 1년이나 그쯤 되는 기간을 상공에서 체류한다면 "우리는 다른 행성으로 가는 방법을 배우고 있습니다" 하고 말할 수 있겠죠.

로즈 "이건 다른 곳으로 가기 위한 작업의 기본 단계입니다" 하고요.

세이건 하지만 겨우 일주일만 있다가 내려와서는 그 문제에 대해서 아무것도 배우지 못합니다. 딴말이지만 이건 러시아, 미국, 유럽, 일본이 참여하는 다국적 공동 탐사 프로그램을 추진하는 게 훨씬 더 합리적인 여러 이유 중 하나입니다. 이 나라들은 각자 딴 나라가 갖지 못한 역량을 갖고 있으니까요.

로즈 우주정거장은 어떻습니까?

세이건 그것도 마찬가지인데, 대체 그 목적이 뭡니까? 표준적인 설명은—돈벌이가 된다느니 지상에서는 경쟁력 있게 제조할 수 없는 제품을 만들 수 있다느니 과학 연구를 한다느니 의학 연구를 한다느니…….

로즈 의약품이나 다른 종류의 이득을 얻을 수 있지 않습니까?

세이건 면밀한 검토를 견디는 타당한 주장은 단 하나도 없습니다. 중요한 질문은 그 위에서 쓰겠다는 돈을 여기 밑에서 썼을 때 그 못지않게 경쟁력 있거나 더 나은 제품을 제조할 수 있느냐 하는 건데요, 답은 늘 '그렇다'입니다. 하지만 만일 우리 목적이 인간의 장기 우주탐사에 대비하는 거라면 그땐 우주정거장이 의미가 있겠죠.

로즈 우리가 아폴로 프로그램에서 인간이 달에 갈 수 있다는 사실 외에 더 배운 게 있습니까? 다른 행성으로의 탐사에 관해서 뭔가 도움이 되는 점을?

세이건 아폴로 프로그램은 군비경쟁의 문제, 러시아를 이기는 문제, 딴 나라들을 겁주는 문제였습니다. 그것이 아폴로 프로그램의 본질이었습니다.

로즈 국가적 자긍심.

세이건 원한다면 국가적 자긍심이라고 불러도 될 테죠. 하지만 주로는 로켓 솜씨를 뽐내는 것, 미국이 그 기술을 갖고 있다는 걸 과시하는 문제였습니다. 그러나 거기에서 따라 나온 부수적 결과로, 우연한 부산물이자 이득으로 근사한 탐사 사업이 줄줄이 이어졌습니다. 매리너, 보이저, 바이킹, 갈릴레오. 러시아 측에서도 마찬가지라, 덕분에 태양계에 우주선들이 몰려다니게 되었죠.

로즈 그래서 우리가 그것으로부터 뭘 배웠습니까? 지금 저는 이야기를 다른 방향으로 틀어보려는 건데요, 당신은 책의 첫 부분에서 우리가 우주에서 어떤 위치를 차지하고 있는가 하는 이야기를 했습니다. 그리고 우리가 지난 30년 동안 배운 내용은 전부 바이킹이나 보이저나 그런 탐사선들에서 나왔다고 말했습니다. 우리가 배운 게 뭔가요?

세이건 인류의 역사를 통틀어, 현재는 인간이 지구 주변 환경을 직접 탐사한—사람이 직접 했다는 건 아니고 사람이 만든 기계와 로봇이 데이터를 보내왔다는 뜻이지만요—최초의 순간입니다. 우리는 수성에서 저 멀리 해왕성까지 모든 행성을 다 조사했습니다. 70개의 위성, 몇 개의 혜성과 소행성도 조사했습니다. 이것은 이전에는 전혀 이루지 못했던 일이고, 이번이 최초이자 유일한 순간입니다. 그게 바로 우리 세대입니다.

로즈 하지만 그로부터 무엇을 배웠습니까?

세이건 그 덕분에 우리가 배운 건, 금성을 한번 볼까요. 그곳은 이산화탄소 온실효과가 엄청나서, 표면 온도가 화씨 900도섭씨 약 480도까지 올라갑니다. 일단 그 사실을 알면, 온실효과란 진보주의자들이 지어낸 이야기일 뿐이라고 주장하는 라디오 토크쇼 진행자들의 말을 두 번 다시 믿을 맘이 안 들 겁니다.

"우리는 다른 세상을 조사함으로써
우리 세상에 대해서 배웁니다"

로즈 "상상에 불과하다, 위험하지 않다" 하는 말들 말이죠.

세이건 화성을 보면, 그 행성에는 오존층이 없기 때문에 태양의 자외선이 표면을 사실상 이글이글 튀기고 있습니다. 그래서 그곳에서는 시시한 유기 분자조차 살아남지 못합니다. 그걸 보고 나면 지구의 오존층 고갈이 위험하지 않다는 말은 두 번 다시 할 수 없을 겁니다. 우리는 다른 세상을 조사함으로써 우리 세상에 대해서 배웁니다.

로즈 국가적 의지의 차원에서, 이런 종류의 사업을 기꺼이 지지하겠다는 의향이 대중에게 퍼져 있습니까? 탐사에 대해서 보통 사람들이 열의를 보이나요?

세이건 핵심은 탐사입니다. 진정한 탐사에 대해서 여론조사를 해보면—트럭을 몰고 몇 백 마일을 올라가는 것과 다름없는 사업이 아니라 진짜 새로운 장소로 진출하는 탐사라면—압도적으로 긍정적인 지지가 확인됩니다. 예전보다 훨씬 더 강한 지지가 확인됩니다.

로즈 하지만 정치인들이 그런 얘기를 하는 건 못 들어봤는데요.

세이건 안 하죠.

로즈 앞으로 몇 년 동안 정부의 역할에 관해서 대대적인 토론이 벌어질 겁니다. 제가 볼 때 탐사는 명백히 정부가 해야 하는 일인데요.

세이건 정부가 해야죠. 민간산업이나 부유한 개인이 하기에는 돈이 너무 많이 듭니다. 우리가 이야기하는 것들, 탐사에서 따라 나올 이득들이란 대체로 장기적인 이득이죠.

로즈 장기라면 100년 뒤, 200년 뒤입니까?

세이건 아니요. 몇 십 년 뒤라고 해도 장기입니다. 그리고 사회의 다른 많은 영역에서와 마찬가지로 여기서도 우리는 단기와 장기의 치명적인 갈등을 겪고 있습니다. 늘 이렇게 말하고 싶은 유혹이 들죠. "장기는 알아서 챙기라고 해. 난 단기적 성과에 근거해서 재선되는 거니까." 이건 대단히 위험한 생각입니다. 물론 단기적 계획도 중요합니다만, 두 가지를 적절히 섞어야 합니다. 훌륭한 사회라면 다들 그렇게 합니다.

로즈 개인적으로 지금까지 탐사 과정에서 제일 신났던 일을 하나만 꼽으라면 뭐였습니까?

세이건 맙소사. 너무 많은걸요.

로즈 "내 평생 심장이 이렇게 빨리 뛴 적이 없었다"라고 말하게 만들었던 순간을 하나나 둘 꼽으라면요?

세이건 새로운 세상으로 진출할 때마다 매번 심장은 두근거립니다만, 그중에서도 바이킹호를 꼽아야겠군요. 우리가 역사상 최초로 화성에 내렸을 때, 이전까지 아무도 가본 적 없는 그곳에 도착했을 때 사진으로 찍은 그곳의 풍경은 전혀 이국적이지 않았습니다. 꼭 애리조나나 유타처럼 보였죠. 저는 그 사실에서 지질 과정의 공통성을, 즉 다른 행성도 우리와 비슷한 점이 있다는 걸 깨달았습니다. 또 하나를 꼽으라면 타이탄입니다. 토성의 큰 위성인 타이탄에서는 생명을 구성하는 물질인 유기물질이 꼭 천국에서 내려오는 만나처럼 하늘에서 비로 내리고 있습니다. 인간이 어떻게 생겨났는지, 지구 생명이 어떻게 생겨났는지 알고 싶다고요? 그렇다면 타이탄으로 가야 합니다. 그곳에서 지금 이 순간 그 초기 단계가 벌어지고 있으니까요. 그리고 또 보이저호가 태양계 탈출속도를 확보해서 이제 영원히 별들 사이를 방랑하는 길에 나섰다는 생각도 소중하고요.

로즈 다른 이야기도 두어 가지 해보죠. 당신은 핵무기 반대 운동에 아주 열심입니다. 앞장서죠.

세이건 네.

로즈 '스타워즈'에 대한 반대 의견도 강하게 밝혔습니다.

세이건 네.

로즈 요즘 정치계에선 "어쩌면 스타워즈가 가능할지도 모르겠어" 하는 얘기가 심심찮게 들리기 시작했습니다. 이때 스타워즈는 물론 우주 전쟁이 아니라…….

세이건 미사일 방어 체제죠.

로즈 ……전략방위구상이 가능하다는 얘기죠.

세이건 기본적으로 현재 사람들이 걱정하는 건 소련의 핵탄두 1만 개가 아니라 이란이나 뭐 그런 데 있는 핵탄두 열 개입니다. 하지만 만일 미국이 그 핵탄두 열 개를 미사일로 요격할 능력이 있다면, 그런데 그때 그 나라가 미국을 핵무기로 날려버리고 싶다면 그들은 그것을 미사일에 실어서 쏘아 보내지 않을 겁니다. 배로 보내거나 대사관 물품에 숨겨서 들여오겠죠. 그래서야 문제가 해결되지 않습니다. 더군다나 그건 그 나라에 "핵탄두를 열 개보다 더 많이 만들라" 하고 말하는 거나 다름없습니다.

로즈 오늘 마지막으로 말하고 싶은 건, 당신은 늘 다른 곳에도 생명이 존재할 거라고 믿어왔죠. 왜냐하면 충분한 지능을 갖춘 생명이 존재하는 곳이 지구뿐이라고 생각하는 건 우리의 철저한 자만일 테니까…….

세이건 '믿는다'라는 건 좀 지나친 표현이지만, 그게 무척 중요한 질문이라고는 생각합니다. 우리에게는 답을 찾아볼 능력이 있습니다. 가까운 다른 행성으로 우주선을 보낼 수 있고, 전파망원경을 써서 다른 행성이나 다른 별의 누군가 우리에게 메시지를 보내고 있는지 살펴볼 수 있습니다. 우리 문명이 답을 찾아볼 도구를 갖고 있는데도 찾아보기를 거부한다면 창피한 일일 것입니다.

로즈 최소한 그런 일이 가능하다는 생각을 열린 마음으로 받아들이기라도 하지 않는다면 말이죠.

세이건 바로 그겁니다.

악령 살해자

투데이 당신은 주로 바깥 우주에 관한 문제를 연구해왔습니다. 하지만 요즘은 내적 우주, 즉 인간의 마음이라는 세상에 대해서도 많이 관여하는데요.

세이건 글쎄요, 우주와 지구의 경계는 임의적일 뿐입니다. 그리고 저는 아마 언제까지나 우리 행성에 흥미가 있을 겁니다. 제가 제일 좋아하는 행성이니까요. 전 인류의 진화, 인간의 지능, 인간의 감정에 관해서 이야기한 책을 이전에도 많이 썼습니다. 그러니까 제가 인간에 집중하는 게 딱히 새로운 시도는 아닙니다. 제가 다루는 상대는 대부분 인간인걸요. 그러니까 전 인간에 대한 경험도 많은 셈입니다.

이 인터뷰는 서식스출판사(Sussex Publishers)에서 출간하는 〈사이콜로지투데이Psychology Today〉 1996년 1/2월 호에 30쪽부터 실렸다. 〈사이콜로지투데이〉는 주로 심리와 관련된 문학과 심리학, 신경과학, 성, 관계학, 그 밖에 여러 이슈를 다루는 격월간 잡지로 1967년부터 지금껏 발행되고 있다. 인터뷰어는 잡지 제호로 표기되어 있다.

"우리의 지혜와 신중함은 자신의 불완전함을 이해하는 데서 나옵니다"

투데이 당신과 친한 친구들도 일부는 인간이고 말이죠. 당신의 새 책 『악령이 출몰하는 세상』은 인간이 어떻게 속아 넘어가는가에 대한 장황한 설명처럼 보일 때가 있습니다. 인간이 자신의 기억에, 자신의 감각에, 자신의 조잡한 추론에 어떻게 속아 넘어가는가 하는. 지구에 정말로 지적 생명이란 게 존재하는 걸까요?

세이건 그럼요. 다만 우리의 지성에는 한계가 있습니다. 어떻게 한계가 없기를 기대하겠습니까? 우리는 완벽하지 않습니다. 우리의 지혜와 신중함은 자신의 불완전함을 이해하는 데서 나옵니다. 만일 자신의 불완전함에 초점을 맞춘다는 것이 너무 우울한 일이라서 무시해버린다면, 우리가 미래에 취할 수 있는 선택지가 극도로 제약될 겁니다. 반면에 자신의 한계를 잘 안다면, 사고뿐 아니라 감정적인 측면에서의 한계도 안다면, 우리가 유전적으로 자민족 중심주의, 외국인 혐오, 위계 구조에 끌리는 성향을 갖고 있다는 걸 안다면 오히려 그런 성향을 완화할 기회를 얻을 수 있습니다. 우리를 그런 방향으로 이끄는 유전적 성향을 무시해버린다면 그것을 진지하게 개선하려는 노력도 안 하게 될 겁니다. 그러면 훨씬 더 나빠지겠죠. 이것은 모든 세대가 세대마다 새롭게 배워야 하는 문제입니다. 모든 세대가 똑같이 그런 유전적 성향을 품고 태어나니까요.

투데이 하지만 당신이 책에서 다룬 문제들 중 일부는 현재에만 독특한 현상처럼 보입니다. UFO나 억압된 기억 같은 것 말입니다. 우리가 새 천 년에 다가가고 있기 때문에 그런 현상이 전보다 더 자주 나타나는 걸까요?

세이건 아니요. 가령 서기 첫 몇 백 년을 살펴보면, 혹은 프랑스에서 메스머Franz Friedrich Anton Mesmer, 1734~1815. 독일 의학자로 동물자기설을 주장. 최면요법을 창시하였다가 인기였던 시기를 보면, 혹은 인류 역사에서 거의 아무 시기나 보더라도 그런 사례는 현재 우리 시대만큼 많았습니다. 잘 속는 것, 남의 말을 무턱대고 믿는 것, 진실보다는 기분이 좋은 이야기를 선호하는 것. 이런 것은 인간이 타고난 특징입니다.

투데이 하지만 지금까지는 우리에게 스스로를 날려버릴 수 있는 능력이 없었습니다…….

세이건 맞는 말씀입니다. 오늘날은 명료한 사고를 하지 못하는 데 따르는 위험이 과거 어느 때보다도 훨씬 크죠. 우리 사고방식에 뭔가 새로운 변화가 일어난 게 아니라, 무비판적이고 혼란스러운 사고가 과거 어느 때보다도 훨씬 더 치명적인 결과를 낳을 수 있게 된 겁니다.

투데이 당신은 스탈린이나 히틀러 같은 사람이 주기적으로 권력을 쥘 가능성이 통계적으로 존재한다고 말했습니다. 그런 확률을 고려할 때, 그리고 핵 확산 현상을 고려할 때 미래가 어떨 것이라고 느낍니까?

세이건 아주 심각한 문제입니다. 다행히 지금은 미국과 구소련이 핵무기 감축 과정을 밟고 있습니다. 비준은 되지 않았지만 합의는 된 현재의 조약에 따르면, 양국은 21세기 첫 10년까지 약 3000개의 전략무기와 운반 체계만 남기고 다 처분할 것입니다. 현재는 그 열 배쯤 되죠. 아주 좋은 소식입니다. 하지만 다른 한편으로 지구의 도시 수는 약 2300개에 불과합니다. 그러니 만일 양측이 각각 3000개씩 무기를 남긴다면 양측 모두 지구의 모든 도시를 날려버릴 능력을 보유하는 셈입니다. 마음 편한 뉴스는 분명 아니죠. 충분히 오래 기다린다면 두 나라 중 어느 쪽에서든 미친 사람이 권력을 잡는 일이 반드시 벌어질 테니까요.

투데이 그런 일이 불가피하다는 뜻입니까?

세이건 세계 역사를 살펴보면 그런 사람이 주기적으로 나타나서 권력을 잡았습니다. 미국에서는 아직 그런 일이 벌어지지 않았다는 사실을 위안으로 삼을 수 있겠지만, 이 나라에서도 최근 역사에서 위험천만하게 무능하거나 취했거나 미친 사람이 위기의 순간에 하마터면 권력을 쥘 뻔한 상황이 숱하게 있었다고 봅니다. 히틀러와 스탈린은 지구에서 가장 발전된 나라에서도 그런 지도자가 나타날 수 있다는 사실을 환기시키는 사례입니다.

투데이 당신은 『악령이 출몰하는 세상』에서 많은 지면을 할애하여, 당신의 표현을 빌리자면, 과학 문맹에 대해서 이야기했습니다. 우리가 어떻게 해야 한다고 생각합니까? 모든 게 잘못된 방향으로 가고 있는 게 분명합니다.

세이건 맨 먼저 말해두고 싶은 건, 모든 세대가 자기네 다음 세대는 교육이 부족하다고 탄식해왔다는 것입니다. 그 역사는 우리가 발굴한 가장 오래된 수메르 점토판까지 거슬러 올라가죠. 약 5000년 전까지 말입니다.

투데이 연장자들이 당시 젊은이들에 대해서 불평했던 내용 말입니까?

세이건 맞습니다. "요새 젊은이들은 우리 세대만큼 똑똑하지가 않다, 의욕이 없다, 숙제를 안 한다" 하고 말이죠. 그러니까 나이 든 사람들이 제 세대와 젊은이들을 비교하면서 제 세대가 훨씬 더 열심히 일했고, 더 진지했고, 더 나은 가치를 지녔고, 더 나은 음악을 들었고, 기타 등등으로 제멋대로 결론을 내릴 위험은 늘 있습니다.
그럼에도 불구하고 오늘날 무지가 미덕으로 여겨지고 지식이 창피한 일로 여겨지는 우매화 과정이 만연한 것은 분명한 사실입니다. 전 그렇다고 해서 좌절하거나 포기하지 않습니다.

전 이것이 심각한 문제고 어떤 한 측면만 봐서는 안 되는 문제라는 사실을 사람들에게 알리려고 애씁니다.
이것은 단순히 교사들의 봉급을 올려주기만 하면 해결되는 문제가 아닙니다. 이것은 뿌리 깊은 문제입니다. 모든 차원에 걸친 문제입니다. 아이들의 문화 자체에도 문제가 있습니다. 연방정부에도 지방정부에도 문제가 있습니다. 언론에도 문제가 있습니다. 학교 채권 문제를 다루는 학교 위원회들과 납세자들에게도 문제가 있습니다. 어느 한 지점만 공격해서 될 문제가 아닙니다. 많은 차원에서 많은 사람이 행동을 바꾸지 않는 한 진지한 변화를 상상하기는 힘듭니다. 모두가 생각을 달리 먹어야 하고, 가치가 변해야 하고, 돈도 있어야 합니다. 냉소적으로 하는 말이 아니라, 현실이 돌아가는 방식을 알기 때문에 하는 말입니다. 변화는 아주 어려운 일일 것입니다. 스푸트니크 사건극심한 냉전기에 구소련이 먼저 세계 최초의 인공위성 스푸트니크호를 쏘아 올려 전 미국이 충격을 받았다 때처럼 국가 안전에 명백한 위협이 발생해서 우리가 과학을 좀 더 많이 알지 않으면 안 되는 상황에 처한 경우가 아니라면 말입니다.

투데이 사람들이 생각을 하게 되려면, 깨어나게 되려면 대중의 인식이 폭발적으로 성장하는 스푸트니크 같은 사건이 있어야 하는군요.

세이건 1950년대 말과 1960년대 초에 그런 예가 있었죠. 꼭 그런 사건이 있어야만 사람들이 생각을 하게 되는지는 저도 잘 모르겠습니다. 사람들의 지혜가 갑자기 분출하게 된다면, 그것 역시 그런 충격으로 작용할지도 모르죠.

"과학기술에 시큰둥해하는 건 어리석은 일일 뿐 아니라 자살행위입니다"

투데이 거기에 기대를 걸어선 안 될 것 같은데요. 스푸트니크가 통했던 건 당시만 해도 사람들이 과학이 모든 병을 고쳐줄 테고 세상의 모든 문제를 풀어줄 거라고 믿었기 때문이 아닌가 싶습니다. 요즘 사람들은 과학을 그런 만병통치약으로 여기지 않죠.

세이건 지난 6개월 안에 의학 덕분에 목숨을 건진 사람으로서 저는 그런 회의주의를 갖고 있지 않습니다. 지상의 거의 모든 사람의 생명은 과학기술에 의존하고 있습니다. 과학기술에 시큰둥해하는 건 어리석은 일일 뿐 아니라 자살행위입니다.
예를 들어, 농업기술이 없다면 지구가 지탱할 수 있는 인구는 수십억 명이 아니라 겨우 수천만 명일 것입니다. 그것은 곧 현재 지구의 거의 모든 사람이, 즉 인구의 99퍼센트가 굶어 죽지 않고 살아 있는 게 기술 덕분이라는 얘깁니다.

투데이 방금 죽음의 목전까지 다다랐던 경험에 대해서 말씀하셨는데요, 그 경험으로 세계관이 조금이라도 바뀌었습니까? 아주 심각할 수도 있었던 병에서 회복하셨죠.

세이건 실제로 아주 심각했습니다. 골수형성이상이라는 골수장애인데, 처치하지 않고 놓아두면 반드시 치명적인 결과를 낳는 병이죠. 전 시애틀의 프레드허친슨암연구센터에서 골수이식을 받았습니다. 하나밖에 없는 동기인 여동생이 저와 조직이 완벽하게 맞았으니 운이 좋았죠. 그것도 행운이었지만 또한 저는 그 센터가, 나아가 의학 전체가 지난 수십 년 동안 골수이식에 관해서 쌓아온 경험의 수혜자이기도 합니다. 이식을 받을 수 있는 환자의 나이는 매년 높아지고 있습니다. 전 아마 현재 최고령 골수이식 환자일 겁니다.

투데이 과학으로 목숨을 건지셨군요.

세이건 제가 죽을 뻔한 건 이번이 처음이 아니었습니다. 죽음의 목전에 다다른 게 이번이 세 번째였죠. 그것은 매번 제 인격을 가다듬게 만드는 경험이었습니다. 무엇이 중요하고 중요하지 않은지에 대해서, 삶의 소중함과 아름다움에 대해서, 가족의 중요성과 아이들에게 물려줄 만한 미래를 지키려고 노력하는 일의 중요성에 대해서 훨씬 더 선명한 관점을 갖게 됩니다. 전 죽을 뻔하다가 살아나는 경험을 모두에게 권하고 싶군요. 정말 유익한 경험입니다.

투데이 대부분의 사람에게는 딱 한 번이면 족하겠죠. 그런데 과학이 그렇게 훌륭한 솜씨로 생명을 구하게 되었다는 점이 오늘날 인구 위기의 한 원인이기도 합니다. 최소한 어떤 사람들은 그렇게 봅니다. 이 사실이 걱정스럽지 않습니까?

세이건 물론 걱정스럽습니다. 하지만 우리가 이 문제를 어떻게 풀어야 하는지도 명백합니다. 인구 위기에는 복잡한 사회문제들이 결부되어 있습니다. 종교나 국가가 이 문제를 다루는 데 반대하는 경우도 있죠. 모든 위기가 그렇듯이, 이 위기도 우리가 제대로 다루지 않는다면 우리 눈앞에서 터져버릴 겁니다. 그런데 이 위기는 다루는 것 자체가 아주 위험스러운 일입니다. 왜냐하면 지구에서 재생산을 제일 빠르게 수행하는 인구는 제일 가난한 10억 인구이기 때문입니다. 그 이유는 단순히 생존하기 위해서입니다. 만일 자식은 있지만 사회복지제도가 없다면, 자식 중 일부라도 당신이 늙을 때까지 살아남아서 당신을 보살펴줄 가능성이 있습니다. 가난한 사람들은 그런 단순한 계산에 따라서 아이를 많이 낳습니다. 그러므로 우리가 맨 먼저 할 일은 지구에서 제일 가난한 10억 인구의 자활 능력을 향상시키는 겁니다. 그러면 주요 종교들이 자선 활동을 덜 해도 될 겁니다. 그것은 윤리적으로만 바람직한 게 아니라 더없이 현실적인 의미에서도 좋은 일입니다.
또한 사람들이 안전하고 간편한 피임 도구에 쉽게 접근할 수 있도록 만들어야 합니다. 세 번째 핵심 항목은 여성에게 정치력을 부여하는 것입니다. 1인당 소득은 높지만 여성을 워낙 억압하는 문화라서, 여성 스스로 아이를 낳을지 말지에 대해

제 의견을 표현할 수 없는 사회가 많습니다. 물론 인구 위기를 차치하더라도 우리가 가난한 사람을 도와야 할 이유, 여성에게 힘을 부여해야 할 이유는 충분합니다. 하지만 인구 위기는 그런 것들이 주요한 목표가 되어야 한다는 점을 더욱더 또렷이 일깨웁니다.

투데이 당신은 과학자일 뿐 아니라 유명 인사입니다. 사람들에게 주목받는 존재이기 때문에, 당신이 마음을 쓰는 문제가 있다면 그 문제를 널리 선전할 수도 있습니다.

세이건 제가 어릴 때부터 상상할 수 있었던 가장 재미있을 것 같은 직업은 과학자였습니다. 과학자라는 직업이 주는 낭만은 제가 아는 한 다른 무엇도 발끝조차 쫓아가지 못하는 것입니다. 저는 그 낭만을 한시도 잃은 적이 없습니다. 제 목표는 늘 그저 현역 과학자로 일하는 것이었습니다. 제가 과학 중에서도 희한한 분야를 좀 연구한 건 사실입니다. 인류가 지구 대기조차 벗어나지 못했던 때부터 전 다른 행성을 탐사하는 일에 관심이 있었죠. 그래서 지난 35년의 대부분을 어릴 적 꿈인 태양계 탐사에 바쳤습니다.

하지만 동시에 저는 한 사람의 시민이고, 부모고, 할아버지입니다. 누구나 쉽게 이해할 만한 갖가지 포유류다운 이유에서 저는 미래를 염려합니다. 그리고 설령 실패하더라도, 아무 시도도 안 하는 것보다는 더 나은 미래를 만들기 위해서 노력해 보고 싶습니다.

"문명에 닥친 위험에 관해서 발언하는 것은
세상에서 제일 자연스러운 일일 겁니다.
당신이 말하지 않으면 누가 하겠습니까?"

투데이 시간의 절반은 연구에 쏟고, 나머지 절반은 세계에서 제일 유명한 과학자로서 시민의 의무를 수행하는 데 쏟나요?

세이건 시간을 여기 얼마 저기 얼마 하고 분배하진 않습니다. 두 일은 자연스레 서로 넘나듭니다. 예를 들어 저는 금성의 온실효과를 주제로 박사 논문을 썼는데요, 그때만 해도 30년 뒤에 온실효과가 중대한 지구적 정책 문제가 되리라고는 꿈도 꾸지 않았습니다.

과학과 공공 정책이 수월하게 넘나드는 사례는 그 밖에도 더러 있습니다. 핵겨울도 그중 하나죠. 그리고 만일 당신이 스스로 어느 정도 전문가라 자처할 수 있는 과학 분야에 관련된 문제를 발견한다면, 인류의 지구적 문명에 닥친 위험에 관해서 발언하는 것은 세상에서 제일 자연스러운 일일 겁니다. 당신이 말하지 않으면 누가 하겠습니까? 저는 두 일이 꽁꽁 밀폐된 영역이라서 이 칸에서 저 칸으로 왔다 갔다 해야 하는 일이라고는 보지 않습니다. 두 일은 더없이 자연스럽게 서로 넘나들 때가 많습니다.

저는 일반 대중과 소통할 기회가 많습니다. 저와 능력이 같거나 더 나은 다른 분들이 안타깝게도 갖지 못할 때가 많은 기회입니다. 그런 기회는 조심스럽게 활용해야 하고, 허비해서는 안 됩니다. 그리고 책임감 있게 활용해야 합니다. 어쨌든 저는 대중에게 말할 기회가 있다면, 그리고 제가 할 말이 있다면 안 하겠다고 빼지 않겠습니다.

투데이 25년 전에 품었던 과학에 대한 경이감을 아직 품고 있습니까?

세이건 지난주에 페가수스자리 51이라는 별 주위를 도는, 행성처럼 보이는 천체가 발견되었습니다. 그런데 그 행성은 별에 아주 가까이 붙어 있습니다. 수성이 태양에 붙어 있는 것보다 더 바싹 붙어 있습니다. 하지만 그것은 수성이나 금성이나 지구와 비슷한 작은 바위 행성이 아닙니다. 큰 행성입니다. 아마 목성하고 비슷할 겁니다.

어떻게 그렇게 거대한 행성이 별에 그렇게 가까이 있을까요? 좀 더 바깥쪽에는 다른 지구형 행성도 있을까요? 그 행성은 목성 같은 거대 기체 행성일까요, 아니면 지구형 행성이지만 괴물처럼 덩치가 큰 것일까요? 그 행성은 다른 곳에도 많이 존재하는 행성계들에 대해서 무엇을 말해줄까요? 어쩌면 다른 행성계들은 다 그 행성과 비슷하고, 우리 행성계가 특이한 것일지도 모릅니다. 만일 그렇다면, 그것은 항성계의 기원 문제에서 어떤 의미를 띨까요? 전 모릅니다. 그런 발견이 발표될 때마다 제 안의 경이로움 버튼이 세게 눌립니다. 그리고 그런 일은 주기적으로 벌어집니다. 제가 하는 연구, 가령 실험실에서 하는 유기화학 연구와 태양계에 관한 연구에서도 분명 그런 순간이 있습니다. 제 경이로움 버튼은 쉴 새 없이 눌리고 있습니다.

투데이 다른 동년배 과학자들, 이제 더 이상 스물다섯 살이나 서른 살이 아닌 다른 과학자들도 경이로움을 느끼는 능력을 유지하고 있나요?

세이건 그런 사람도 있고 아닌 사람도 있습니다. 잃어버린 사람들도 있습니다.

투데이 왜 잃는 걸까요?

세이건 한 가지 이유는 피터의 원리구성원은 일을 잘할수록 자꾸 승진하여 결국 자신의 능력을 넘어서는 자리에 오르는 경향이 있으므로 조직 상층부가 무능력자 집단이 된다는 이론입니다. 좋은 과학자는 언젠가 행정가가 될 기회를 얻기 마련이죠. 그래서 그들은 과학에서 손을 뗍니다. 어떤 부서의 장이 되거나 전문가 협회의 회장이 되거나 대통령의 과학 고문이 되거나, 아무튼 그런 게 됩니다. 물론 모두 존경할 만하고 중요한 자리이긴 합니다. 과학 발전을 도울 수 있는 일이기도 하죠. 하지만 스스로 과학을 함으로써 돕는 건 아닙니다. 그런 자리를 맡고서도 과학을 계속하기란 여간 어려운 일이 아닙니다. 시간을 아주 많이 잡아먹는 일들이니까요. 이게 한 가지 위험입니다.

또 다른 위험은, 경이감은 거의 선천적이지만—아이들도 갖고 있죠—회의주의는 학습되는 것이라는 점입니다. 회의주의는 때로 뼈아픈 경험을 통해서 학습됩니다. 헛소리를 자주 접하면서 차츰 헛소리 감지 능력이 발달하는 겁니다. 헛소리를 전혀 접하지 않는다면 경이감만 가득하고 회의주의는 품지 않는 사람이 될 겁니다.

따라서 시간이 흐를수록 누구나 점점 더 회의주의적인 태도를 갖게 되고 경이를 불신하게 되는 경향이 있습니다. 이것은 아주 위험한 일입니다. 우리에게 필요한 것은 두 가지의 적절한 균형이니까요. 그래서 많은 과학자는 나이가 들수록 회의주의에 대한 경이감의 비율이 낮아집니다. 몇몇 분야에서—수학, 물리학, 그 밖의 몇몇 분야에서—위대한 발견이 거의 전부 젊은이들의 업적이라는 사실은 이 현상과 관계있을지도 모르겠습니다.

투데이 아인슈타인은 말년까지도 경이를 느끼는 능력을 간직했던 사람인가요?

세이건 두말할 것 없이 그랬습니다. 그는 경이로 가득한 사람이었죠.

"모든 아이는 타고난 과학자입니다.
하지만 우리가 아이들로부터 그 능력을 빼앗죠"

투데이 당신은 어릴 때 과학이 생계 수단이 될 수 있다는 걸 몰랐다고 했죠. 그래서 세일즈맨이나 뭐 그런 직업을 갖고서 과학은 주말이나 저녁에 해야 하는 줄 알았다고요. 그처럼 어린 아이가 그처럼 과학에 매료되는 것은 아주 보기 드문 일입니다. 우리가 아이들의 경이감을 죽이고 있는 것일까요?

세이건　모든 아이는 타고난 과학자입니다. 하지만 우리가 아이들로부터 그 능력을 빼앗죠. 몇 안 되는 아이들만이 과학에 대한 경이감과 열정을 고스란히 간직한 채로 어른이 됩니다.

투데이　당신은 왜 그런 능력을 간직했을까요?

세이건　제일 중요한 요인은 부모님이 비록 과학이라곤 전혀 몰랐지만 늘 저를 격려하셨다는 겁니다. "전반적으로 따져서 차라리 변호사나 의사가 되는 게 더 낫지 않겠어?" 이런 말씀은 전혀 안 했습니다. 저는 부모님한테 그런 말은 한 번도 들어본 적 없습니다. 부모님은 "네가 그게 그렇게 좋다면 우리는 네가 능력을 최대한 펼치도록 지원해주마"라고 말씀하셨습니다. 학교에서는, 비록 과학에 대한 열정을 북돋아주는 선생님은 아주 소수였지만, 그렇다고 해서 교육체계 전체가 제 의욕을 꺾으려 들진 않았습니다.
그래서 저는 흥미를 유지하기가 그다지 어렵지 않았습니다. 아주 어릴 때는 과학소설이 흥미를 지속시켜주었죠. 전 과학소설 속에서 과학의 재미를 예리하게 읽어냈습니다.

투데이　당신이 저질렀던 제일 멍청한 짓은 무엇이었나요? 물론 애정 어린 뜻에서 하는 질문입니다.

세이건 아, 막상막하의 후보가 너무 많습니다. 사실 저는 이 책에서 제가 완전히 틀렸던 사례를 몇 가지 소개했습니다. 예전에는 온실효과처럼 제가 옳았던 사례만 강조하려 들었죠. 인지상정이라고는 생각하지만 아무튼 이번에는 그걸 좀 만회하려고 노력했습니다. 실수, 잘못된 추측, 타당하지 않은 결론은 과학의 재앙이 아닙니다. 많은 경우 그 덕분에 다른 사람들이 자극을 받아서 당신의 주장을 반증하거나 확인해보게 됩니다. 그렇게 해서 그 분야가 발전합니다. 최고의 과학자들도 실수를 저질렀습니다.

하지만 과학의 한 가지 아름다운 점은 그 속에 오류를 수정하는 장치가 갖춰져 있다는 것입니다. 인간의 다른 활동과는 달리, 과학에서는 제일 존경받는 지도자가 낸 주장을 반증하는 사람에게 제일 큰 보상이 돌아갑니다. 가령 종교를 생각해보세요. 과학의 관점과 종교의 생각은 얼마나 다릅니까. 종교는 무슨 내용이 되었든 그 창시자의 말을 비판 없이 받아들여야 한다고 말할 때가 많습니다. 과학자가 실수를 저지른다는 건 비극이 아닙니다. 저도 물론 살면서 몇 가지를 저질렀고요.

투데이 자연과학 분야의 종사자로서 보기에 심리학은 과학의 한 분야로서 어떻습니까? 당신이 책에서 이야기한 주제들 중 많은 것이 심리학의 중요한 분야들에 해당합니다.

세이건 전 심리학자가 아닙니다. 그 분야 전체를 종합적으로 훑고 있진 않습니다. 그러니 제가 하는 말은 그냥 제가 받은 인상에 지나지 않습니다.

아무튼 제가 제일 경악한 점은, 많은 정신분석가가 품고 있는 생각…… 자신의 일은 환자로 하여금 사건을 실제 벌어졌던 대로 이해하도록 돕는 게 아니라 환자의 망상을 승인해주는 일이라고 여긴다는 것입니다. 저는 정말 그런 일이 있는가 하는 걸 오랫동안 확신하지 못했습니다만, 그런 일은 정말로 벌어지는 게 확실합니다. 의학 교육을 받은 정신과 의사들보다는 심리학 박사들이, 심리학 박사들보다는 사회복지 종사자들이 그런 성향이 더 큰지는 잘 모르겠습니다. 하지만 누가 되었든 심리학을 한다는 사람이 회의적이고 과학적인 검토의 기본 수칙에 무지하다는 것은 대경실색할 일이라고 생각합니다. 프로이트와 그 추종자들의 글을 많이 읽어온 사람으로서, 저는 또한 정신분석이 사제나 랍비를 찾아가는 것보다 더 유용한 기법이라는 주장을 체계적으로 증명하려는 시도가 없다는 사실이 못마땅합니다. 억압이라는 현상이 실제 존재하는 현상인가 하는 걸 증명하려는 시도가 없다는 점도요. 오류 수정 장치가 작동하지 않는다면, 그리고 해당 분야의 존경받는 창시자가 했던 말을 체계적으로 반증하려는 시도가 존재하지 않는다면 아주 위험합니다.

다른 한편으로 뇌 기능에 대한 영상 분석은 대단한 잠재력이 있다고 봅니다. 그것은 놀라운 발전이고, 그로부터 뇌 기능에 대한 중요한 지식이 생성되는 것을 볼 수 있습니다. 그리고 그 못지않게 흥미로운 것은 신경전달물질 연구, 엔도르핀 연구, 뇌의 작은 단백질들에 관한 연구입니다. 모두 엄청나게 흥미로운 연구들이고, 딴말이지만 모두 인간의 마음은 뇌의 활동에 지나지 않는다는 가설을 지지하는 경향이 있습니다. 그 밖의 다른 건 없다는 거죠. 영혼이든 심령이든 물질로 만들어지지 않은 것, 열에서 열네 개가량의 시냅스의 기능으로 설명되지 않는 건 없다는 겁니다.

투데이 우리가 어떤 결정을 내릴 때 증거가 제일 중요하다는 사실을 늘 웅변해온 사람으로서, 그리고 한 사람의 시민이자 과학자로서 O. J. 심프슨 재판전직 미식축구 영웅이던 O. J. 심프슨이 1994년 전처 살해 혐의로 체포되어 재판을 받았고, 모든 과정에 전 언론과 대중의 관심이 쏠렸다에 대해서는 어떻게 생각합니까?

세이건 배심원들에 대한 많은 연구가 보여주는 사실인데, 사람들은 재판의 첫 발언에서 이미 마음을 정하고, 그 뒤에는 자신의 첫 판단을 지지하는 증거만을 선택적으로 골라서 기억하고, 그것과 반대되는 증거는 그냥 머리에서 지워서 기각할 때가 많다고 합니다. 전 O. J. 재판에서도 그런 일이 벌어진 게 아닌가 싶습니다.

잘못을 저지른 것은, 복잡한 과학적·수학적 논증을 보통 사람이 이해할 수 있는 방식으로 설명해주지도 않으면서 그런 증거에만 의지했던 검사들입니다. 그것은 대중에게 과학을 이야기할 때 무엇이 필요한지를 이해하지 못한 실수였습니다. 어떤 피가 O. J. 심프슨이 아닌 딴 사람의 피일 가능성이 1000억 분의 1이라는 말을 듣는다면, 그리고 지구 전체 인구가 55억 명밖에 안 된다는 말을 듣는다면, 더구나 그게 결정적인 한 방으로 작용하도록 의도된 말이라면…… 듣는 사람에게 확률 이론에 대한 기초적 이해가 없다면 검사 측은 그걸 차근차근 설명해줘야 할 의무가 있습니다. 동전을 던져서 한 면이 나올 가능성은 2분의 1이라는 것부터 확률이 지극히 낮은 사건에 대한 내용까지 말입니다.

마찬가지로 전 많은 배심원이, 그리고 많은 미국인이 DNA가 뭔지도 거의 모른다고 생각합니다. 그들은 DNA가 뭔지, DNA의 독특한 특징이 뭔지, 왜 DNA는 사람마다 다른지, DNA가 유전에서 맡는 역할은 뭔지에 대해서 약간의 배경지식을 알아야 합니다. 그런데 재판에서는 그런 이야기가 전혀 없었죠.

투데이 재판에서 그런 걸 알려줄 수 있을까요?

세이건 그럼요. 훌륭한 시각 자료를 동원해서 효과적으로, 유머러스하게 설명하면 됩니다. 당신이 하는 말을 아무도 이해하지 못할 거라면 과학적 증거나 수학적 증거를 대중에게 들려줘봐야 아무 소용 없습니다.

"전문용어를 쓰지 말라는 것입니다.
자신이 뭔가 이해되지 않을 때
스스로에게 속으로 말하듯이 하라는 겁니다"

투데이 당신은 그런 일을 누구보다 잘해왔죠.

세이건 동료들은 종종 비결이 뭐냐고 묻습니다. 많은 과학자가 자기 분야에서 연구자로서는 탁월하면서도 과학을 설명하는 데는 소질이 없다고 말하는데, 전 그 말을 믿지 않습니다. 비결은 하나뿐이라고 생각합니다. 바로 전문용어를 쓰지 말라는 것입니다. 자기 동료들에게 말하는 것처럼 하지 말라는 겁니다. 대신 자신이 뭔가 이해되지 않을 때 스스로에게 속으로 말하듯이 하라는 겁니다. 사람들에게 사실을 전문용어가 아닌 평이한 언어로 설명할 수 있어야 합니다. 청중의 지성을 존중하되, 단 그들은 당신처럼 전문교육의 혜택을 받은 사람은 아니라는 사실을 명심해야 합니다.

투데이 지성과 독창성을 지닌 사람을 찾아볼 때, 어떤 특징을 지표로 활용합니까?

세이건 그 사람이 열정과 경이를 품고 있는지를 살펴봅니다. 하지만 그것도 너무 지나치면 문제죠. 전 그 사람이 자기가 하는 말이 무슨 뜻인지를 아는지 살펴봅니다. 사람들은 어디서 읽은 내용을 회의적으로 따져보지 않은 채 무턱대고 읊는 경향이 있습니다. 하지만 제가 실제로 사람들을 만날 때 그들의 지성에 감명받는 경우는 드뭅니다. 그보다는 그들의 인정, 낙천성, 유머 감각에 감명받을 때가 훨씬 더 많습니다. 전 그런 것에 훨씬 더 끌립니다. 꽤 인상적인 수준의 지성을 갖지 못한 사람은 오히려 드뭅니다. 아이들도 마찬가지입니다. 사회가 그런 지성을 짓누르는 건 위험천만한 짓입니다. 비극입니다. 국가들 사이에도 일종의 다원주의적 경쟁이 벌어지는데, 자기 시민들의 지성을 짓누르는 나라는 장기적으로 잘되기 힘듭니다. 호기심, 경이감, 헌신적인 노력을 장려할 줄 아는 나라만이 경쟁에서 이길 겁니다.

투데이 우리가 비합리적 사고나 종교적 사고에서 얻을 통찰이 있을까요?

세이건 우리가 비합리적 사고를 할 수 있는 존재라는 통찰만큼은 비합리적 사고에서 얻을 수 있죠. 그것은 아주 중요한 일입니다. 모든 사회에는—예외가 없습니다—모종의 종교가 있습니다. 그 사실은 인간 본성에 대해서 무언가 중요한 점을 알려주죠. 그렇다고 해서 종교가 하는 말이 진실이라는 뜻은 아닙니다. 다만 인간에게는 공통의 욕구가 있다는 것, 그 욕구는 틀림없이 유전적 성향에 바탕을 두고 있으리라는 것, 종교는 성공적이든 아니든 그 욕구를 다루려고 노력하는 활동이라는 것을 말해줄 따름입니다.

투데이 의미 혹은 목적을 찾으려는 욕구일까요?

세이건 그것도 있고, 윤리 규범을 얻으려는 욕구도 있고요. 윤리가 없으면 사회가 존재할 수 없으니까요. 또한 공동체 감각, 자연과의 교감, 다른 사람들과의 교감을 느끼게 해주는 것. 의례, 음악, 미술, 시에 대한 감각. 종교는 여러 차원에 호소하고, 여러 욕구를 만족시킵니다. 종교가 이토록 널리 퍼져 있는 걸 보자면 그럴 수밖에 없습니다.

투데이 당신은 어린 아들이 있죠. 아들이 물려받을 세상에 대해서 느끼는 가장 큰 걱정은 무엇인가요?

세이건 너무 많습니다. 지역적·지구적 환경문제는 확실히 걱정됩니다. 인구과잉과 폭력도요. 어리석음도 걱정됩니다. 소비자주의, 그러니까 사람들이 생존 측면에서의 어떤 기준으로 봐도 필요 없지만 미국의 광고 문화가 미친 듯이 선전해대는 물건을 사는 데 몰두하는 경향도 걱정됩니다.

투데이 아들의 미래에 대해서 가장 신나는 점은 뭡니까?

세이건 과학이 끝없이 제공할 여러 편익들. 농업과 의학만 말하는 것이 아닙니다. 물론 그것들도 굉장히 다양하고 실용적인 이득을 주겠지만요. 제가 과학에서 제일 좋아하는 점은 그것이 우리에게 미래를 관리할 여지를 안겨준다는 것입니다. 과학은 헛소리 감지 도구입니다. 과학은 거기서 생겨나는 기술적 산물 때문만이 아니라, 하나의 사고방식으로도 꼭 필요합니다. 사람들이 그 점을 좀 더 널리 이해한다면 미래는 지금보다 훨씬 안전할 겁니다.

투데이 올더스 헉슬리는 1932년에 『멋진 신세계』를 썼습니다. 당신도 가령 100년 뒤의 세상에 대한 책을 쓸 생각을 해보셨습니까?

세이건 예언은 한물간 기술입니다.

투데이 헉슬리는 예언을 쓴 게 아니라 그저 정보를 모아서…….

세이건 글쎄요, 그 이상인 것 같은데요. 그는 우리가 반드시 피해야 할 미래 사회의 모습을 엿보게 하려고 그 글을 썼습니다. 그것은 경고의 이야기였죠. 그리고 그가 쓴 이야기 외에 다른 이야기도 많습니다. 앞으로 올 수 있는 끔찍한 미래의 가능성들은 이미 많습니다. 평생을 들여서 쓰더라도 다 못 쓸 만큼 많은 경고의 이야기들이 있을 겁니다. 아무튼 전 그런 것을 쓸 계획은 없습니다.

투데이 몇 년 전에 소설을 쓰셨죠. 왜 소설을 쓸 마음이 들었나요?

세이건 『콘택트』라는 소설인데요. 현재 조디 포스터가 출연하는 영화로 만들어지고 있습니다. 그것은 우리가 우주의 다른 문명이 보낸 진짜 전파 메시지를 처음으로 받아보는 이야기, 그런 사건에 대해서 지구의 사람들이 아주 복잡하고 다양한 반응들을 보이는 이야기입니다. 그걸 쓴 것은 〈사이언티픽아메리칸〉 독자와는 다른 청중에게 과학적인 개념을 전달할 수 있는 기회라고 여겼기 때문입니다.

또 소설을 써보면 재미있을 것 같기도 했고요. 그리고 이전부터 많은 사람이 제게 만일 우리가 그런 메시지를 받는다면 그 결과가 어떻겠느냐고 물었습니다. 그런데 고작 몇 문장만으로는 제가 생각하는 적절한 대답을 줄 수가 없었죠.

투데이　다른 곳에도 지적 생명이 있을 것이라고 예상합니까?

세이건　제 마음은 확실히 미정입니다. 외계 전파를 감시하는 것은, 지금까지 인류가 떠올린 질문들 가운데 가장 심오한 질문으로 꼽을 만한 것에 대해서 비교적 적은 비용으로 답할 수 있는 기회입니다. 그런 탐구가 중요하다는 것, 그리고 우리는 아는 게 적기 때문에 해보지도 않고서 결실이 없을 거라고 단정 지을 수는 없다는 것, 저는 여기에서 의욕을 느낍니다. 하지만 우주에 정말로 다른 존재가 있다고 확신하는 척은 하지 않겠습니다.

사이비 과학에 대처하는 법

플래토 〈토크 오브 더 네이션〉 '사이언스 프라이데이'입니다. 저는 아이라 플래토입니다. 천문학자 칼 세이건은 지난 약 20년 동안—경력의 상당한 부분을 차지하는 기간 동안—과학자가 아닌 사람들도 과학을 좀 더 쉽게 이해하고 자신과 관련된 것으로 느끼도록 만드는 데 노력해왔습니다. 바이킹 화성 착륙선의 대변인으로 전면에 나섰던 초기부터 퓰리처상을 받은 『에덴의 용』을 쓰고 기념비적인 TV 시리즈 〈코스모스〉를 제작하기까지, 세이건 박사는 과학이 미지의 것을 탐구하는 도구라는 사실을 알리려고 애써왔습니다. 과학은 우리가 사는 세상의 수수께끼를 합리적으로 조사하고 답을 찾는 데 쓸 도구라는 사실을 말입니다. 제일가는 과학 전달자인 칼 세이건이 오늘 저와 함께해서 왜 과학적 기법이 중요한지, 왜 그것이 그토록 우아하고 성공적인지, 왜 외계인이나 UFO나 초감

이 인터뷰는 1996년 5월 3일에 방송된 라디오 프로그램 〈토크 오브 더 네이션〉을 녹취한 것이다. 인터뷰어는 아이라 플래토로, 프로그램과 그의 소개는 「콜라 전쟁이 아니다」를 참조.

각적 지각을 믿는 사람은 비판적 사고를 내버리고 사이비 과학에 속아 넘어가는지를 이야기해줄 것입니다……. 자, 오늘의 손님을 정식으로 소개해볼까요. 지금까지 한 이야기 외에 칼 세이건에 대해서 무엇을 더 말할 수 있을까요? 직업적으로 그는 이타카에 위치한 코넬대학교의 데이비드 덩컨 천문학 및 우주과학 교수고, 헤아릴 수 없을 만큼 많은 상과 명예학위를 받았습니다. 퓰리처상도 받았고, 국립과학아카데미가 주는 최고로 영예로운 메달도 받았습니다. 그가 제일 최근에 쓴 책은 랜덤하우스에서 나온 『악령이 출몰하는 세상』입니다. 그런 그가 오늘 시애틀 KUOW 스튜디오에 나와주었습니다. 우리 프로그램에 오신 걸 환영합니다!

세이건 고맙습니다, 아이라. 저를 그렇게 좋게 소개해주셔서 고맙습니다.

플래토 좋게 말했다니요, 다 사실인걸요. 다 사실입니다! 어젯밤에 시애틀에서 (5월 2일 지진으로) 좀 흔들렸습니까?

세이건 네, 아주 재미있었습니다! 아시겠지만, 처음엔 그게 자기 내부의 문제인가 싶죠. 자기가 현기증이 나거나 메스껍거나 뭐 그래서 흔들리는 건가 하고요. 그러다 남들도 똑같은 증상을 겪는 걸 알고는 그제야 그것이 자기 머릿속의 문제가 아니라 외부의 문제란 걸 깨닫습니다.

플래토 자, 지금 회복 중이시죠?

세이건 적어도 제가 느끼기로는 이제 다 나았습니다. 전 운이 아주 좋았습니다.

플래토 좋아요, 잘됐습니다. 당신을 아프게 했던 병이 뭐가 됐든 이제 더 이상 당신을 공격하지 않는다니 잘됐습니다.

세이건 네, 맞아요. 다 사라졌습니다.

플래토 책 이야기를 좀 해볼까요. 저자가 책을 쓰기로 결심할 때는 보통 무언가에 대해서 아주 강한 감정을 느낄 때죠. 당신이 쓴 모든 책 중에서도 최신작인 『악령이 출몰하는 세상』은 당신이 무언가에 정말로 화가 났다는 걸 보여주는 것 같습니다. 사이비 과학과 합리적 사고의 부족에 대해서 말입니다. 제가 정확히 봤습니까?

세이건 음, 저는 확실히 걱정됩니다. 화가 났다는 것이 옳은 표현인지는 모르겠지만, 어쩌면 그럴지도 모르죠. 어쩌면 전 정말로 좀 화가 났는지도 모르겠습니다. 우리에게 이토록 훌륭한 도구가 있는데도, 마음껏 쓸 수 있는 강력한 정신적 도구가 있는데도 그걸 무시하는 사람이 이토록 많다는 데 말입니다. 단순한 지식 그 이상으로서의 과학은 하나의 사고방식입니다. 그리고 과학이 엄청나게 성공한 것은 오직 증거가 있을 때만 주장을 받아들이기 때문입니다. 그것도 설득력 있는 증거가 있을 때만. 기분 좋은 이야기냐 아니냐 하는 건 중요하지 않습니다. 사실이냐 아니냐가 중요할 뿐입니다. 하지만 물론 세상에는 기분 좋은 이야기를 원하는 사람들이 있습니다. 그건 얼마든지 이해됩니다. 하지만 만일 우리가 우주의 중심이 아니라는 걸 알게 되면, 혹은 우리가 신이 편애하는 대상이 아니라는 걸 알게 되면, 혹은 사후생이란 없고 사후생에 대한 증거도 없다는 걸 알게 되면 사람들은 기분이 잔뜩 거슬린 나머지 그런 문제에 관해서 과학이 하는 말은 아예 안 들어버립니다. 차라리 자신이 만들어낸 환상, 기분이 좋아지는 환상을 따르고 말죠.

"정말로 놀라운 일은 과학이
이토록 부실하게 가르쳐지고
이토록 부실하게 이해된다는 점입니다"

플래토 하지만 우리가 특별한 시기를 겪고 있는 것은 아닐까요? 어젯밤에 텔레비전 채널을 돌리다가 〈사이팅스Sightings〉라나 뭐라나 하는 쇼를 봤습니다. 심령현상, 외계인 납치, 기타 등등 당신이 책에서 말했던 갖가지 현상을 다루는 프로그램이 요즘 도처에서 마구 생겨나고 있습니다. 우리가 역사적으로 특이한 시기를 겪고 있어서 이전과는 달리 그런 것들이 어마어마한 인기를 누리는 것 아닐까요?

세이건 아니요, 전 그렇게 생각하지 않습니다. 세상을 그런 식으로 보는 시각은—즉, 사이비 과학, 미신, 근본주의적 광신을 받아들이는 시각은—인류 역사 내내 인간에게 존재했습니다. 그런 시각이 여태까지도 우리에게 있다는 건 그다지 놀라운 일이 아닙니다. 정말로 놀라운 일은 과학이—이토록 성공적이고 많은 면에서 우리 삶을 책임지고 있음에도 불구하고—이토록 부실하게 가르쳐지고 이토록 부실하게 이해된다는 점입니다. 우리가 중고차를 살 때 발휘하는 회의주의가 초감각적 지각이나 크롭서클Crop Circle이나, 성서에 적힌 말을 문자 그대로 해석하는 일이나 기타 등등에 대해서는 발휘되지 않을 때가 많다는 점입니다.

플래토 하지만 당신은 책에서 당신도 끔찍한 과학교육을 받았다고 말했습니다. 그런데 당신이 어떻게 됐나 보세요. 과학에 대한 흥미를 계속 간직했잖습니까. 다른 사람들도 그럴 수 있을까요?

세이건 그럴 수 있다고 확신합니다. 전 성장기였던 1930년대와 1940년대에 훌륭한 과학교육을 받진 못했습니다. 중학교와 고등학교에서 과학 수업을 많이 듣기는 했지만, 과학을 진정으로 이해하고 어떻게 가르쳐야 하는지 이해하는 사람들이 수행하는 진짜 과학을 접한 것은 대학에 들어가고 나서였죠. 어찌나 숨통이 트이던지요. 요즘 우리는 과학교육에 많은 돈과 시간을 들이지만 그것을 부적절한 방식으로 가르칠 때가 많습니다. 대체 왜 농구 코치가 화학을 가르치죠? 왜 과학을 책으로만 가르치고 실험실에서는 안 가르치죠? 왜 교사들은 똑똑한 아이들이 날카로운 질문을 던지는 걸 불편하게 느끼죠? 왜 학교의 농구·야구·풋볼 대표 팀 선수들은 이성의 호감을 끄는 멋진 재킷을 입는데 수학, 과학, 역사 등등에 뛰어난 아이들은 그런 멋진 재킷을 못 얻죠? 그런 결정을 누가 내리죠? 우리는 왜 일을 그런 식으로 처리하죠? 그리고 바로 여기에 문제의 속성에 관한 단서가 담겨 있습니다. 이 문제가 사회 전반에 흐르는 문제라는 점입니다. 미국의 거의 모든 신문은 매일 별자리 칼럼을 싣습니다. 하지만 일주일에 한 번이라도 과학 칼럼을 싣는 곳은 거의 없습니다. 일요일 오전에 전문가들이 나와서 떠드는 지루한 정치 프로그램에서 과학이 토론되는 걸 마지막으로 본 게 언제죠? 미국 대통령이 과학에 관해서 지적인 발언을 하는 걸 마지막으로 들은 게 언제죠? 이런 식입니다.

플래토 좋은 지적이라고 봅니다. 제 느낌으로는, 사람들은 과학에 대해서 말하고 싶어 합니다. 미지의 것에 대해서 흥미가 많습니다. 인간이 어디에서 와서 어디로 가고 있는가 하는 문제에 흥미가 많습니다. 그런데 그들이 그것과 조금이라도 비슷한 이야기를 들을 수 있는 건 요즘 방송되는 그 새로운 부류의 프로그램에서뿐이란 거죠.

세이건 맞습니다.

플래토 최소한 거기에는 사람들이 무언가를 보면서 마음을 넓히고 스스로 생각해볼 수 있는 기회가 있습니다. 설령 그것이 사이비 과학일지라도 말입니다.

세이건 제 경험상 아이들은 누구나 경이로움을 느끼는 능력을 갖고 있습니다. 유치원이나 초등학교 1학년 교실에서 가르쳐보면 최소한 경이감에 관한 한 그 방에 있는 모든 아이가 과학자입니다. 아이들은 아직 회의주의는 부족하지만, 그건 괜찮습니다. 그건 배울 수 있는 거니까요. 하지만 그 아이들이 고등학생이 되면, 제가 고등학교에서 고학년, 12학년들하고 이야기를 나눠보면, 그게 다 사라지고 없습니다. 후속 질문도 없고, 다른 친구들이 하는 말을 듣지도 않고, 자기 질문이 친구들 눈에 어떻게 비칠까만 걱정합니다. 마음은 닫혀버렸고, 경이감은 거의 사라지고 없습니다. 1학년과 12학년 사이에 뭔가 끔찍한 일이 학생들에게 벌어지는 것인데, 꼭 사춘기 때문만은 아닙니다. 1학년 때는 있었던 과학에 대한 흥미가 12학년이 되면 다 빠져나가고 없죠. 제가 생각하는 한 원인은, 아이가 꼬치꼬치 질문을 던지는 걸 불편하게 느껴서 면박을 주는 어른들이 있다는 것입니다. "달은 왜 둥글어요?" "그럼 둥글지 네모나겠냐?" 아이를 격려하기는커녕 이렇게 말하죠. 달이 왜 둥그냐는 건 심오한 질문입니다. 중력, 중심력, 물질의 강도에 관한 이야기로 이어질 수 있죠. 우리가 추구하기만 한다면 그 속에서 끌어낼 이야기는 매우 많습니다. 꼬마들이 묻는 다른 멋진 질문들도 마찬가지입니다. 우리는 왜 발가락이 있나요, 세상의 생일은 언제인가요, 땅에 구멍을 얼마나 깊이 팔 수 있나요, 기타 등등. 이런 질문은 모두 아이가 선천적 소질처럼 타고난, 과학에 대한 흥미를 넓혀줄 기회입니다. 이런 질문은 아이를 자극하고 격려해서, 꼭 전업 과학자가 되진 않더라도 과학을 책임감 있게 다룰 줄 아는 시민이 되도록 만들어줍니다. 우리는 과학기술에 의지하는 사회를 만들었으면서 동시에 거의 누구도 과학기술을 이해하지 못하게 만드는 상황을 구축했습니다. 이것은 뻔히 재앙으로 가는 처방입니다.

플래토　그러고서는 과학자들 혹은 과학에 관련된 사람들이 사물의 작동 방식이나 세상의 문제점에 대해서 설명해주기를 기대하죠. 그러나 한편으로 많은 사람은—과학자들이 '정부'를 위해서 일하거나 큰 대학들에서 돈을 받기 때문에—과학자의 말을 불신합니다. 그것도 정부가 뭔가를 은폐하려는 수작에 불과하다고 생각합니다. 또한 우리 시대 정치의 많은 부분이 과학의 세계로도 스며들었는데, 그렇게 된 지도 벌써 오래되었죠.

세이건　저도 이 말은 해야 한다고 생각합니다, 아이라. 우리 과학자들이—과학기술이란 워낙 강력하기 때문에—파괴의 도구를 제공한 건 사실이라고요. 어떤 의미에서 과학자들은 지구 문명을 파괴할 수 있는, 어쩌면 인류 전체를 파괴할 수 있는 핵무기에 책임이 있는 게 사실입니다. 과학은 오존층 파괴의 원인에도, 현재 벌어지는 지구온난화의 원인에도 결정적인 역할을 했습니다. 따라서—특히 과학자들이 언론에 나와서 자신들의 일을 직접 설명하지 않는 경우에는—사람들이 과학자를 불신하는 것도 어쩌면 당연합니다. 토요일 아침에 TV에서 방영되는 만화영화에 미친 과학자들이 자주 나오는 것만 봐도 알 수 있듯이, 아주 일반적인 시각입니다.

"질문을 살펴보기도 전에 기각해서는 안 됩니다.
후입견은 완벽하게 괜찮습니다.
하지만 선입견은 안 됩니다"

플래도 그리고 또 제가 느끼기에 과학자들은 가끔—당신을 두고 하는 말은 아닙니다—보통 사람들을 낮잡고 말할 때가 있습니다. 젠체하죠. 저도 저널리스트로서 그런 경우를 여러 번 겪었습니다만 그건 제 일이니까 괜찮습니다. 하지만 보통 사람들이 질문을 던질 때, 특히 그들이 잘 이해하지 못하는 현상에 대해서, 가령 초정상 현상의 영역에 속하는 일에 대해서 정말로 궁금해서 질문을 던질 때 과학자들은 그건 우리가 돈 들여서 조사할 내용이 아니라고 대답해버리곤 합니다. 왜 그따위 한심한 질문을 던지느냐, 우린 그딴 건 조사하지도 않을 거다, 그러고는 그냥 가버립니다. 선생님들이 학생들을 대하는 태도와도 비슷하게 말이죠. 당신이 책에서 대답했던 그런 문제들에 대해서 사람들이 과학자를 찾지 않는 건 이 탓도 있지 않을까요? 이런 질문들에 대답하지 않는 건 과학자들의 실수 같습니다.

세이건 이번에도 당신 의견에 동의합니다, 아이라. 일반적으로 과학자들의 태도는, 그런 질문이 물론 흥미롭고 중요하긴 하지만 지금껏 실시된 연구에 따르면 거기 뭔가 더 살펴볼 만한 내용은 없는 것 같다는 것입니다. 하지만 물론 이건 초감각적 지각에 관한 질문이 거들떠볼 가치도 없는 일이라고 말하는 것과는 천지 차이입니다. 어떤 과학자도 그렇게 말해서는 안 됩니다. 질문을 살펴보기도 전에 기각해서는 안 됩니다. 살펴본 뒤에만 기각할 수 있죠. 이건 말하자면 선입견과 후입견의 차이입니다. 제가 만들어낸 표현입니다만, 후입견은 완벽하게 괜찮습니다. 하지만 선입견은 안 됩니다. 과학계에는 늘 그런 질문을 기각하는 것을 넘어서 자신들의 일을 대중에게 설명하는 것 자체를 거부하는 사람들이 일부나마 있었습니다. 기원전 6세기의 피타고라스학파는 2의 제곱근이 무리수라는 사실을 발견했습니다. 아무리 큰 수들을 동원하더라도 그 값을 어떤 두 정수의 비로는 표현할 수 없다는 뜻입니다. 2의 제곱근이 무리수라는 정보는 즉시 일급비밀로 분류되었는데, 피타고라스학파의 한 사람이 실수로 그만 사람들에게 그 사실을 발설해버렸습니다. 그러다가 그가 탔던 배가 가라앉아서 그가 익사하자 에게 해 전역의 피타고라스학파 사람들은 고개를 끄덕이면서 이렇게 말했죠. "거봐, 신들이 나서서 과학의 대중화를 막아주셨군." 아니요. 전 과학자들에게—다른 이유가 없고 오직 이기적인 이유일 뿐이라도—자신들이 하는 일을, 과학의 즐거움과 힘을 대중에게 설명할 의무가 있다고 봅니다. 우리는 민주주의 사회에서 살고 있습니다. 민주주의 사회에서는 사람들이 정부의 활동에 대해서 의견을 피력할 수 있어야 한다고들 말하죠. 매일같이 과학에 관련된 문제들이 법률로 제정되고 있습니다. 그런데 만일 우리가 그런 문제를 이해하지 못한다면 어떻게 선거로 뽑은 대리인들에게 지시를 내리겠습니까? 에이즈, 암, 초전도 입자가속기, 노후한 기반 시설, 화성에 사람을 보내느냐 마느냐 하는 질문들, 유전공학과 수많은 의학적 문제들. 이런 질문들은 모두 과학과 관련됩니다. 우리는 스스로의 안위를 위해서라도 그런 문제들을 이해해야 합니다. 경제에 관련된 문제들도 있습니다. 요즘 신입 직원으로 뽑을 미국인들이 8학년 수준의 산수를, 혹은 그 외에도 품질 좋은 제품을 만드는 데 필요한 지식을 충분히 교육받지 못한 탓에 미국 땅을 떠나는 기업들이 있다고 하죠. 또한 우리 시대의 과학이 우리의 기원에 관한 가장 심오한 질문들에 접근할 수 있게 되었다는 점도 빼놓을 수 없습니다. 모든 인류 문화가 관심을 가져왔고 어느 정도의 자원을 들여서 살펴보았던 질문들 말입니다. 우리는 어떻게 생겨났을까? 생명은 어떻게 생겨났을까? 지구는 어떻게 생겨났을까? 우주는 어떻게 생겨났을까? 우리는 이런 질문에 대해서 예비 단계의 대답을 알게 되었습니다. 목석으로 만들어진 사람이 아니고서야 이런 문제에 손톱만큼이라도 흥미가 없는 사람은 없습니다. 사람들은 이런 질문에 대해서 잠정적인 답이라도 알게 된 것을 아주 고맙게 여깁니다. 그리고 마지막으로, 회의적이고, 의문하고, 권위자의 말을 무턱대고 받아들여서는 안 된다고 말하는 과학의 태도는 민주주의가 제대로 기능하기 위해서 요구하는 정신적 태도와 거의 같습니다. 과학과 민주주의는 서로 공명하는 가치와 접근법을 갖고 있기 때문에, 전 우리가 어느 한쪽 없이 다른 한쪽만 가질 수 있다고 생각하지 않습니다.

플래토 위스콘신 주 주노의 청취자 마이크를 연결해보겠습니다.

마이크 안녕하세요, 아이라, 고맙습니다. 세이건 씨, 마침내 이렇게 말씀 나눌 수 있어서 기쁩니다. 몇 년 전에 이타카의 우주과학 건물에서 잠깐 뵌 적이 있었는데요, 저는 언론에 저 같은 사람을 위한 과학 기사가 충분히 노출되지 않는다는 당신의 의견에 전적으로 동의합니다. 그리고 뉴스의 깊이도 너무 부족하다고 생각합니다. 하지만 제가 몇 년 전에 당신에게 묻고 싶었던 것 그리고 지금 물을 것은 아주 개인적인 질문입니다. 이 모든 것의 영적인 기원에 대해서 어떤 믿음을 갖고 계십니까? 달리 말해, 당신 같은 과학자들은 우주의 기원에 대해서 불가지론 혹은 무신론을 믿을 때가 많다는 이야기를 자주 읽었는데요. 그리고 둘째, 제 매형이 공군에서 기밀 업무를 맡는 사람인데요, 제 질문은 당신이 UFO에 대해서 어떻게 생각하느냐 하는 겁니다. 매형이 제게 로즈웰 사건에 대해서 이것저것 말해줬지만 제가 여기서 그걸 밝힐 순 없는데요, 아무튼 그 사건에 대해서 당신이 뭔가 의견이 있지 않을까 해서요.

세이건 글쎄요. 1947년에 뉴멕시코 주 로즈웰 근처의 어느 목장에 웬

로즈웰 사건 당시 미확인 비행체의 잔해를 조사 중인 제시 마르셀 소령(1947)

물체가 내려앉았습니다. 공군 쪽 사람들이 그것을 수거해 갔죠. 공군은 사람들에게 그 일에 관해서 함구하라고 말했던 모양입니다. 이후 세월이 흐르자, 그 물체는 추락한 외계 우주선의 일부였고 함께 추락했던 작은 외계인 시체들은 오하이오 공군기지로 옮겨져서 여태까지 그곳 냉동고 속에 이빨까지 완벽히 보존된 채 얼어 있다는 소문이 나돌았습니다. 하지만 실제로는 그게 아니라, 공군이 불과 두어 해 전에야 너무 늦게 밝혔듯이, 그것은 소련의 핵무기 폭발을 지구 반대편에서 감지할 수 있도록 설계한 음향 장치를 갖춘 풍선이 대류권계면에서—성층권이 시작되는 고도를 말합니다—폭발한 잔해였던 것으로 보입니다. 대류권계면에는 그런 폭발을 쉽게 감지할 수 있는 음향 채널이 존재하니까요. 그것은 미국의 안보에 대단히 중요한 문제였으므로 합당히 기밀로 분류되었습니다. 당시 신문에 실렸던 사진을 보면 폴리에틸렌 같은 재질로 된 얄팍한 비닐과 발사 나무가 보이는데요, 그건 발전된 외계 문명의 우주선 재료라고 보기는 어렵지만 풍선이라고 보면 완벽하게 말이 됩니다. 뉴멕시코 로즈웰에는 UFO 박물관이 두 개 있다고 알고 있습니다. 뉴멕시코 로즈웰에 관한 이야기를 지어내서 돈을 벌든 신문에 이름이 나든 지루한 일상에서 잠시나마 벗어나든 그건 당신 마음입니다. 매형이 무슨 이야기를 들려줬는지는 모르겠지만, 저라면 그걸 크게 에누리해서 듣겠습니다.

플래토 UFO를 안 믿는다는 뜻입니까?

세이건 글쎄요, 믿는다는 게 무슨 뜻입니까? 이 문제는 첫 번째 질문과 연관되는데요, 믿는다는 게 과연 무슨 뜻일까요? 만일 증거에 설득력이 있다면 우리는 그것을 믿습니다. 증거에 설득력이 없다면 믿지 않습니다. 판단을 미룹니다. 그리고 UFO는 미확인비행물체의 준말일 뿐입니다. 우리가 하늘에서 뭔가를 목격했는데 그게 뭔지 모르겠다면, 제가 생각할 때 그건 그냥 그겁니다. 뭔지 모르겠다는 거. 그렇다고 해서 자동적으로 그게 외계에서 날아온 우주선이 될 까닭은 없습니다. 대부분의 UFO 목격담은 무척 시시한 해석으로 다 설명됩니다. 사람들은 곧잘 하늘에서 낯선 자연현상을 목격합니다. 천문학자들이 목격했던 사례들도 포함됩니다. 또 가끔은 일부러 거짓말을 하는 사람들도 있고 환각을 보는 사람들도 있습니다. 그리고 사람들 중 25퍼센트는 환각을 본다고 합니다. 그러니까 다른 설명은 아주 많습니다. 우리는 이런 설명들을 몽땅 기각한 뒤에야 외계인이 방문했을지도 모른다는 가능성을 진지하게 고려해볼 수 있습니다. 세상에 외계 생명의 존재 가능성에 저보다 관심이 많은 사람은 없을 겁니다. 전 다른 행성으로 우주선을 보내서 외계 생명을 찾아보는 일에 관여했고, 대형 전파망원경을 써서 다른 별의 행성에 있는 다른 문명이 보낸 신호를 듣는 일에도 관여하고 있습니다. 만일 외계인이 지구에 와 있다면 제가 수고를 얼마나 덜게 되겠습니까. 설령 외계인에게 납치되었다고 주장하는 사람들이 말하는 것처럼 그들이 땅딸막하고, 음침하고, 섹스에 집착하는 존재일지라도 말입니다.

(일동 웃음)

"자연법칙을 신이라고 부르는 것이라면
그야 물론 신은 존재합니다. 모든 문제는
신을 어떻게 정의하느냐에 달려 있습니다"

플래토　이러다가 이 주제로 30분을 이야기하게 될 것 같으니까 청취자의 질문 중 첫 번째 문제로 돌아갑시다. 당신의 개인적 신앙에 관해서요.

세이건　좋습니다. 전 신의 존재라는 문제도, 그리고 우주의 창조라는 문제도 정확히 같은 방식으로 다룹니다. 증거가 뭡니까? 신이라는 단어는 서로 다른 폭넓은 개념들을 묘사하는 말로 쓰입니다. 흰 수염을 길게 기르고 하늘의 권좌에 앉아서 지상에 떨어지는 참새를 일일이 헤아리는 흰 피부의 남자를 가리키는 말로도 쓰이고—여기에 대해서는 증거가 전혀 없습니다만—아인슈타인과 스피노자의 견해를 가리키는 말로도 쓰입니다. 후자는 사실상 자연법칙의 총체를 신으로 간주하는 견해지요. 자연에는 분명 법칙이 존재하고, 놀랍게도 멋지고 방대한 우주 전체에 똑같은 자연법칙이 적용되니까, 만약에 우리가 그런 자연법칙을 신이라고 부르는 것이라면 그야 물론 신은 존재합니다. 따라서 모든 문제는 신을 어떻게 정의하느냐에 달려 있습니다. 마지막으로 하나 더. 우주의 기원에 대해서 물었는데요, 그러나 그것은 애초에 답을 가정한 질문입니다. 즉, 우주의 기원이 존재한다고 가정한 질문입니다. 하지만 어떤 우주론 모형에 따르면 우주의 나이는 무한하다고 합니다. 따라서 우주는 창조된 것이 아니고, 고로 창조자가 할 일이 없습니다. 그러니 저는 이렇게 심오하고 까다로운 문제에 있어서는 신학자든 과학자든 자신들의 한계를 명심해야 한다고 생각합니다.

플래토 칼, 『악령이 출몰하는 세상』을 읽으면 독자는 이런 생각이 들 수 있습니다. '이 칼 세이건이라는 사람은 과학자들만이 올바른 답을 안다고 믿는 것 같군. 답은 딱 하나뿐이고—즉, 과학뿐이고—무엇이 옳은 답인지는 과학자들만 안다는 거지.' 이렇게 생각하는 게 제대로 읽은 걸까요?

세이건 글쎄요, 그건 과학이라는 단어를 무슨 뜻으로 사용하느냐에 따라 달라질 텐데요. 만일 과학을 인간의 오류 가능성을 염두에 두는 태도, 지식에 대한 주장을 회의주의적으로 평가하는 태도를 뜻하는 말로 쓴다면 전 과학이 유일한 방법이라는 데 동의합니다. 하지만 그것은 대단히 넓은 의미의 정의입니다. 과학(사이언스)이라는 단어는 사실 라틴어로 지식이라는 뜻일 뿐입니다. 우리는 그것을 대단히 박식하거나 난해한 무엇으로 여겨선 안 됩니다. 제가 생각하는 과학의 핵심은 비판, 토론, 개방적인 탐구, 지식을 체계화하려는 태도, 설득력 있는 증거가 나올 때까지는 믿음을 미루는 태도, 비판에 진지하게 귀 기울이는 태도입니다.

"과학은 가장 존경받는 인물의 견해를
반증한 사람에게 제일 큰 보상을 안깁니다"

플래토 그렇다면 이런 비판이 있는데요. 많은 과학자가, 왜냐하면 그들도 결국 인간이고 인간 고유의 결함을 갖고 있기 때문에, 마음이 닫혀 있고 새로운 생각에 귀 기울이지 않아서 당신이 그러면 안 된다고 말한 바로 그런 종류의 사람에 가깝다는 것입니다. 당신도 분명 그런 과학자를 몇 알 것 같은데요.

세이건 물론 압니다. 과학자도 인간이죠. 누구나 아는 사실입니다. 과학자도 인간 고유의 결함을 갖고 있죠. 하지만 과학이 이토록 잘 통하는 것은 모든 과학자가 함께 작업하는 공동의 과정 덕분입니다. 네, A라는 과학자가 어떤 이론을 내놓고 거기에 구제불능으로 집착할 수는 있습니다. 그리고 B라는 과학자는 A를 질투해서든 아니면 그냥 야심이 많은 사람이라서든, 그 밖의 어떤 이유에서든 A의 이론을 비판할 수 있습니다. 하지만 A와 B가 그렇게 논쟁을 시작하는 바람에 다른 과학자들도 참여하면 그것은 이제 진실을 이해하고 알아내는 계기가 됩니다. 과학은 가장 존경받는 인물의 견해를 반증한 사람에게 제일 큰 보상을 안깁니다. 종교는 정확히 그 반대죠. 종교는 가장 존경받는 인물에 대해서 비판이 제기되기를 바라지 않습니다. 과학은 그렇게 발전합니다. 역학과 중력에 관한 아이작 뉴턴의 견해가 궁극적으로는 타당하지 않다고 반증한 사람이 바로 알베르트 아인슈타인 아니겠습니까. 뉴턴은 어마어마하게 존경받는 인물인데, 아인슈타인이 존경받는 인물이 된 것은 그 뉴턴이 틀렸다는 걸, 최소한 변수들이 어떤 영역을 넘어선 상황에서는 틀렸다는 걸 증명한 덕분입니다. 과학이 앞에서 말했던 미덕들을 갖춘 집단적 사업이라는 것은 바로 이런 뜻입니다. 물론 과학자 개개인에게는 모든 인간이 그렇듯이 흠이 있습니다.

플래토 그리고 과학자들은 서로 의견이 다를 때는 무척 잔인해지기도 합니다. 제가 구체적으로 염두에 두는 사례는 지난 7년 동안 진행되었던 상온 핵융합 연구인데요, 거기에 뭔가 특별한 현상이 있다고 믿어서—핵융합은 틀린 표현일지도 모르겠습니다만—, 아무튼 그 작은 병들 속에서 뭔가 특별한 일이 벌어진다고 믿어서 지하실에서 은밀히 연구했던 사람들은 누가 되었든 가차 없이 과학계에서 배제되고 블랙리스트에 올랐죠. 그래서 그런 사람들은 비밀리에 연구하거나 아니면 유럽으로 옮겨야 했고, 미국에서는 특허를 받을 수 없으니까 유럽에 가서 특허를 내야 했습니다. 동료들과의 교류로부터 사실상 완벽하게 단절되었죠.

세이건 하지만 세계 과학계는 아직 그 연구를 추진하고 있고 독일과 일본 회사들이 자금을 두둑하게 지원하고 있으니까 만약 거기에 뭔가 발견될 게 있다면 결국에는 발견되고 말 겁니다. 전 그게 잔인함의 문제라고 보지 않습니다. 애초에 충분한 증거가 없는 주장이 제기되었고, 그래서 그것이 반증되었고, 그 과정이 씁쓸한 뒷맛을 남겼던 것뿐입니다. 몇몇 과학자가 지나치게 나아가서 그것과 조금이라도 비슷한 연구는 무조건 다 헛소리고 사기라고 말하긴 했지만…… 아무튼 상온 핵융합이 벌어졌다는 생각, 중성자와 감마선이 생성되었다는 생각, 투입한 에너지보다 더 많은 에너지가 발생했다는 생각은 아주 의심스럽습니다.

플래토 하지만 과학자들이—믿을 만한 과학자들이—살펴볼 게 있다는 데는 동의하시는 거죠.

세이건 네, 뭔가 있긴 하죠. 하지만 문제는 그것이 과연 무엇인가입니다. 그리고 많은 사람은 그것이 핵물리학의 영역이 아니라 화학의 영역에 속하는 현상이라고 생각합니다.

플래토 과학자들이 취하는 방향에 문화가 얼마나 영향을 미치나요? 상온 핵융합 말고 다른 사례를 이야기해도 됩니다. 만일 그 문화가 가령 신체 전이나 뭐 그런 걸 믿는 동양 문화라면, 영매가 가능하다고 믿는 문화라면 그 문화에서는 "이봐, 우리 저 방향을 한번 살펴보자고. 과학적 기법으로 저 현상을 증명하거나 반증해보자고"라고 말하지 않을까요? 서양 문화에서는 전혀 다른 접근법을 취할 텐데 말입니다.

세이건 맞습니다. 그리고 그것은 아주 건전한 일입니다. 하지만 신체 전이에 대한 주장은—그게 뭔지도 잘 모르겠지만 아무튼 당신이 염두에 두는 그 현상에 대한 주장은—철저한 회의주의자들마저 만족시켜야 합니다. 그들을 확신시켜야 합니다. 설득력 있는 증거가 있어야 합니다. 요컨대 과학자들이 어떤 주제를 추구하느냐 하는 것은 분명 복잡한 과정입니다. 거기에는 문화적 태도, 개인적 야망, 자기 생애 내에 해결 가능한 주제를 고르고 싶은 마음, 그 밖에 많은 요소가 관여합니다. 하지만 무엇이 되었든 그 주제에서 진전을 이루려면 과학자는 설득력 있는 증거를 내놓아야 합니다. 그것이 과학의 핵심입니다.

플래토 미국에서 진행되는 물리 연구에 대해서만 말하더라도, 당신은 지금까지 발표된 여러 인터뷰에서 이를테면 UFO 같은 문제에 대해 과학자로 구성된 재판정은 고사하고 법정조차 설득할 수 없을 거라고 말했죠. 하지만 이런 가설적 상황은 어떻습니까. 제가 두 가지 연구 분야를 비교하려고 합니다. 제가 장담하는데, 법정을 설득한다는 당신의 발상을 적용해서 제가 배심원들에게 가령 초끈물리학의 이론을 믿느냐고 묻는다면, 즉 24차원에 존재하는 무엇이 4차원이나 10차원으로 붕괴하느니 마느니 하는 말을 믿느냐고 묻는다면 배심원들은 UFO를 봤거나 봤다고 주장하는 수천 명의 증언보다 그런 괴상한 개념의 타당성을 믿는 걸 더 어려워할 겁니다.

세이건 그럴지도 모르죠. 하지만 끈 이론은 아직 확실히 사실로 인정되는 이론이 아닙니다. 오스틴에 있는 텍사스대학교의 스티븐 와인버그Steven Weinberg, 1933~처럼 아주 저명한 물리학자인데 끈 이론을 의심하는 사람도 있죠. 끈 이론에 대해서 우리가 최대한 말할 수 있는 것은 그 이론이 유망하다는 것뿐입니다. 하지만 물론 세상에는 무작위로 선발한 배심원들이 이해하기에는 너무 어려운 전문적 내용이란 게 있습니다. 그건 가령 불법행위법이나 그 밖의 문제에서도 마찬가지입니다. 정확히 그 이유 때문에 우리가 배심원을 전문가 중에서 골라야 하는 상황, 아니면 거꾸로 배심원이 아니라 판사를 전문가로 골라야 하는 상황이 있습니다. 하지만 어떤 문제가 복잡하다고 해서 그것이 좀 더 명확한 문제가 되거나 거꾸로 덜 명확한 문제가 되는 건 아니죠.

플래토 시애틀의 피트를 연결해보겠습니다. 안녕하세요, 피트!

피트 안녕하세요. 제 전화를 받아주셔서 고맙습니다. 세이건 씨, 전 당신의 열렬한 팬입니다. 사실 전 당신이 지금 있는 스튜디오에서 불과 몇 마일 떨어진 곳에 있답니다. 아무튼 제가 말하고 싶은 건, 비판적 사고의 부족이 사실상 거의 모든 악의 근원이라는 겁니다. 성공적인 비판적 사고는 비단 과학적 주제에만 적용되는 게 아닙니다. 삶의 모든 부분에 적용됩니다. 사회적 행동, 경제, 도덕, 윤리, 온갖 것들에 말입니다. 제가 궁금한 건, 아마도 학교에서, 모든 사람에게 비판적 사고를 좀 더 조직적으로 가르치기 위해서는 어떤 노력을 해야 할까 하는 겁니다. 전 그런 노력이 큰 도움이 되리라고 생각합니다.

"최소공통분모를 끌어올린다"라는 유행어는 가급적 쓰고 싶지 않지만, 아무튼 우리가 추구할 목표는 그런 거라고 생각합니다. 모두가 다 함께 정신을 더욱 발달시키도록 진화하는 것 말입니다. 현재는 그런 노력이 중단된 것처럼 보입니다.

세이건 네. 문제의 일부는, 우리가 젊은이들에게 비판적 사고를 가르치면 그들이 정치제도를 비판하기 시작할 거라는 건데요…….

피트 그건 좋은 일이죠!

세이건 ……그리고 종교 제도도요…….

피트 그것도 좋은 일이죠!

세이건 ……네, 하지만 그러면 권력을 쥔 사람들은 이렇게 말할 겁니다. "맙소사, 우리가 무슨 짓을 저질렀지?"

피트 전 그 교육과정에서 권력자들도 학생으로 받아들여야 한다고 생각하는데요.

세이건 네, 하지만 제 생각에 권력자들의 입장에서는 비판적 사고에 반대하는 게 제게 유리할 겁니다.

피트 네, 확실히 그렇죠.

세이건 만일 우리가 비판적 사고에 대한 이해를 향상시키고 그것을 제2의 천성처럼 개발하지 않는다면, 우리는 누가 되었든 다음번에 나타나는 돌팔이에게 대뜸 속아 넘어가는 봉이 되고 말 겁니다. 세상에는 돌팔이가 아주 많죠. 비판적으로 사고할 줄 모르는 사람을 속여서 권력과 돈을 뜯어낼 방법은 아주 많습니다. 따라서 당신의 제안은 꼭 필요한 일입니다. 하지만 제도적 장애물이 워낙 많기 때문에, 그걸 실제로 해내는 건 아주 어려운 일일 것입니다.

"사람은 완벽하지 않기 때문에
많은 경우 우리는 뭐가 옳은지를 정확히 모릅니다.
다양한 견해를 내는 것은 꼭 필요합니다"

플래토 사람들은—어릴 때부터 거의 평생 그래왔기 때문에—흑백 문제에만 익숙해져 있는 것 같습니다. 틀렸거나 옳거나, 이기거나 지는 양자 간의 문제, 승자와 패자가 있는 문제에만 말입니다. 회색 영역이 있는 문제, 한 질문에 대해서 여러 답이 있을지도 모르는 문제는 선뜻 받아들이지 못하는 것 같습니다.

세이건 맞습니다. 모호한 것을 참지 못하는 경향이 있습니다. "여러 대안을 내놓지 말고 뭐가 맞는지만 딱 말해요" 하는 식입니다. 하지만 사람은 완벽하지 않기 때문에 많은 경우 우리는 뭐가 옳은지를 정확히 모릅니다. 따라서 다양한 견해를 내는 것은 꼭 필요합니다. 더 나아가 만일 우리가 자신의 견해와는 반대되는 견해에 직면한다면, 그것을 자신의 견해를 시험하는 계기로 삼아서 자신의 주장이 버텨내는지 알아보면 됩니다. 만일 버티지 못한다면 왜 그딴 의견을 계속 고집하고 싶겠습니까?

플래토 전화 주셔서 고맙습니다, 피트. 세이건 박사, 사회적·정치적 활동가로서의 과학자는 다 어디로 갔죠? 라이너스 폴링Linus Pauling, 1901~1994. 화학결합 연구로 노벨화학상을 받은 폴링은 제2차 세계대전 후 핵실험과 전쟁 반대 운동에 적극 나서서 1962년 노벨평화상도 받았다은 이제 우리 곁에 없습니다. 폴 에를리히Paul R. Ehrlich, 1932~는 예전보다 좀 더 활동적으로 나서긴 합니다. 그리고 당신이 있죠. 당신은 정치적으로 활동적입니다. 적어도 사회적으로 활동적입니다. 무언가 말해야 할 것이 있다고 생각할 때는 나서서 말합니다. 하지만 사람들이 그 이름을 쉽게 떠올리고, 활용하고, 그 주변에서 결집할 수 있는 과학자의 롤모델은 좀처럼 눈에 띄지 않습니다. 순전히 과학적인 주제에 대해서도 말입니다.

세이건 글쎄요, 전 그런 사람이 많이 있지만 주목을 별로 못 받는다고 생각합니다. 예를 들어 MIT의 테드 포스톨Theodore A. Postol, 1946~이 있습니다. 민간 과학자였던 그는 합동참모본부와 함께 패트리어트미사일을 점검했죠……. 그 결과, 이라크 스커드미사일 요격률이 엄청나다고 선전했던 제조업체의 주장과는 달리 실제 요격된 이라크 스커드미사일은 한 대도 없는 것 같다는 증거를 내놓았습니다. 단 한 명의 과학자가 그런 일을 해낸 겁니다. 우연히도 군사 장비에 전문성이 있었던 그가 오로지 양심에 따라서 그들을 고발하기로 마음먹은 겁니다. 그 밖에도 내부 고발자는 많습니다. 담배 산업에서도 양심을 지닌 과학자가 몇 나타나기 시작했죠. 그런 예는 많이 찾아볼 수 있습니다. 하지만 가령 라이너스 폴링이 연관되었던 주제는 대중의 건강과 생사에 결정적인 주제였죠. 폴 에를리히도 마찬가지고요. 이라크 걸프전에서 스커드미사일이 격추되었느냐 아니냐 하는 문제보다는 대중의 관심을 더 많이 끌 만한 주제를 다뤘죠.

플래토　브루클린의 래리를 연결해봅시다. 안녕하세요, 래리.

래리　네. 안녕하십니까, 박사님! 전 당신의 의견에 전적으로 동의합니다. 제가 약간 열변을 토해보자면, 요즘 TV에서, 가령 〈사이킥 핫라인Psychic Hotlines〉 같은 프로그램에서 보여주는 신비한 현상을 곧이곧대로 믿는 사람이 많아지는 실정은 도저히 못 믿을 일입니다. 바이마르 시대 독일에서도, 심지어 소련 붕괴 후 오늘날의 러시아에서도 그런 믿음이 엄청나게 증가했습니다. 사회적·정치적 문제를 비판적으로 사고하는 능력의 부족과 전체주의/파시즘 사이에 연관성이 있다고 보십니까?

세이건　확실히 그렇다고 봅니다. 뭐니 뭐니 해도 독재자는 사람들이 자기 말을 비판적으로 평가하길 원하지 않죠. 사람들이 자기 말을 곧이곧대로 받아들이고 믿고 따르기를 바랍니다. 가령 히틀러가 했던 말을 보면, 그는 과학이란 그저 하나의 관습일 뿐이고 사실도 하나의 관습일 뿐이라는 의견을 명확히 밝혔습니다. 그리고 자신의 체제에서는 사람들이 그와는 다른 관습을, 즉 의지의 관습을 채택할 것이고, 총통이 품은 의지를 무조건 사실로 간주할 것이며, 그 문제는 증거와는 아무 관련이 없다고 말했습니다. 요즘 과학도 다른 신념 체계보다 더 타당할 것 없는 하나의 신념 체계에 불과하다는 생각이 유행하는 데에는 틀림없이 전체주의의 기미가 있습니다.

래리 무서운 일입니다. 그리고 아이들에게 과학을 가르치는 일에 대해서 간단한 질문이 하나 더 있습니다. 과학에 실체와 생명을 부여하는 문제에 관한 질문이에요. 우리는 아이들을 가르칠 때 두 자석이 서로를 잡아당긴다고 말합니다. 아니면 전자electron가 이것 아니면 저것을 원한다고 말합니다. 자석을 의인화해서 (잠시 혼선) 인간적인 속성을 말합니다. 장場이란 무엇인가 하는 질문에 대해서라면, 철 가루를 뿌려서 알려줍니다. 사실 그것은 시각적 표현에 지나지 않는데 말입니다. 실제 전자를 보여주는 건 아니죠. 우리가 정말로 전자를 느끼거나 냄새 맡는 건 아니죠. 그저 전자가 미터기, 장치, 측정 기기에 작용한 효과로만 그 존재를 알 뿐입니다. 그것은 가상의 개념인데도 우리는 일상 언어에서 전자가 어떻다 자기장이 어떻다 하고 말합니다. 그리고 시각적 표현을 실체로 간주하는 건, 논리학의 표현을 빌리자면, 실제의 길과 지도를 혼동하는 것이나 마찬가지입니다. 이 문제를 초등학교와 고등학교 수준에서 어떻게 다뤄야 할까요? 어렵습니다.

세이건 퍽 동의합니다. 저는 전자가 다른 전자를 밀어낸다, 지구가 소행성을 잡아당긴다, 그런 식으로 말하는 게 잘못이라고는 생각하지 않습니다. 그것은 생각의 편의를 돕는 한 방편입니다. 하지만 더 나아가 지구에게 마음이 있어서 소행성에게 흑심을 품는다느니, 지구가 소행성을 잡아당기는 건 그런 뜻이라느니 하는 식으로 생각하기 시작한다면 그건 전혀 다른 얘기죠.

래리 하지만 전문가인 과학자들조차도…… 철 가루를 뿌려놓고는 그걸 가리켜 '장'이라고 말합니다.

세이건 장의 표지죠. 패러데이-맥스웰 장이론은 엄청나게 생산적인 이론이었고, 세상을 아주 잘 설명합니다. 그게 우리가 그 이론에 요구할 수 있는 전부입니다.

래리 하지만 그보다 더 나아가서 "나는 전자를 봤어" 하고 말해선 안 되죠. 아무도 전자를 본 사람은 없는걸요.

세이건 하지만 보세요, 가령 우리가 책을 집는다면 뭔가 단단한 실체가 있다고 느낍니다. 거기서 뭘 더 추론할 필요는 없죠. 하지만 실제로는 우리가 책을 직접 만지는 게 아니거든요. 우리

손가락의 전기장이 책의 전기장과 상호작용을 일으키는 것일 뿐 실제 물리적 접촉은 없습니다. 하지만 그건 상식에 워낙 위배되는 이야기이기 때문에 그대로 가르칠 수는 없습니다. 우리가 아는 모든 지식에는 실재로부터의 이런 추상화가 존재합니다. 하지만 우리가 과학에 바라는 건, 그것이 우리가 보는 실재를 예측 가능한 수준으로 설명해주는 것뿐입니다. 그것이 정말로 궁극의 진실인가 하는 건 어쩌면 인간의 능력을 벗어난 문제일지도 모릅니다. 궁극의 진실이라는 표현에 조금이라도 무슨 의미가 있다면 말입니다만.

"사람들은 세상이 우주 고유의 실재에 따르기보다는
자신의 바람에 순응하기를 바라죠"

플래토　가장 큰 패러다임 전환의 일부는—패러다임 전환, 이거 참 멋진 표현이죠—, 즉 사회의 가장 큰 변화의 일부는 어떤 사건을 대중매체를 통해서 사람들에게 널리 알린 데서 생겨났습니다. 스리마일 섬 사건은 핵 산업에 나쁜 뉴스였겠지만, 아마 그 사고 자체보다 더 나쁜 건 영화 〈차이나 신드롬〉이었을 겁니다. 1979년 3월 28일 미국 펜실베이니아 주 스리마일(Three Mile) 섬에서 원전 사고가 발생했다. 영화는 사고 두 주 전 개봉했는데, 원자로에 멜트다운이 일어나면 그 여파가 지구 깊숙이까지, 심지어 반대편 중국에까지 미칠 것이라는 가설을 바탕으로 한 이야기여서 대단히 주목을 끌었다. 여기선 그 황당한 가설이 대중에게 그릇된 이해를 안긴 점을 비난하는 것이다. 대중 영화와 문화는 사람들의 견해를 바꿀 수 있습니다. 영화 〈E. T.〉 이후에 사람들은 우주의 다른 생명에 대해서 이야기하기 시작했죠. 당신은 과학에 대한 책을 많이 썼습니다. 〈사이언티픽아메리칸〉이 몇 부나 팔리나 그런 것과는 무관하게 여전히 텔레비전이—〈코스모스〉 시리즈는 그런 종류 중에서 가장 근사하고 인기 많은 시리즈였죠—, 즉 대중매체가 과학에 대한 사람들의 견해에 영향을 미치는 수단이라고 믿습니까?

세이건 텔레비전은 엄청나게 유용하고, 강력하고, 활용이 덜 되는 매체라고 생각합니다. 텔레비전은 사람들에게 과학에 대한 흥미를 일깨울 수 있고, 경이감을 일으킬 수 있고, 과학적 사실을 가르칠 수 있습니다. 하지만 주로 사람들을 일깨워서 그들이 다른 데서 스스로 좀 더 공부하도록, 아니면 강의를 듣도록 이끄는 역할이라고 봅니다. 전 〈코스모스〉가 그렇게 성공할 줄은 상상하지 못했습니다. 전 세계 60개국이 넘는 나라에서 5억 명이 넘는 사람들이 시청했고, 아직도 시청하고 있습니다. 시청자들은 여태 제게 편지를 보내오고, 길에서 저를 불러 세웁니다. 그러고는 그 시리즈가 자기 인생을 바꿨다고 말합니다. 특히 여자들이 그렇습니다. 이전에는 과학은 여자가 할 일이 아니라는 소리만 들었고 여자들은 과학을 하기에는 너무 멍청하다는 소리만 들었는데 〈코스모스〉를 보고 과학에 흥미가 생겨서 다시 공부하기 시작했고, 그래서 지금은 해양학자가 됐다, 미생물학자가 됐다, 그 밖의 뭐가 됐다고 말합니다. 사회는 사람들을 과학으로부터 멀어지게 만드는 경향이 있습니다. 특히 중학교와 고등학교에서, 과학에 충분히 적성이 맞는 아이들이 과학에서 멀어집니다. 우리는 과학을 좀 무서워합니다. 한 이유는 과학은 무엇이 틀렸는지를 똑똑히 보여준다는 것입니다. 우리가 뭐라고 지껄이든 그 말이 다 맞을 수도 있는 다른 몇몇 분야와는 달리 과학에서는 우리가 확실한 잘못을 저지를 수 있죠. 그리고 과학에서는 사실을 근거로 들면서 우리 견해를 반박하는 다른 사람들로부터 자신의 견해를 변호해야 합니다. 어떤 사람들은 이 점을 불편하게 느낍니다. 그런 사람들은 세상이 우주 고유의 실재에 따르기보다는 자신의 바람에 순응하기를 바라죠.

플래토 영화를 제작하고 있다고 하셨죠. 자유롭게 소개해도 되는 상황입니까?

세이건 약간은 말해도 됩니다.

플래토 당신의 책 『콘택트』를 원작으로 삼은 영화라고요?

세이건 제 소설 『콘택트』를 원작으로 삼은 영화입니다. 내용은 우리가 처음으로 전파 메시지를 받아서 외계인과 접촉하는 이야기입니다. 영화는 워너브러더스가 만들고, 조디 포스터가 주연을 맡고, 지금 제작에 들어갔습니다. 올해 1차 촬영이 시작될 예정이고, 극장에 언제 걸릴지는 확실히 모르겠습니다만 빨라도 1997년 말은 되어야 할 겁니다.

칼 세이건이 원작을 쓰고 각본에 참여한 영화 〈콘택트〉

플래토 그 영화를 통해서 과학을 가르칠 수 있나요?

세이건 약간의 경이감, 그리고 약간의 과학적 기법을 전달하려고 애쓰고 있습니다. 그 정도는 할 수 있을 것 같아요. 대형 화면은 특히 천문학의 경이로움을 전달하기에 알맞은 멋진 도구죠. 우리가 품은 발상들이 큰 화면에서 어떻게 구현될지 어서 보고 싶어 못 기다리겠습니다.

플래토 큐브릭의 〈2001: 스페이스 오디세이〉는 과학을 가르치는 데 기념비적인 작품이라고 생각합니다. 그 영화에서 표현된 내용에 대해서는 분명 그랬습니다. 중력, 우주여행, 기타 등등.

세이건 맞습니다. 〈2001: 스페이스 오디세이〉가 요즘도 유효하다는 건 놀라운 일입니다. 조금도 구식처럼 보이지 않죠. 반면에 스탠리 큐브릭이 감독하지 않은 속편 〈2010: 우주여행〉은 처음 나왔을 때부터 낡아 보였고 지금은 끔찍하게 낡아 보입니다. 그러니까 그런 영화도 잘 만들 수도 있고 못 만들 수도 있는 거죠. 〈콘택트〉는 잘 만들어지기를 바라고 있습니다.

플래토 〈콘택트〉가 〈2001: 스페이스 오디세이〉만큼 성공하면 기쁘겠습니까? 그 정도 수준이면?

세이건 〈2001: 스페이스 오디세이〉의 발치라도 쫓아간다면 기쁘겠습니다. 그건 정말 특출한 영화였는걸요.

플래토　진지한 이야기로 돌아와서, 영화는 대중에게 가닿고 과학을 가르칠 좋은 방법이죠?

세이건　영화와 텔레비전은 과학의 일부나마 가르치는 데 큰 역할을 할 수 있습니다. 하지만 주로 과학을 접근하기 쉬운 것으로 만드는 차원입니다. 사람들에게 자신이 너무 멍청해서 과학을 이해하지 못하면 어쩌나 하는 걱정을 할 필요가 없다고 알려주는 차원, 과학은 공붓벌레나 괴짜만 관심을 갖는 거라고 생각할 필요가 없다는 걸 알려주는 차원입니다. 전 누구나 과학의 여러 주제에 흥미가 있다고 생각합니다. 그 내용을 접근하기 쉬운 방식으로 그들에게 알려주는 게 문제일 뿐입니다.

플래토　칼, 건강하십시오!

세이건　고맙습니다, 아이라! 이야기 나눠서 즐거웠습니다.

플래토　출연해주셔서 다시 한 번 감사합니다. 칼 세이건은, 다 아시겠지만 이타카에 있는 코넬대학교의 데이비드 덩컨 천문학 및 우주과학 교수고, 랜덤하우스에서 나온 엄청나게 훌륭한 책 『악령이 출몰하는 세상』의 저자입니다.

길고 꿈 없는 잠

로즈 칼 세이건은 우리 시대 가장 저명한 천문학자 중 한 명입니다. 그는 PBS 다큐멘터리 시리즈 〈코스모스〉로 우리 안방에 우주를 가져온 것으로 유명합니다. 그가 제일 최근에 낸 책은 『악령이 출몰하는 세상』입니다. 우리 미국이 갈수록 사이비 과학에 빠지는 현상을 탐구한 내용인데요, 점성술, 신앙 치유자, 초자연현상, 그런 것들 말입니다. 그는 그런 미신들이 진정한 과학을 훼손할지도 모르는 위협이라고 말합니다. 이 자리에 그를 모시게 되어 기쁩니다. 소개를 좀 더 하자면, 그는 코넬대학교의 데이비드 덩컨 천문학 및 우주과학 교수이자 행성학실험실 운영자이고, 캘리포니아공대 제트추진연구소의 초빙 과학자이고, 우주에 관한 민간단체로는 세계 최대인 행성협회의 공동 창립자이자 회장이며, 퓰리처상 수상 작가

이 인터뷰는 1996년 5월 27일 방영된 〈찰리 로즈 쇼〉를 녹취한 것이다.(#1647) 공개된 자리에서 칼 세이건의 마지막 인터뷰다. 진행자 찰리 로즈와 프로그램에 관한 소개는 「자긍심의 실체」를 참조.

입니다. 다시 출연하신 것을 환영합니다.

세이건 고맙습니다. 다시 뵙게 되어 기쁩니다.

로즈 이걸 한번 들어보세요. 여기서 글을 길게 읽는 건 내키지 않지만, 이 글은 거의 당신의 책을 읽고 쓴 것 같단 말입니다. 5월 24일 금요일 자 〈뉴욕타임스〉 기사입니다. "미국인은 과학을 과시한다는 연구 결과가 발표되다: 기초과학 지식 조사에 따르면 미국 성인 인구 중 절반 미만만이 지구가 1년에 한 번 태양을 공전한다는 사실을 안다. 그럼에도 불구하고 미국인은 과학 연구에 열정을 보이는데, 다만 유전공학이나 핵에너지처럼 미심쩍게 여기는 몇몇 분야는 예외다. 사람들이 과학과 경제학의 기본 지식을 얼마나 아는지 알아보기 위해서 실시한 국립과학재단 조사에서, 미국 성인의 25퍼센트만이 기준을 통과하는 점수를 받았다." 이건 정말 당신이 하는 얘기를 따라 한 것 같지 않습니까?

세이건 제가 『악령이 출몰하는 세상』에서 했던 말과 똑같긴 하군요. 그런데 찰리, 제 생각에는 사이비 과학이니 미신이니 이른바 뉴에이지 신앙이니 근본주의적 광신이니 하는 것들이 새로운 건 아닙니다. 그런 것들은 우리가 인류로 존속한 기간 내내 우리와 함께 있었습니다. 하지만 오늘날 우리는 과학기술에 바탕을 둔 시대, 가공할 기술력을 갖춘 시대를 살고 있죠.

로즈 과학기술은 점점 더 빠른 속도로 우리를 밀어붙이고 있습니다.

세이건 맞습니다. 그런데 만일 우리—여기서 '우리'란 일반 대중을 뜻합니다—가 그것을 이해하지 못한다면, 만일 우리가 "난 과학에는 소질이 없어, 그런 건 전혀 몰라" 하고 말한다면 우리 아이들이 살 미래를 결정하는 과학기술 관련 결정들을 대체 누가 내리겠습니까? 의회의 몇몇 의원들이? 하지만 의원들 가운데 과학에 조금이라도 배경지식이 있는 사람은 한 줌도 안 됩니다. 더구나 공화당 의회는 막 의회 산하 기술 평가국을 없애버렸어요. 당파를 떠나서 과학기술에 관련된 적절한 조언을 의회에 제공하는 기구인데 말입니다. 그들은 이렇게 말합니다. "우리는 알고 싶지 않아. 우리한테 과학기술에 대한 이야기는 하지 마."

로즈 놀랍군요. 왜냐하면 깅리치Newt Gingrich, 1943~. 미국 공화당 정치인는 진심으로 관심이 있는 것 같거든요…….

세이건 깅리치는 그렇죠. 확실합니다.

로즈 ……지적 호기심에서 말입니다. 대통령이 아직 백악관에 과학 자문을 두고 있습니까?

세이건 네. 존 기번스John H. Gibbons, 1929~2015라고 두고 있습니다. 그리고 부통령은 과학에 능통하죠.

로즈 부통령은 과학통으로 유명하죠. 당신은 창조론자들, 이른바 기독교 과학자들을 싸잡아 비난했습니다. 자기 자식에게 인슐린이나 항생제를 주지 않고 대신 아이들이 고통받도록 내버려두는 사람들이라면서요. 점성술사도 당신이 특히 경멸하는 대상입니다.

세이건 경멸이라고까진 말하지 않겠습니다. 그냥 조롱이죠.

"회의적인 질문을 던질 줄 모른다면,
우리는 다음번에 어슬렁어슬렁 나타난
돌팔이에게 만만한 먹이가 될 겁니다"

로즈 조롱은 부드러운 형태의 경멸일 뿐이죠. 아무튼 그런 게 왜 위험합니까?

세이건 두 가지 위험이 있습니다. 하나는 제가 방금 말한 것인데, 우리가 과학기술에 바탕을 둔 사회를 만들었으면서도 동시에 아무도 과학기술에 대해서 모르는 사회를 구축했다는 것입니다. 무지와 힘이 이렇게 잘 타기 쉬운 연료처럼 뒤섞여 있다가는 조만간 우리 눈앞에서 뻥 터지고 말 겁니다. 사람들이 과학기술에 대해서 아무것도 모른다면, 민주주의 사회에서 대체 누가 과학기술을 운영하겠습니까?

그리고 제가 걱정하는 두 번째 이유는 과학은 단순히 어떤 분야의 지식 그 이상이라는 것입니다. 과학은 하나의 사고방식입니다. 인간이 오류를 저지를 수 있다는 사실을 똑똑히 이해한 채로 우주를 회의적으로 탐문하는 방식입니다. 만일 우리가 회의적인 질문을 던질 줄 모른다면, 우리에게 뭔가 사실이라고 주장하는 사람들을 제대로 심문할 줄 모른다면, 권위자들을 의심할 줄 모른다면 정치에서든 종교에서든 우리는 다음번에 어슬렁어슬렁 나타난 돌팔이에게 만만한 먹이가 될 겁니다.

토머스 제퍼슨이 힘껏 강조했던 게 바로 이 부분입니다. 그는 헌법이나 권리장전에 어떤 권리를 명시해두는 것만으로는 충분하지 않다고 말했습니다. 사람들이 교육을 받아야 하고, 회의주의와 교육을 계속 연마해야 한다고 말했습니다. 그러지 않으면 시민들이 정부를 운영하는 게 아니라 정부가 시민들을 운영하게 된다고 했습니다.

로즈 과학에 대한 제퍼슨의 헌신은 대단했죠.

세이건 맞습니다.

로즈 우리는 제퍼슨을 학식 있는 사람, 열정적인 글로 자유를 주장했던 사람으로 생각하는 편입니다만, 그가 살았던 몬티셀로에 가 보면 그는 사실 본질은 과학자, 식물학자, 건축가, 지질학자였다는 인상을 받습니다. 스티븐 앰브로즈가 쓴 전기를 보면 제퍼슨은 메리웨더 루이스Meriwether Lewis, 1774~1809. 탐험가를 파견해서 루이스가 실험과 탐사를 수행하고, 대륙 통행로에 대한 문제에 회의를 품고 그 답을 찾아내고, 서부를 탐험하기를 바랐죠.

세이건 정확히 그렇습니다. 그리고 만일 루이스가 북서 통행로를 발견한다면 거기서 엄청난 경제적 이득이 따를 것이라는 점도 있었죠. 제퍼슨은 자신이 마음속으로는 과학자라고 말했습니다. 과학자가 되었더라면 참 좋았을 거라고 말했습니다. 하지만 아메리카 대륙에 그를 필요로 하는 사건들이 벌어졌고, 그래서 그는 정치에 평생을 바쳤죠.

로즈 혁명에…….

세이건 그렇습니다. 후대 사람들은 과학자가 될 수 있도록 말입니다.

로즈 당신은 이렇게 요점을 짚었습니다. "대통령이 과학에 대해 연설하는 걸 마지막으로 들었던 게 언제인가." 과학이 어떤 의미에서는 그다지 중요한 관심사가 아니라는 생각, 사실은 과학을 배우고 싶지 않다는 생각이 퍼져 있다는 거죠.

세이건 알다시피 사람들은 주식 시세를 읽고 경제면을 읽습니다. 그게 얼마나 복잡한데요.

로즈 왜냐하면 그건 자신과 직접적인 관계가 있는 문제란 걸 아니까…….

세이건 동기가 있는 거죠. 하지만 요지는 사람들에게 그런 역량이 있다는 것입니다. 많은 사람에게. 사람들은 스포츠 통계를 볼 줄 압니다. 얼마나 많은 사람이 그걸 들여다보는지 생각해보세요. 과학을 이해하는 것도 그보다 딱히 어려울 게 없습니다. 딱히 더 대단한 지적 활동을 요구하는 게 아닙니다. 하지만 과학의 특징은 무엇보다도 그것이 우주의 실제 작동 방식을 알려고 할 뿐 우리를 기분 좋게 만드는 것을 추구하진 않는다는 겁니다. 반면에 과학과 경쟁하는 다른 많은 교리들은 진실이 아니라 우리를 기분 좋게 만드는 것을 추구합니다.

로즈 좋습니다. 이 점에서는 당신이 제 말에 동의할지 모르겠습니다만, 기분이 좋아지는 것에도 많은 장점이 있고 주문을 외우는 것에도 많은 장점이 있죠. 하지만 동시에, 많은 사람은 종교란 신앙에 바탕을 둔 것이기 때문에 과학으로 증명할 순 없다고 생각합니다. 따라서 종교의 가치를 과학으로 부인할 순 없다는 거죠. 종교는 신앙에 토대한 것이지 과학에 토대한 게 아니기 때문에.

세이건 하지만 문제를 좀 더 깊이 살펴봅시다. 신앙이란 무엇일까요? 증거가 없는데도 믿는 것입니다. 제가 남들에게 뭘 믿어라 말아라 말하려는 건 아닙니다만, 제게는 설득력 있는 증거가 없는데도 뭔가를 믿는다는 게 실수로 느껴집니다. 저는 설득력 있는 증거가 나타날 때까지 믿음을 유보하자는 겁니다. 그리고 만일 우주가 우리의 성향에 부합하지 않는다면, 좋아요, 그때는 우리가 우주의 실체에 적응해야 하는 고통스러운 의무가 남습니다.

로즈 그렇다면 당신은 기꺼이 "나는 종교가 과학적으로 증명되지 않았다고 보기 때문에 모든 종교를 부인한다"라고 말하는 겁니까?

세이건 아뇨, 아뇨, 아닙니다.

"종교가 문제가 되는 건,
과학에 대해서 아는 척을 하는 경우입니다"

로즈 종교적 경험에도, 우리가 좀 더 고차원적인 경험을 추구하는 것에도 가치가 있다고 봅니까?

세이건 종교는 역사, 시, 위대한 문학, 윤리, 도덕을 다룹니다. 우리 중에서 가장 불운한 사람들에게 연민을 품어야 한다는 도덕률을 포함해서 말입니다. 전 이 모든 것을 진심으로 지지합니다. 종교가 문제가 되는 건, 과학에 대해서 아는 척을 하는 경우입니다. 예를 들어 성서에 묘사된 과학은 유대인이 기원전 600년 바빌론유수기에 바빌론 사람들에게서 배웠던 내용입니다. 당시에는 그것이 지구에서 가장 뛰어난 과학이었습니다. 하지만 이후로 우리는 많은 걸 배웠습니다. 로마 가톨릭, 개혁파 유대교, 대부분의 주류 개신교 교파들은 인간이 다른 생물로부터 진화했다는 생각, 지구의 나이가 46억 년이라는 생각, 대폭발(빅뱅) 이론을 아무 어려움 없이 받아들입니다. 그런 생각을 전혀 곤란하게 느끼지 않습니다. 곤란해하는 건 성서 직해주의자들, 즉 성서는 우주의 창조주가 절대로 실수하지 않는 속기사에게 불러준 내용이고 그 속에 은유나 알레고리는 전혀 없다고 믿는 사람들입니다.

로즈 그리고 그들은 그걸 근거로 삼아서 정치적·경제적 선택을 내리죠. 사회적 선택도요.

세이건 과학적 선택도요.

로즈 과학적 선택도요. 당신이 그런 생각을 문제 삼는 건 바로 이 대목이고요.

세이건 맞습니다.

로즈 잘못된 근거에서 과학에 대해 잘못된 선택을 내린다는 점 말이죠.

세이건 맞습니다. 자, 누가 더 겸손합니까? 열린 마음으로 우주를 바라보고 우주가 우리에게 가르치는 바를 무엇이든 받아들이는 과학자입니까, 아니면 "이 책의 내용은 모두 문자 그대로 진실로서 받아들여야 하고 이 책을 쓰는 데 관여했던 인간들이 틀렸을 수도 있다는 가능성에 대해서는 전혀 신경 쓰지 말라" 하고 말하는 사람입니까?

로즈 좋습니다. 그 점은 인정합니다. 하지만 많은 사람은 이렇게 주장할 것 같은데요. 어떤 특정한 과학적 행동이 성서 작가가 묘사했던 것과 똑같이 벌어지는가 하는 문제는 종교적 신념과 종교적 경험의 핵심이 아니라고요.

세이건 그 말에 동의하는 사람들도 있고 아닌 사람들도 있습니다. 어떤 사람들은 정말로 성서의 작은 점 하나까지 모든 글귀가 다 중요하다고 생각합니다. 당신은 어떤 대목을 하나 골라서 그것은 알레고리나 은유일 뿐이라고 치부하겠지만, 그런 결정은 누구나 저마다 다르게 내릴 수 있는 겁니다.

로즈 이런 현상은 미국의 과학과 관련된 것입니까? 미국이 다른 나라들과 좀 다른가요?

세이건 아니요, 그렇지 않습니다. 이런 현상은 전 세계에서 찾아볼 수 있습니다. 인도는 점성술에 미쳐 있습니다. 영국은 유령에, 독일은 작대기로 수맥이나 광맥을 찾는 사람들만이 감지할 수 있는 모종의 선이 지구에서 방출되고 있다는 생각에 빠져 있습니다. 나라마다 장기가 있습니다. 미국은 현재 UFO에 푹 빠져 있는 것 같고요.

로즈 UFO 이야기를 끝내기 전에, 맥 교수에 대해서 좀 말씀해주시죠.

세이건 하버드대학교의 정신의학과 교수 존 맥John E. Mack, 1929~2004은 저랑 오래전부터 알던 사이입니다. 소련이 핵무기 실험의 모라토리엄을 지키는데도 미국은 실험을 계속하는 데 항의하려고 네바다 핵실험장에서 시위를 벌였을 때 함께 체포되기도 했죠. 그런데 몇 년 전에 그가 제게 물었습니다. "UFO 이야기는 다 뭡니까? 뭔가 있는 겁니까?" 전 이렇게 대답했습니다. "아무것도 없습니다. 물론 정신과 의사가 살펴볼 만한 건 있겠죠." 그런데 그가 바로 정신과 의사죠.
그는 그 주제를 살펴보았습니다. 그러고는 자신이 납치되었다고 주장하는 사람들의 보고에 강렬한 감정적 에너지가 담겨 있는 점을 볼 때 그것이 그냥 심리적 일탈일 리는 없다고, 사실일 것이라고 결론 내렸습니다. 환자들을 믿은 거죠. 저는 그의 환자들을 믿지 않습니다. 그런 이야기 중 많은 수는 푹 자다가 깨어 보니 땅딸막하고 피부가 회색이고 섹스에 집착하는 외계인이 서넛 정도 침대를 둘러싸고 있었고, 그들이 벽을 스르르 뚫고 나가서 우주선에 자신을 태운 뒤 불쾌하고 성적인 온갖 실험을 자기 몸에 가했다는 내용입니다.

로즈 그러면 천문학자 칼 세이건 박사 대 의학 박사 존 맥의 구도로군요.

세이건 그렇습니다.

로즈 뭐가 문제죠?

세이건 과학자들이 어떻게 서로 의견이 다르냐는 겁니까?

로즈 그야 그도 과학자고 당신도 과학자죠. 아뇨. 제 질문은 그가 그런 결론에 도달한 것을 당신은 어떻게 생각하는가 하는 겁니다.

세이건 전 그가 그 주제에 접근할 때 과학적 기법을 제대로 쓰지 않았다고 봅니다.

로즈 그리고 당신은 지속적으로, 서로 대화를 나눌 때 그를 따끔하게 공격했다는 거죠.

세이건 『악령이 출몰하는 세상』에서도 지적했죠.

로즈 그가 뭐라던가요?

세이건 제가 그런 보고에 담긴 힘 있는 감정을 제대로 깨닫지 못하는 거라고 말하더군요. 하지만 많은 사람이 악몽을 꾸다가 깨어나서 대단히 강렬한 감정을 느끼죠. 그렇다고 해서 그 악몽이 사실인 건 아닙니다. 그저 우리 머릿속에서 무슨 일이 벌어졌다는 뜻일 뿐입니다.

"저는 부모님과 관계가 좋았어요.
두 분의 영혼이 어딘가에 살아 있다고
정말로 믿고 싶습니다"

로즈 제가 말을 꺼내기도 전에 논점을 짚어버리시는군요.

세이건 제가 말하고 싶은 건, 감정적으로 정말로 우리를 끌어당기는 무언가에 대해서도 우리는 적절한 증거가 있는지 꼭 물어봐야 한다는 것입니다. 저는 12년 전, 15년 전에 양친을 잃었습니다. 저는 부모님과 관계가 좋았어요. 두 분이 정말로 그립습니다. 두 분의 영혼이 어딘가에 살아 있다고 정말로 믿고 싶습니다. 1년에 5분만이라도 두 분과 함께 보낼 수 있다면 무엇이든 기꺼이 내놓겠습니다.

로즈 이후 두 분의 목소리를 들은 적이 한 번이라도 있나요?

세이건 가끔요. 두 분이 돌아가신 뒤로 여섯 번인가 여덟 번쯤 들었습니다.

로즈 칼…….

세이건 그냥 아버지와 어머니의 목소리로 말입니다. 그렇다고 해서 제가 두 분이 옆방에 계신다고 믿는 건 아닙니다. 저는 그냥 환청을 들었던 거라고 생각합니다. 저는 두 분과 오랫동안 함께했고, 두 분의 목소리를 아주 자주 들었습니다. 그러니 그 목소리를 생생하게 떠올리지 못할 게 없지 않겠습니까?

로즈 저한테 흥미롭게 느껴지는 건 이 점입니다. 당신은 아마 동의하지 않을 것 같지만 아무튼 물어보겠습니다. 오래전에 당신은 제게, 저든 다른 누구든 지구 바깥에 다른 생명이 존재하지 않을 거라고 믿는 건 교만한 일이라는 생각을 설득시켰습니다…….

세이건 그런 가능성을 배제하는 게 말이죠.

로즈 그런 가능성을 배제하는 건 우리가 취하지 말아야 할 지성의 교만이라고 말씀하셨습니다. 당신은 그 주장을 증명할 수 없고 다른 생명이 있는지 알지도 못하지만 교만은…….

세이건 그런 생명이 있는지 알지 못하죠. 그런 생명이 없는지도 알지 못하고요. 그러니까 찾아보자는 겁니다.

로즈 만일 당신이 그런 태도를 취한다면 "세상에는 우리가 모르는 게 아주 많아. 우리가 모르는 다른 힘도 많을 거야"라고는 왜 말하지 못합니까?

세이건 그렇게 말할 수 있습니다. 전 그럴 거라고 믿습니다. 하지만 그렇다고 해서 우리가 모든 사기꾼의 주장을 다 받아들여야 한다는 뜻은 아닙니다. 우리는 가장 엄격한 수준의 증거를 요구해야 합니다. 우리에게 중요한 문제일 때는 더욱더 그렇습니다. 따라서 영매가 되었든 뭐가 되었든 어떤 사람이 제 앞에 나타나서 "부모님과 접촉하게 해드리겠습니다" 하고 말한다면, 전 그 말을 절실히 믿고 싶기 때문에 더더욱 여분의 회의주의까지 발휘해야 한다는 걸 압니다. 제가 속기 쉬운 처지니까요. 그보다 훨씬 덜 중요한 이유입니다만, 돈도 뜯길 테니까요.

로즈 J. Z. 나이트Judy Zebra Knight, 1946~. 신비주의자가 그렇게…….

세이건 네, 맞습니다. 그녀는 자기 몸에 람다라는 남자가 깃들어 있는데 그 남자 나이가 1만 살이라나 뭐라나 그렇다고 말하죠.

로즈 3만 5000살이라고요.

세이건 3만 5000살이군요. 아무튼 그는 사람들에게 이것저것 잔뜩 말하면서도 3만 5000년 전에 세상이 어땠는지에 대해서는 한 마디도 안 하죠.

로즈 셜리 매클레인Shirley MacLaine, 1934~. 미국 영화배우로 심령술, UFO 등 영적 현상에 흥미가 많고 책도 썼다은 믿습니다.

세이건 셜리 매클레인은 람다가 자기 오빠라고 믿죠.

로즈 네스 호 괴물이나 뭐 그런 것들, 그런 것들도 다 가짜입니까?

세이건 네스 호 괴물에 관한 가장 유명한 사진은 이제 가짜로 밝혀졌습니다. 하지만 스코틀랜드의 호수에 웬 거대 포유류가, 심지어 거대 파충류가 헤엄치고 있을 가능성이 없느냐고요? 물론 있습니다. 우리가 모르는 동물일 가능성은? 물론 있습니다. 누가 아니랍니까? 하지만 증거가 그 가설을 지지하지 않습니다. 그 가설을 증명하지 못합니다. 그래서 우리는 "그건 다 웃기는 소리야"라고 말하느냐고요? 아뇨, 그렇게 말하지 않습니다. 다만 "입증되지 않았다"라고 말합니다. 스코틀랜드에서는 "입증되지 않음"도 법정에서 유효한 판결이죠.

로즈 어떤 서평가들은 이 점에서 당신과 다른 결론을 내렸습니다. 사이비 과학이 요즘 부쩍 더 성장하는 것 같다는 당신의 의견에 대해서…….

세이건 아뇨. 말을 끊어서 죄송합니다만 전 그렇게 생각하지 않습니다. 이런 현상은 인간의 일부입니다. 인간은 역사 내내 이런 마술적 사고를 해왔습니다. 문제는 오늘날 기술의 비중이 가

네스 호의 괴물로 추정되는 사진

공할 만큼 커졌기 때문에, 심지어 무시무시할 만큼 커졌기 때문에 이런 식의 사고가 가하는 위험도 더 커졌다는 것입니다. 그런 생각 자체가 새로운 건 아닙니다.

로즈 골수형성이상을 겪고 계시죠.

세이건 겪었습니다.

로즈 겪으셨죠. 지금은 차도가 있고요. 그게…….

세이건 음, 이런 종류의 질병과 모든 암은…….

로즈 골수암입니까?

세이건 골수형성이상은 정확히 골수암은 아닙니다. 하지만 처치하지 않고 놔두면 필연적으로 백혈병으로 이어집니다. 이런 질병의 어려움은 최후의 세포까지 다 잡아냈는지를 알 길이 없다는 겁니다. 어떤 수준까지만 감지해 들어갈 수 있죠. 하지만 제 느낌이나 체력이나 그런 측면에서는 감지할 수 있는 가장 깊은 차원까지 병이 다 사라진 것 같습니다. 전 운이 좋습니다.

로즈 여동생이 골수를 이식해줄 수 있었기 때문이죠.

세이건 그것도 한 이유입니다. 또한 불과 지난 몇 년 동안 의학이 엄청나게 발전한 것도 있었고요. 만일 제가 이 병에 5년 전이나 10년 전에만 걸렸더라도 전 죽었을 겁니다. 보나 마나 확실히 죽었을 겁니다. 그리고 마지막으로, 가족의 사랑과 지원이 있었습니다. 이 모두가 중요하게 기여했습니다.

로즈 그래서 낙관적으로 보십니까?

세이건 아주 낙관적입니다. 적어도 아주 희망적입니다.

로즈 그러면 우리에게도 조금만 알려주십시오. 당신은 언어 감각이 있고, 이해 감각이 있고, 반추하고 내성하는 능력이 뛰어나니까, 그 경험에서 어떤 생각이 들었고 어떤 변화가 있었는지를…….

세이건 전 임사 체험 같은 건 하지 않았습니다. 종교를 갖게 된 것도 아닙니다. 하지만…….

"제가 어떨지는 별로 많이 생각하지 않았습니다.
왜냐하면 죽은 뒤의 일에 대해서는
딱히 생각하고 말고 할 게 없다고 보거든요"

로즈 죽으면 어떨지 생각해보았겠죠.

세이건 물론입니다. 그리고 제가 죽으면 가족이 어떨지를 생각해봤죠. 제가 어떨지는 별로 많이 생각하지 않았습니다. 왜냐하면 죽은 뒤의 일에 대해서는 딱히 생각하고 말고 할 게 없다고 보거든요.

로즈 그냥 그뿐이라고요?

세이건 네. 길고 꿈 없는 잠이겠죠. 저도 그렇지 않을 거라고 믿고는 싶지만 증거가 하나도 없는걸요. 하지만 한 가지…….

로즈 칼, 믿음을 가져봐요, 믿음을.

세이건 한 가지 제가 변한 건 인생의 아름다움, 우주의 아름다움, 살아 있는 것 자체의 즐거움을 훨씬 더 강하게 음미하게 되었다는 겁니다.

로즈 이전에도 그런 걸 적잖이 갖고 있는 분이었는데 그런 당신조차도 더 그렇게 바뀌었다는 거군요.

세이건 네, 분명히 그렇습니다.

로즈 음미를…….

세이건 매 순간을, 살아 있지 않은 모든 것을, 하물며 살아 있는 것의 뛰어난 복잡함은 말할 것도 없고요. 네, 이런 것들이 그리울 거라고 상상하면 갑자기 모든 게 훨씬 더 소중하게 느껴집니다.

로즈　부디 오래오래 장수하시기를 바랍니다. 나와주셔서 무척 고맙습니다.

세이건　고맙습니다. 즐거웠습니다.

또 다른 행성에서

문을 열어준 남자는 첫눈에 칼 세이건으로 보이지 않았다. 무성하던 검은 머리카락은 화학요법 때문에 사라지고 없었다. 남자는 대머리였고, 뼈가 앙상했다. 늙어 보였다. 칼 세이건이라기엔 너무 늙어 보였다.

하지만 그때 예의 익숙한 속도로, 낮고 깊은 목소리로, 과학적으로 정확하게 선택된 문법과 단어로 말이 흘러나왔다. 그는 소파에 앉았고, 몇 분 만에 우주의 차원에 대해서 이야기했다. 그러다가 그 단어, 그의 언어적 서명이 튀어나왔다. 빌리언즈(수십억).

첫 자음은 폭발적이다. 그 로켓에 탑재된 화물은 부드럽게 뒤따르는 모음이다.

비이일리여언즈.

세이건이었다. 틀림없는 세이건이었다.

이 인터뷰는 1996년 5월 30일 자 〈워싱턴포스트〉에 게재되었다. 인터뷰어 조엘 아컨바크(Joel Achenbach, 1960~)는 과학과 자연 등에 관해 다수의 저서를 낸 〈워싱턴포스트〉의 전속 작가로 〈슬레이트〉 〈내셔널지오그래픽〉 등 유력지에도 글을 썼고 미국공영라디오방송 프로그램에서 해설자를 맡기도 했다.

골수형성이상. 면역계에 파국적인 이상을 일으켜 생명을 위협하는 혈액 질병인 그 병으로 이 유명 과학자는 두 번이나 죽음의 문턱까지 다다랐다. 그는 골수이식과 두 차례의 화학요법을 받아야 했다. 하지만 결국 그는 병을 물리친 듯하다.

"골수형성이상은 이제 없습니다. 이상 세포는 없습니다. 전혀." 그가 말한다.

자나 깨나 과학자인 세이건은 자기 몸에 대해서도 냉정하고 임상적인 용어로 말한다. 골수형성이상에 대해서는 이렇게 말한다. "이 병이 벤젠이나 다른 방향족 탄화수소 때문에 생긴다는 희박한 증거가 좀 있지만, 그냥 희박한 수준입니다."

『브리태니커 백과사전』의 「생명」 항목을 작성했으며 거의 평생을 다른 세상에서 다른 생명을 찾아보는 데 바쳐온 이 사람은 아주 평범하고 지구적인 문제, 자신의 심장을 계속 뛰게 만드는 문제와 씨름해왔다.

자연이 세이건으로 하여금 그런 개인적 규모에서 생명의 문제와 대면하도록 만든 건 거의 무례한 일처럼 보일 지경이다. 그는 금성, 화성, 목성 및 토성의 위성들의 영상을 조사했다. 태양계 바깥 경계까지 정찰을 나간 로봇 탐사선들과 감정이입을 통해서 함께 날았다. 먼 별을 향해서 거대한 안테나를 맞춤으로써 발전된 은하 문명이 보낸 전파 신호를 잡아내려고 애썼다. 그는, 엄격하게 합리적인 과학자가 믿음이란 것을 품을 수 있는 한도 내에서 최대한으로, 우주에는 생명이 풍성하다고 믿는다. 우리은하에만도 기술 문명이 100만 개는 있으리라고 추정한다.

그러나 이제 그는 자신이 그 사실을 영영 증명할 수 없을지도 모른다는 좌절스러운 가능성에 직면했다. 대부분의 과학자는 이제 수많은 은하 각각이 거느린 수많은 별에 생명이 있을 것이라고 여긴다. 심지어 온 우주로 메시지를 내보낼 줄 아는 지적이고 기술적이고 무리 지어 사는 생명도 있을 것이라고 여긴다. 하지만 아직까지는 그 흔적이 없다. 겨우 미생물의 흔적도 없다. 화성은 얼어붙은 사막이다. 금성은 뜨거운 지옥이다. 우리 태양계는 매혹적이지만 생기 없는 천체들이 모인 곳이고, 생명은 없는 듯하다. 태양으로부터의 거리가 물이 삽시간에 증발하지도 않고 얼음으로 얼지도 않을 좁은 영역에 놓인 하나의 푸른 행성을 제외하고는.

세이건은 한 번, 외계인을 찾는 안테나로 모종의 잡음을 포착한 적이 있었다. 그 자극적인 찌직찌직 소리를 듣는 순간 그는 등골이 서늘했지만, 신호는 반복되지 않았다. 그것은 외계 왕국의 연락이었을까? 아니면 실험 기기의 무의미한 잔고장이었을까? 세이건은 모른다.

"외계 생명이 발견된다면, 그 발견은 우주와 우리 자신에 대한 지식을 혁신할 것입니다. 정말 체계적으로 수색했는데도 찾지 못한다면 그것은 생명의 희귀함과 소중함을 강조하는 결과일 것입니다." 그는 말한다.

그는 그걸 찾아내고 싶다.

"외계 생명이 제 생애에 발견되는 편이 더 좋을 것 같습니다. 못 보고 죽어서 영영 모르는 건 싫을 겁니다."

어릴 때 칼 세이건은 야외로 나가 통나무나 베개에 머리를 얹고 밤하늘을 바라보았다. 위치를 잘 잡아서 시야에 나무나 건물은 보이지 않고 오로지 별만, 장엄한 하늘만 보이도록 했다.

그는 반듯이 누워서 우주를 여행했다. 그는 별을 머리 위 반구에 붙박인 채 귀엽게 반짝거리는 물체로만 보지 않는 사람들 중 하나다. 그는 우주의 방대함을, 별의 핵융합의 엄청난 힘을, 초신성의 격렬함을, 블랙홀의 돌이킬 수 없는 어둠을 느낄 줄 안다. 그에게는 모든 행성과 별과

은하에 의미가 있다는 느낌을, 머나먼 천체에서 오는 고대의 빛에도 의미가 있다는 느낌을 사람들에게 전달할 능력이 있다.

세이건은 종종 우리 몸의 모든 무거운 원자는—가령 모든 탄소 원자와 모든 산소 원자는—한때 폭발하는 별의 내부에서 쏟아져 나온 것이었다는 사실을 지적한다. 세이건의 고전적 표현을 빌리자면, 우리는 모두 "별 물질"로 이뤄진 존재들이다. 이것은 그냥 하는 소리가 아니다. 세이건은 정말로 다른 세상들과 깊은 연관성을 느낀다. 세이건은 자신과 인류를 우주라는 망망한 공간에서 한 점에 놓아 볼 줄 안다. 이곳은 그의 집이다.

물론 누구도 정말로 그 모든 걸 머릿속에 그릴 수는 없다. 세이건이라 해도 그건 어렵다. 그도 겨우 작은 은하 모형들을 상상할 수 있을 따름이다. 그는 그걸 "장난감들"이라고 부른다. 세이건의 두뇌로도 수천억 개의 별을 정말로 머릿속에서 다 그릴 순 없는 것이다.

"우리은하가 여기 있고 안드로메다은하가 여기 있는 걸 상상할 수 있습니다." 그는 허공에 대고 손짓을 하면서 눈에 보이지 않는 모형을 그린다. "두 은하가 불과 몇 센티미터 떨어져 있는 모습을 상상할 수 있습니다. 그것들은 여기 제 눈앞에서 공중에 떠 있습니다. 그리고 전 우리은하의 위성인 마젤란 성운도 상상할 수 있습니다. 우리은하에 4000억 개의 별이, 혹은 정확한 숫자가 얼마가 되었든, 있다는 걸 압니다. 하지만 그 4000억 개의 별을 머릿속에서 그리는 건 분명 불가능합니다."

그는 어떤 문화에는 3보다 큰 수가 없다고 말한다.

세이건은 아마 미국의 제일가는 과학 대중화 전문가(젠체하는 일부 과학자들 사이에서는 경멸의 뜻으로 쓰이는 표현이다)일 것이다. 그는 천문학자가 되고서 행성을 연구하기로 선택했는데, 당시 행성과학은 비주류 분야였다. 화성에는 화성인 엔지니어들의 솜씨인 운하가 파여 있다고 상상했던 천문학자 퍼시벌 로웰의 특이한 몽상 탓에 얕보이는 분야였다. 당시 진지한 천문학자라면 먼 은하, 퀘이사, 우주 전체에 퍼진 배경 복사, 우주의 대규모 구조를 연구했다. "천문학의 진지함은 천체와의 거리에 비례한다는 시각이 있었죠." 세이건의 말이다. "행성은 너무 가까웠습니다."

세이건은 일찍 두각을 드러냈다. 1950년대에 그의 연구는 두꺼운 구름에 덮인 금성이 찌는 듯이 뜨겁다는 걸 알아내는 데 기여했다. 그가 상징적인 존재로 솟은 건 PBS의 기념비적 시리즈 〈코스모스〉를 진행했던 1980년이었겠지만, 그의 경력을 그렇게 짧게 요약해버리는 것은 위험하다. 이 사람은 퓰리처상을 받았고(인간 지성의 진화를 다룬 『에덴의 용』으로 받았다), 200편의 과학 논문을 발표했고, 우주과학에 흥미가 있는 사람들의 모임인 행성협회를 창설했고, 〈퍼레이드〉 잡지에 정기적으로 기사를 썼고, 최근에는 아내 앤 드루얀과 함께 자신의 소설 『콘택트』를 원작으로 삼은 영화의 각본 작업을 마쳤다(조디 포스터가 출연한다). 아, 물론 그는 자기 이름을 딴 소행성을 갖고 있고, 자신의 책 『창백한 푸른 점』을 오디오카세트용으로 낭독한 작업으로 그래미상을 받았고, 사이비 과학에 대한 반론인 새 책 『악령이 출몰하는 세상』을 막 펴냈으며 에세이 모음집도 하나 끝냈고, 아내와 함께 또 다른 소설인 로맨스 소설을 쓰고 있다. 여기에 더해 그에게는 본업이 있다. 뉴욕 주 이타카에 있는 코넬대학교의 교수인 것이다. 목록은 계속 이어진다. 압도적인 생산량이다. 그의 이력서를 인쇄해서 얻기는 힘든데, 왜냐하면 250쪽쯤 되기 때문이다. 그의 사무실은 그걸 기꺼이 컴퓨터 디스켓 두 개에 담아서 제공한다.

이 모든 작업에도 불구하고 그는 이 세 마디 말로 제일 유명하다. "수십억의 수십억Billions and billions……."

"전 사실 그 말을 한 번도 안 했습니다." 세이건이 말한다. "'수십억의 수십억'이라는 표현을 한 번도 안 썼습니다. 〈코스모스〉의 내용을 좀 업데이트하고 구성을 바꾸려고 전편을 다시 봐야 할 일이 있었는데요, 그때 제가 유심히 살핀 것 중 하나가 제가 정말 한 번이라도 그 말을 썼는가였습니다. 안 썼더군요."

아닌 게 아니라, 그라면 그런 말은 쓰지 않을 것이다.

"너무 부정확합니다. 수십억의 수십억이 정확히 얼마입니까? 100억이나 200억? 1000억?"

세이건은 여러 관심사를 좇아 여러 다양한 방향으로 경력을 펼쳤지만, 변하지 않는 하나의 열정은 우주에서 지적 생명을 찾는 일이다. 그가 천문학자로 처음 나섰던 1950년대에는 "다른 곳의 생명에 대한 관심은 남우세스러운 일"이었다. 1970년대 중엽에 세이건은 우리가 화성에서 생명을 감지할 수 있을지도 모른다는 가설을 누구보다 목청 높여 지지하는 사람이 되었다.

세이건은 성장기에 에드거 라이스 버로스가 쓴 '존 카터' 시리즈를 읽었다. 그 소설들 속에서 주인공 카터는 갑자기, 신비롭게, 초자연적으로 붉은 행성으로 이동하여 그곳의 죽어가는 문명 속에서 싸우고 연애한다. 버로스의 과학은 얄팍했지만 세이건은 이후 한시도 화성을 잊지 않았다. 그는 1976년에 화성에 내린 바이킹 착륙선의 영상 팀 소속이었다. 그는 그곳을 찍은 사진을 점검하기를 바랐는데, 만에 하나 그곳의 생명이 아주 조숙하고 방만해서 우리가 그것을 감지하기 위해서는 그냥 쳐다보기만 하면 되는 경우에 대비해서였다. 그는 화성의 생물들이 밤중에 출몰할 경우에 대비하여 바이킹 착륙선에 섬광등을 달기를 바랐다.

동료들은 그를 몽상가라고 여겼고, 화성 생명이 핥도록 착륙선에 식용 페인트를 칠해두자는 세이건의 그다운 제안을 비웃었다. 1960년대에 세이건은 어느 러시아 과학자와 기꺼이 협동 연구를 했는데, 그 과학자는 감자처럼 생긴 화성의 두 위성 포보스와 데이모스에 인공위성의 기미가 보인다고, 그것은 어쩌면 지금은 멸종한 화성 문명이 남긴 잔해일지도 모른다고 생각했다. 세이건의 과학은 가능성, 아직 기각되지 않은 발상, 아직 상상해볼 만한 경이가 가득한 과학이다. 1976년 〈뉴요커〉는 전적으로 칭찬하는 것만은 아닌 인물 소개 기사를 쓰면서 세이건이 한 다음 말을 인용했다. "누군가는 가능한 것의 경계에 놓인 발상을 제안해야 합니다. 실험가나 관측가의 심기를 건드려서 그들이 그 발상을 반증하는 데 나서게끔 만들기 위해서라도 말입니다."

바이킹 착륙선이 발견한 세상은 황량했다.

바이킹호가 사막에 내렸던 게 문제였을 뿐일까? 흙속에는 모종의 생명이 존재할 수도 있을까? 지금으로부터 수백만 년 전에는 화성에 강이 흘렀던 증거가 있다는 이야기를 하면서 세이건의 목소리는 점점 열기를 띤다. 물이 풍부했던 곳에는 생명이 풍부했을지도 모른다. 죽은 생명이라도 생명이 전혀 없었던 것보다는 낫다.

세이건은 외계 생명에게 보내는 인류의 첫 메시지를 공동 작성하는 영예도 누렸다. 1972년에 발사되어 소행성대, 목성, 나아가 항성 간 공간을 향하여 날아가도록 예정되었던 우주선 파이어니어 10호에 부착된 도금 금속판이 그것이다. 금속판에는 다른 정보와 함께 우주선이 어떤 별을 도는 아홉 행성 중 세 번째 행성에서 발사된 것이라는 정보도 새겨져 있었다. 당시 세이건의 아내였던 린다 살츠먼이 전라의 남녀를 실루엣으로 그린 그림도 추가되었는데, 남자의 성기는 드러나 있지만 여자는 그렇지 않다는 사실이 나중에 사람들의 입방아에 올랐다.

그로부터 몇 년 뒤에 외계인에게 보내는 또 다른 메시지를 작성할 때, 즉 두 보이저 탐사선에 부착할 '보이저 레코드판'을 제작할 때 세이건은 앤 드루얀과 사랑에 빠졌다. 드루얀은 그 프로젝트의 창작 책임자였고 그는 제작 책임자였다. 두 사람은 1977년 6월 1일에 서로에 대한 사랑을 맹세했다.

"서로 사랑에 빠졌다는 사실을 깨달은 건 꼭 과학적 진실을 발견한 것 같은 경험이었어요." 드루얀은 말한다. "유레카의 순간, 아르키메데스의 순간 같았죠. 진실 같았어요."

세이건은 처음 안드로메다은하의 소리를 들었던 때를 기억한다. 1975년이었다. 당시 SETI는—'외계 지적 생명 수색 작업'을 뜻한다—젊고 자신만만한 실험이었다.

천문학자들은 안드로메다은하를 M31이라고 부른다. 19세기에 샤를 메시에가 정리한 성운 목록에서 서른한 번째로 기재된 성운이었기 때문이다. 수백 년 동안 그런 성운들은 망원경 속 얼룩에 지나지 않았으며, 우리가 그 조성이나 크기나 의미를 헤아릴 길은 없었다. 그러다 1920년대에 와서야, 그 유명한 우주 망원경에 이름을 빌려준 천문학자 에드윈 허블이 그런 얼룩 속에는 별들이 가득하다는 사실을 발견했다. 성운들은 은하였다. 우리은하의 범위를 벗어나서 훨씬 더 먼 곳에 있는 섬 우주들이었다. 이 발견은 우주적인 규모의 놀라운 계시나 다름없었다.

그래서 세이건과 동료 프랭크 드레이크는 전파망원경을 M31을 향해서 맞췄다. 그러고는 전자기 스펙트럼을 이해하는 지적인 종이라면 누구든 틀림없이 "안녕하세요"를 전달할 주파수로 선택할 것 같은 유난히 조용한 주파수에 귀를 기울여보았다.

그들의 귀에 들리는 것은 잡음뿐이었다.

"좋아, 거리가 아주아주 머니까, 우리가 이전부터 말했던 것처럼, 아주 뛰어난 문명이 있어야만 신호가 잡힐 거야. 하지만 별이 1000억 개나 되는데 그런 문명이 하나도 없다고? 저는 그렇게는 상상할 수 없습니다. 당시에도 실망했다기보다는 놀랐던 기억이 납니다." 세이건의 말이다. "있을 줄 알았는데 없었으니까요."

그는 한 인터뷰에서 그 결과에 말 그대로 일주일 동안 우울했었다고 말했다.

그보다 더 감질나는 결과는 좀 더 광범위한 SETI 작업으로서 1980년대 말에 세이건과 천문학자 폴 호로위츠가 수행했던 프로젝트 META에서 나왔다. 그들은 강하고 짧은 전자신호를 수십 차례 감지했다. 무언가의 신호였다. 대부분은 기기 오작동 혹은 비행기 같은 지상 물체가 낸 간섭으로 설명될 수 있었지만, 그중에서도 제일 강한 다섯 개의 신호는 모두 대체로 우리은하의 중심 쪽에서 온 것이었다.

세이건은 기자에게 그것이 우연의 일치일 확률은 "0.5퍼센트쯤 된다"라고 말하고는 얼른 이렇게 덧붙인다. "신호가 충분히 강하진 않았기 때문에 확신하기는 무리입니다. 하지만 분명 뭔가를 암시하기는 합니다. 등골이 서늘해지고 손바닥에 땀이 배고 호흡이 가빠지죠."

왜 외계 신호가 그토록 손에 넣기 어려운 것으로 밝혀졌는가에 대해서 세이건은 여러 가능한 설명을 갖고 있다. 어쩌면 머나먼 거리까지 사방으로 신호를 내보내는 데 요구되는 막대한 에너지가 걸림돌인지도 모른다. 혹은 외계인이 인간 같은 원시적인 존재와는 소통하기 싫기 때문에 전자기 스펙트럼에서 뻔한 주파수는 건너뛰고 그 대신 인간이 아직 발견하지 못한 모종의 주파수, 가령 '제타파Zeta waves' 같은 걸 쓰는 것인지도 모른다. 세이건은 말한다. "그 제타파가 대체 무엇일지는 저도 모릅니다만, 전파보다는 훨씬 나은 거겠죠."

혹은 이럴 수도 있다. "그런 소통이 가능한 수준으로 발달할 때까지 충분히 오래 살아남는 문명이 없을지도 모릅니다. 어쩌면 모든 문명이 전파천문학에 부합하는 기술 수준을 달성한 직후에 스스로를 파괴해버리는지도 모릅니다."

3년 전, NASA는 자체 SETI 프로그램을 중단했다. 이제 외계 신호 수색은 주로 외계와의 접촉에 흥미가 있는 백만장자들의 후원을 받아서 완벽한 민간사업으로 진행되는 집착이다. 하지만 그 낙관주의자들은 우리 우주가 항성 간 사교에 알맞은 곳이 아닐지도 모른다는 가능성을 다뤄야 할 수도 있다. 어떤 지적 종이든 그 운명은 외로운 것인지도 모른다.

1994년 가을에 세이건은, 드루얀의 말을 빌리자면, "언제나처럼 동시에 다섯 개의 직업을 건사하느라" 바빴다. 그러던 중 드루얀은 남편의 팔에 난 멍이 없어지지 않고 너무 오래 남는 걸 알아차렸다. 그녀가 설득해서 그는 혈액검사를 받았다. 의사가 드루얀에게 전화를 걸어온 건 그가 여행을 가 있던 때였다.

"칼은 누워 있습니까?" 의사가 물었다.

아뇨, 여행 중이에요, 그녀는 대답했다.

"안심되는군요." 의사가 말했다. "이 혈액검사 결과는 엄청나게 아픈 사람의 결과거든요. 이런 혈액 결과가 나온 사람이 여행을 하는 건 불가능할 겁니다."

세이건은 다시 검사받았다. 1994년 12월, 세이건과 드루얀은 두 사람이 쓴 영화 〈콘택트〉의 각본에 관해서 할리우드 사람들과 전화로 회의를 하고 있었다. 그때 다른 전화가 걸려왔다는 삑 소리가 들렸다. 두 사람은 세이건의 의사가 소식을 전해주기를 기다리던 참이었다.

"나쁜 소식입니다." 의사가 말했다.

골수형성이상. 세이건은 들어보지도 못한 병명이었다. 하지만 현실은 명확했다. 그의 백혈구와 적혈구가 둘 다 심각하게 고갈되었고, 치료를 받지 않는다면 그는 죽을 것이었다. 치료를 받더라도 죽을 수 있었다. 그는 골수이식을 받아야 했다.

두 사람은 의사의 전화를 끊고 할리우드 사람들과의 통화로 돌아가서, 드루얀의 말을 빌리자면, 그냥 영화 이야기를 계속했다.

세이건은 이타카의 집을 떠나 시애틀로 잠시 옮겨 갔다. 그곳의 프레드허친슨암연구센터에서 치료를 받았다. 그가 살기 위해서 필요한 골수를 기증한 사람은 여동생 캐리였다. 몸이 남의 골수를 거부하는 걸 막기 위해서 그는 '생물재해'라는 이름표가 붙은 통 속의 알약 일흔두 알을 한자리에서 삼켜야 했다. 그 약은 그의 면역계를 사실상 싹 제거했으므로, 만약에 그 즉시 골수를 이식받지 않았다면 그는 곧장 죽었을 것이다.

그러는 동안 그는 단 한 마리의 못된 미생물 때문에도 죽을 수 있었다. 그것은 숙연한 형태로 생명의 다양성을 일깨우는 일이었다.

세이건은 병에서 잘 회복하는 듯하다가 지난 12월에 핏속에서 '이상' 세포가 빠르게 증식하고 있다는 걸 확인했다. 한마디로 암이었다. 화학요법을 더 받아야 한다는 뜻이었다. 그는 시애틀로 돌아갔다. 병원 침대에서 그는 〈퍼레이드〉에 실을 감동적인 글을 썼다. "내겐 결과를 간절히 목격하고 싶은 과학적 문제들이 있다. 우리 태양계 속 다른 많은 세상을 탐사하는 일, 다른 곳에서 생명을 찾아보는 일 같은 것들이다."

세이건은 별에 도달하는 꿈을 버리지 않을 것이다. 어쩌면 우리는 소행성을 우주선으로 탈바꿈한 뒤, 그 속에서 에너지를 발굴하면서 망망한 허공을 가로지를 수 있을지도 모른다. 또 어쩌면 우리는 별들 사이에서 인간을 넘어선 다른 무엇으로, 각성한 존재로, 우주적 의식으로, 우주의 마음으로 진화할 운명인지도 모른다. 세이건은 늘 전망을 내다보는 사람이다. 하지만 그는 또한 차갑고 명백한 사실도 잘 안다. 우리가 내다볼 수 있는 미래 내에서는, 인간은 우리은하의 사수자리 나선 팔에 위치한 노란 태양을 도는 바위 행성에 붙박여 있을 것이다. 인류가 타당성 있게 잡을 만한 목표는 지금으로부터 30년 전보다도 오히려 더 축소되었다.

인류는 우선 살아 있기라도 해야 한다.

1983년에 세이건은 다른 공저자들과 함께 대대적으로 홍보된 과학 논문을 발표했다. 그 속에서 그는 핵전쟁의 끝에는 '핵겨울'이 닥칠 것이고 그러면 지구 기온이 급격히 낮아져서 인간이 멸종할지도 모른다고 주장했다. 논문은 격렬한 토론을 일으켰다. 어떤 사람들은 세이건이 사태를 과장한다고 비난했다. 결국 좀 더 세련된 컴퓨터 모형을 썼더니 지구 기온이 그렇게까지 심하게 낮아지진 않을 것이라는 결과가 나왔다. 세이건과 동료들은 결론을 수정해야 했다. 핵겨울이라기보다는 핵가을인 것 같았다. 세이건이 상황의 핵심은 올바르게 맞혔지만 규모를 짐작하는 데는 실수를 저질렀기 때문에, TV 출연에 그렇게 능란한 사람은 필시 무게 없는 과학자일 것이라는 세간의 의혹이 가중되었다.(세이건은 조니 카슨의 〈투나잇 쇼〉에 하도 많이 출연했기 때문에 천문학의 조이스 브러더스Joyce Brothers, 1927~2013. 대중 강연을 많이 한 심리학자라는 별명을 얻었다.)

1992년, 세이건의 이름은 미국 국립과학아카데미의 회원으로 선출될 후보자 60명 중 하나로 꼽혔다. 나머지 59명은 일사천리로 통과되었다. 하지만 누군가 세이건을 반대했다.

세이건을 변호한 사람은 생명의 기원에 관한 선구적 연구를 수행했던 화학자 스탠리 밀러였다. 밀러는 금성 대기 연구 같은 세이건의 과학 연구가 종종 간과된다고 믿었다. 반면 세이건 반대파는 그의 경력에서 솜털 같은 부분을 날려버리고 나면 그 밑에 남는 견고한 과학은 얼마 되지 않을 것이라고 반론했다.

그 자리에 참석했던 한 회원은 이렇게 말했다. "만일 그가 텔레비전에 나오지 않았다면 아마 문제없이 아카데미에 들었을 겁니다."

세이건의 가입은 부결되었다.

세이건은 맹세코 그 모욕을 곱씹지 않는다고 말한다. 자신은 그 이전부터도 아카데미에 영영 가입할 수 없으리라 생각해왔다고 말한다.

"그 결정은 꽤 늦은 것 같았습니다." 그의 말이다. "저는 제 가입에 반대하는 사람들이 있다는 사실보다 그게 아직도 살아 있는 문제라는 사실에 더 놀랐습니다."

드루얀은 그 시기를 이렇게 말한다. "괴로웠어요. 청하지도 않은 일로 모욕을 당한 것 같았죠. 우리는 아무것도 잘못한 게 없었어요. 이이는 아무것도 잘못한 게 없었어요. 당시 참석했던 이들의 말을 듣자면, 앙심 같은 게 있었던 게 분명해요."

그녀는 단순한 질투였을 것이라고 말한다. "'나도 책을 썼는데 왜 내 책은 베스트셀러가 안 되지?' 하고 생각한 사람이 몇 있었던 것 같아요."

세이건은 자신의 경이롭도록 넓은 범위가 약점으로 보일 수 있다는 사실을 인정한다. "폭과 깊이의 균형을 맞추는 게 늘 중요하죠. 누구나 시간과 능력이 제약되어 있는 법입니다. 폭에 많은 시간을 쏟으면 깊이를 다소 잃을 수밖에 없다는 건 엄연한 사실이죠……. 하지만 전 좁게

국한된 분야에서 머물다가 질려서 생산성이 떨어지는 과학자들도 봤습니다."

아카데미가 세이건을 거부한 건, 다른 건 차치하더라도 최소한 충격적이리만치 배은망덕한 일로 해석될 수 있다. 세이건은 살아 있는 다른 어느 과학자보다도 과학을 선전하는 데, 과학을 낭만적이고 흥미로운 일로 묘사하는 데, 사람들이 과학을 좋아하게 만드는 데 애써왔다.

"자살적인 측면이 있습니다." 세이건은 말한다. "과학은 과거 어느 때보다도 공적 자금에 크게 의존하고 있습니다. 따라서 과학을 계속하려면 대중의 지지에 의지해야 합니다. 그런데 대중이 과학을 이해하지 못한다면 어떻게 그걸 지지하겠습니까?"

그로부터 두어 해 뒤, 아카데미는 세이건의 교육적 노고를 기려 공공복지메달을 수여함으로써 끝내 세이건을 (투표권은 없는) 명예 회원으로 받아들였다. 시상 이유는 이랬다. "과학의 경이·흥분·즐거움을 알리는 데 있어서 칼 세이건을 비롯한 몇몇 사람보다 폭넓게 전달하는 데 성공한 예는 없었다."

새 책 『악령이 출몰하는 세상』에서 그는 어느 때보다도 논리 정연하게 과학적 기법을 선전한다. 짧은 에세이들로 이뤄진 책의 주제는, 외계인 납치부터 악마 숭배 의식으로 아동을 학대했던 기억이 "회복"되었다는 주장까지, 다양한 사이비 과학이 얼마나 멍청한 소리인지 보여주는 것이다. 책은 또한 세이건의 다른 책들보다 좀 더 어둡고 심각하며, 좌절의 기미도 약간 느껴진다. 세이건은 아리스토텔레스 이래 2500년이나 과학적 탐구가 진행되어왔는데도 불구하고 아직도 그걸 받아들이지 못한 채 신화, 미신, 초자연현상을 선호하며 과학을 기각하는 사람들이 있다는 데 놀란 듯하다.

우주에서 외계인의 신호를 찾으려고 애써온 이 사람은, 외계인이 자기를 비행접시로 쏘아 올려서 외과 실험을 실시하거나 섹스를 했다고 믿는 사람들이 이렇게 많다는 데 경각심을 느낀다. 그런 일은 일어나지 않았다고 세이건은 말한다.

"가장 기본적인 물리학적 사실들은 금지명령의 형태로 쓰일 수 있는 게 많습니다." 그의 말이다. "너희는 빛보다 빠르게 달리지 말지어다. 너희는 전자의 위치와 운동량을 어떤 정확성으로든 동시에 측정할 수 없을지어다. 너희는 영구운동 기계를 제작할 수 없을지어다……. 많은 사람이—이를테면 뉴에이지 신봉자들이—이 사실을 짜증스러워합니다. 그들은 모든 게 다 가능하다고 생각합니다."

세이건은 모든 게 가능하다고는 생각하지 않는다. 하지만 모든 걸 의심할 수 있다고는 생각한다. 신마저도. 자신이 무신론자는 아니라고 말하는 세이건에게 이것은 좀 미묘한 주제다.

"무신론자가 되려면 제가 아는 것보다 훨씬 더 많이 알아야 합니다. 무신론자는 세상에 신이 존재하지 않는다는 사실을 아는 사람이죠."

〈퍼레이드〉에 자신의 병에 대한 글을 쓴 뒤 그는 수백 통의 독자 편지를 받았다. 그중 많은 수는 그가 창조주와 사후생의 존재를 의심한 데에 이의를 제기하는 내용이었다. 그런 편지를 쓴 사람들은 그에게 언젠가는 그도 죽을 테고 그러면 신 앞에 서게 되리라고 말했다. 그러면서 물었다. "그때 그분께 뭐라고 말할 건가요?"

세이건은 벌써 답을 안다. "제 앞에 나타나는 데 왜 이렇게 오래 걸렸습니까?"

세이건에게는 단순한 문제다. 과학자에게는 증거가 필요하다. 믿음은 이 게임의 일부가 아니다.

이런 공리는 큰 문제에도 작은 문제에도 두루 적용된다. 한번은 세이건이 장거리전화로 웬 기자와 통화할 때 뒤에서 초인종 소리가 울렸다. 해충구제업자가 왕개미를 잡을 살충제를 뿌리려고 들른 것이었다. 세이건이 그 남자를 닦아세우는 소리를 기자는 전화 너머로 다 들었다.

"뭘 뿌리는 겁니까? 무슨 화학물질인가요? 구조를 압니까? 화학 구조식을 압니까?"

해충구제업자는 화학물질의 이름을 댔다.

"그건 이름일 뿐이죠. 분자구조를 그린 그림 없습니까?"

해충구제업자는 간신히 그림을 내놓았다. 세이건은 그 분자를 승인했다.

많은 면에서 세이건은 이미 과거의 인물이다. 먼 미래를 내다보고 먼 우주를 내다보는 그는 우주 시대를 이끈 주도자 중 한 명인데, 그 우주 시대는 어떤 의미에서 이미 막을 내렸다. 그것은 1950년대 말에 시작되어 1970년대 혹은 1980년대 어느 시점에 끝난 과거의 시대다. 1962년에 NASA는 1970년대 말까지 우주인 여덟 명을 화성으로 보내겠다는 계획을 세웠다. 1973년에 낸 책 『우주적 연결』에서 세이건은 1980년대가 되면 달에 반영구 기지가 세워질 것이고, 달의 자식들은 지구를 '고국'이라고 부르게 될 것이라고 예측했다. 그의 그런 낙관론도 스탠리 큐브릭에 비하면 아무것도 아니었다. 세이건에 따르면 그 영화감독은 1960년대 말에 런던 로이드 보험사에 〈2001: 스페이스 오디세이〉를 찍는 동안 외계 생명이 발견될 가능성에 대비하여 보험을 들어달라고 요청했다. 큐브릭은 정말 외계인과의 접촉이 이뤄진다면 그 접촉이 2001년에야 이뤄질 것이라고 말한 영화의 플롯이 망한 이야기가 될까 봐 걱정했던 것이다.

이제 그런 꿈은 케케묵은 이야기로 들린다. NASA는 아무 데로도 진출하지 않는 우주왕복선에 돈을 쓴다. 우주 시대는 1960년대의 착상이었고, 지금은 그 용어 자체도 좀 과장된 것처럼 들린다.(우리는 이미 정보 시대로 넘어갔다.)

세이건은 인간이 "시험 삼아 몇 발자국 떼어보고는 그만 숨이 가빠져서 어머니의 안전한 치맛자락으로 후퇴한 아기"를 닮았다고 말한다.

하지만 우주 유인 탐사가 중단된 이유는 용기 부족 때문만은 아니었다. 재정적, 정치적, 심지어 천체물리학적 현실도 후퇴를 거들었다. 이제 누구나 아는 사실이지만, 아폴로 프로그램은 냉전의 연장이었다. 그리고 소련이 붕괴한 오늘날에는 화성이나 다른 먼 세상으로 가는 데 1000억 달러를 쓰는 걸 정당화할 단기적인 정치적 혹은 경제적 이유가 없다. 우주는 다시 접근 불가능한 장소가 된 듯하다. 아폴로 우주인들은 늙수그레한 노인이 되었다.

그래도 세이건은 우주 시대의 기대가 현실화되지 않은 데 대해 아직은 실망하지 않으려 한다.

이유를 설명하기 위해서 그는 아폴로 프로그램 이후에 행성과학이 밝혀낸 세 가지 중요한 과학적 발견으로 꼽는 것들을 하나씩 열거한다. 그중 첫 번째 발견, 즉 우리 태양계에 눈에 띄는 다른 생명이 없다는 발견만이 실망스러운 사실이다. 하지만 두 번째 발견은 우주에 유기 분자가 가득하다는 것이다. 생명의 발생에 꼭 필요하거나 적어도 대단히 유용할 것으로 보이는 크고 무거운 탄소 분자들이 가득하다는 것이다.

"혜성은 4분의 1이 유기물질로 이뤄져 있습니다. 바깥 태양계의 많은 천체에는 어두운 유기물질이 덮여 있습니다. 타이탄에서는 유기물질이 꼭 천국에서 내려오는 만나처럼 하늘에서 떨어집니다. 차고 희박한 성간 기체에도 유기물이 담겨 있습니다." 그는 말한다. "생명을 구성하는 물질을 얻는 데 장애물은 없는 것 같습니다."

마지막으로 세 번째 발견이 있다. 우주에는 그런 생명의 구성 물질들이 착륙하고 축적되어 자기 복제와 돌연변이와 진화를 겪는 유기체로 바뀌어 나갈 수 있는 장소가 잔뜩 있다는 것이다. 천문학자들은 이제 별에게 행성계가 딸려 있는 것은 흔한 일이라는 가설을 지지하는 증거를 풍성하게 찾아냈다. 지난 6개월 동안에만도 다른 별 주변을 도는 거대한 행성 다섯 개를—혹은 행성을 쏙 빼닮은 움직임을 보이는 천체를—새로 발견했다.

그러니 세이건은 생명에 대해 희망적이다. 1960년만큼이나 낙관적이다.

"변한 건 아무것도 없습니다." 그는 말한다.

세이건은 목성의 위성 유로파나 토성의 거대 위성 타이탄에 생명이 있을 가능성에 대한 희망을 아직 품고 있다. 아니면 지금 화성을 향해서 항해하는 탐사선들이—지난 몇 년 동안 여러 나라가 계획한 무인 탐사 사업이 약 20개나 되어 이제 진정한 우주선 함대가 구축되었다—그곳에서 옛 화성 생명의 흔적을 발굴할지도 모른다는 희망을 품고 있다.

설령 그것이 발견되지 않더라도 세이건은 초연하다. 그는 태양계의 다른 장소에 생명의 증거가 없는 현 상태가 오히려 다른 행성으로 인간을 보낼 동기를 북돋는다고 말한다. 다른 환경들이 황량하다면, 우리 우주선에 밀항한 미생물이 희귀하고 기이한 외계 생명을 무심코 죽일 위험은 없기 때문이다. 그리고 그는 소행성이나 혜성이 지구에 부딪쳐 재앙을 일으킬 가능성에 대비한 보험으로서라도 우리가 다른 세상에 정착하는 게 현실적으로 유익한 전략이라고 주장한다.

"우리가 아는 한, 최소한 지금까지는 태양계에 다른 생명은 없다. 미생물 한 마리도 없다. 지구 생명뿐이다." 그는 『창백한 푸른 점』에서 이렇게 말했다. 그 뒤에 이어지는 말은 그야말로 세이건다운 말이다. "그럴 경우 나는 지구 생명을 대신하여 이렇게 촉구한다. 우리는 자신의 한계를 충분히 이해하면서도 태양계에 대한 지식을 늘린 뒤 다른 세상에 정착하기 시작해야 한다고."

누군가는 지구 생명을 대신하여 말해야 한다. 그 누구가 칼 세이건인 편이 좋을 것이다.

몇 주 전 세이건은 이타카의 집으로 돌아왔다. 피를 샅샅이 뒤져서 이상 세포를 수색한 뒤였고, 그의 머리카락은 도로 자라기 시작했다. 그는 자신이 다시 아플 수 있다는 걸 안다. 그는 죽을 수도 있다. 드루얀은 간담이 서늘했었다고 말한다. 하지만 남편이 완벽하게 회복할 것이라는 데 내기를 걸겠다고 말한다. 왜냐하면 그는 살아야 할 이유가 너무 많기 때문이다. 답을 알아내지 못한 질문이 너무 많기 때문이다.

그는 다시 열정적으로 일하고 있다. '수명이 길지만 우주여행을 하지 않는 은하 문명의 희귀성에 대하여On the Rarity of Long-Lived, Non-Spacefaring Galactic Civilizations'라는 제목의 논문을 막 다 썼다. 그의 실험실은 타이탄 대기를 재현하려고 노력하고 있다. 그곳에 비록 생명은 없을지라도 유기 분자는 많다. "타이탄은 이 맥락에서 엄청나게 흥미로운 곳입니다." 세이건의 말이다.

그러는 동안에도 그는 내내 지구의 생명에 감사한다. 자신의 생명에, 가족의 생명에. 62년의 근사한 인생을 살아온 지금, 그에게는 다섯 살 아들과 열세 살 딸을 포함하여 다섯 아이가 있으며 그가 한때 이런 헌사를 바쳤던 아내가 있다. "광막한 공간과 영겁의 시간 속에서 행성

하나와 찰나의 순간을 앤과 공유할 수 있었음은 나에게 커다란 기쁨이었다."

이 행성에서, 이 순간, 생명을 찾는 칼 세이건의 노력은 계속된다.

태양계 마지막 대변인

우리 시대 과학의 얼굴 혹은 대변인을 뽑으라면 누가 후보에 오를까. 물리학자로는 물론 알베르트 아인슈타인이 첫손가락에 꼽힐 테지만, 그 밖에 유쾌한 천재의 전형인 리처드 파인먼, 육체의 역경을 딛는 정신의 탁월함을 상징하는 스티븐 호킹도 물망에 오를 것이다. 생물학자로는 '이기적 유전자'와 '전투적 무신론자'의 아이콘 리처드 도킨스가 있겠고, 대변인의 작업에 좀 더 충실한 이를 떠올리자면 지극히 우리 시대적 현상인 자연 다큐멘터리의 간판 해설자이자 동물학자 데이비드 애튼버러도 있다.

훌륭한 대변인에게는 여러 자질이 필요하다. 제 분야의, 그러니까 이 경우에는 과학의 지형도와 역사를 꿰고 있어야 함은 물론이려니와 사회와 예술에도 교양이 있어야 한다. 그러지 않고서야 어떻게 다른 언어를 쓰는 것이나 다름없는 다른 분야의 전문가들과 과학을 따로 공부한 적 없는 대중에게 말을 걸겠는가. 나아가 그가 제 분야에서도 뛰어난 전문가라면 더 좋을 테고, 연구와 외부 활동 양쪽에 관여하여 과학의 이상과 현실 사이에서 균형 잡힌 사람이라면 더 좋을 것이다. 그러고도 또 바란다면 호감 가는 친근한 인상일 것. 물론 말을 잘하는 것도 중요하겠다. 아무리 자질이 뛰어난 이라도 눌변이어서야 곤란하리라.

이런 모든 측면에서 총평하자면, 결론적으로 칼 세이건만 한 적임자는 없다. 올가을에 〈경향신문〉은 출판계 전문가들의 추천을 받아 1945년 해방 이후 우리 사회에 가장 큰 영향을 미친 책을 뽑아 보았는데, 그중 제일 많은 추천을 받은 상위 스물다섯 권 목록에 포함된 두 권의 과학책 중 한 권이 세이건의 『코스모스』였다.(다른 한 권은 도킨스의 『이기적 유전자』였다.) 『코스모스』는 미국뿐 아니라 우리나라에서도 우리 시대에 가장 큰 영향을 미친 과학책이라 말해도 과장이 아닌 것이다. 그러니 그 저자인 세이건은 우리 시대 과학의 얼굴이자 대변인이라 해도 무리한 말이 아닐 것이다.

위에서 언급된 후보들이 나름대로 제각각 대중에게 잘 알리긴 했으나 그 누구보다도 세이건이 더 잘 알렸던 메시지, 그것은 바로 과학이 안기는 경이로움과 과학에 기댄 합리적 사고방식의 중요성이었다. 『코스모스』와 『창백한 푸른 점』은 과학의 경이를 예찬하는 송가였고, 『악령이 출몰하는 세상』은 어두운 세상을 헤쳐가는 데 지팡이가 되어주는 수단으로서 과학적 회의주의를 지지하는 호소문이었다. 이 책 『칼 세이건의 말』에서도 가장 뚜렷하게 드러난 세이건의 핵심 메시지는 그 두 가지다.

그런데 세이건이 과학의 대변인으로서 갖춘 자질 중 가장 돋보이는 것은 무엇보다도 일단 '기꺼이 말하려는 자세'였다. 이 책의 한 인터뷰에서도 이야기했듯이, 세이건은 과학자들에게는 자신들의 연구가 어떤 내용이고 어떤 의미인지를 대중에게 알릴 필요가 있다고 믿었다. 심지어 그것이 의무라고까지 믿었다. 그는 과학에 속속들이 의존한 현대사회에서, 더구나 정책 결정의 궁극적 권한이 시민들에게 있는 민주주의 사회에서 보통 사람들이 과학을 알지 못하는 것은 재앙으로 가는 지름길이라고 여겼다. 과학자는 자신의 연구에 적절한 사회적 지원을 얻기 위해서라도, 또한 과학자이기 이전에 한 명의 시민으로서 사회적 도리를 다하기 위해서라도 자신이 아는 것을 남들에게 알려서 모두에게 도움이 되도록 해야 한다고, 그는 믿었다.

세이건의 이런 신념에 다른 과학자들이 모두 동감한 것은 아니었다. 유독 과학자 세계에서는 앞에 나서서 말하는 사람을 일단 경계하고 보는 분위기가 강하다. 모름지기 과학자라면 증거로, 수치로, 사실로 말해야지 쇼맨이 되어서는 안 된다는 것이다. 그야 물론, 과학자가 제 전문성 덕분에 얻기 마련인 발언의 무게감을 그릇되거나 혼란스러운 방식으로 활용하는 것은 위험한 일이다. '잘 말하는 것'이 중요하다. 그리고 세이건이 얼마나 '잘 말하는지'는, 이 책을 읽는 독자라면 누구나 알 수 있을 것이다. 그가 어린아이들의 지성을 얕잡지 않으면서도 그들에게 얼마나 쉽게 과학을 설명했는지를, 과학을 의심하는 사람들을 적으로 돌리지 않으면서도 얼마나 단호하게 그들의 오류를 지적했는지를, TV와 라디오에서는 얼마나 능란하게 청취자의 관심을 붙잡아둘 줄 알았는지를.

만일 살아 있었다면 올해로 여든두 살이었을 세이건은, 21세기 들어 더욱 반지성주의와 종교적 근본주의가 횡행하는 오늘날의 세상을 보고서, 그러니까 더더욱 과학자들이 나서서 말해야 한다고 주장했을 것이다. 이 책에서도 여러 차례 언급했듯이, 그는 과학적 합리주의와 민주주의는 같은 가치들을 공유하기 때문에 우리가 어느 한쪽만 가질 수는 없을 것이라고 주장했다. 그는 우리가 후자를 강화하기 위해서라도 전자를 강화해야 하며, 그러기 위해서는 과학자들이 정치와 경제와 환경에 대해서 좀 더 많은 말을 좀 더 넓은 청중에게 건네야 한다고 믿었다.

생물학자 도킨스는 만일 세이건이 아직 살아 있었다면 그를 반드시 노벨문학상 후보로 추천하겠다고 말한 적이 있다. 세이건이 쓴 글들은 훌륭한 과학일뿐더러 훌륭한 문학이기도 하다는 것이다. 세이건은 이미 우리 곁에 없다. 올해 12월로 그는 사망한 지 꼭 20주년이 된다. 그러니 그가 노벨문학상을 받는 최초의 과학자가 될 일도, 우리가 그의 근사한 목소리를 더 들을 일도 없다.

그러나 어쩌면 그 사실을 크게 안타까워할 필요는 없을지도 모른다. 잘 알려져 있듯이, 인류가 만든 인공물로서는 최초로 우리 태양계를 벗어나 별들 사이의 우주로 진입한 우주선 보이저 1호에는 세이건이 제작을 지휘했던 '골든 레코드'가 실려 있다. 그 안에 세이건의 육성이 담겨 있진 않지만(대신 그의 아들 닉 세이건이 영어로 "지구의 어린이들이 인사를 보냅니다"라고 말한 녹음이 실려 있다), 그 레코드에 기록된 모든 음악과 사진, 인류의 역사와 과학에 관한 모든 정보는 세이건이 취합한 것이었다. 언젠가 인류와 지구와 태양계마저 사라지더라도 마지막으로 남을 그 메시지, 어쩌면 언젠가 기적적으로 우주의 어느 외계인에게 인류를 소개할지도 모르는 그 메시지, 그것은 바로 세이건이 남긴 말이다. 세이건은 우리 시대 과학을 대표하는 대변인인 것을 넘어서 인류를 대표하는 대변인인 셈이다. 이 책에도 살아 있는 그 목소리, 그것은 곧 낭만과

쓸모를 둘 다 간직하고서 사회와 긍정적으로 상호작용하는 과학이 들려주는 목소리다. 최선의 과학의 목소리다.

2016년 11월

김명남

연보

1934년 11월 9일, 칼 에드워드 세이건이 새뮤얼 세이건과 레이철 그루버 세이건의 아들로 뉴욕에서 태어나다.

1954년 시카고대학교에서 문학사 학위를 받고 우등으로 졸업하다.

1955년 시카고대학교에서 두 번째 학사 학위(물리학 전공)를 받고, 대학원에 입학하다.

1956년 시카고대학교에서 물리학 석사 학위를 받다.

1957년 린 알렉산더가 시카고대학교를 졸업한 직후에 그녀와 결혼하다. 세이건이 처음 발표한 글인 논문 「복사와 유전자의 기원Radiation and the Origin of the Gene」이 학술지 〈진화Evolution〉에 실리다.

1959년 아들 도리언이 태어나다.

1960년 시카고대학교에서 천문학 및 천체물리학으로 박사 학위를 받다. 학위논문 「행성의 물리적 연구」는 외계 생명의 가능성을 어느 정도 깊이 있게 다룬 내용이었다. 아들 제러미가 태어나다.

1960~1962년 캘리포니아대학교 버클리 캠퍼스 천문학과에서 밀러 연구 교수로 일하다. 아내 린은 그곳에서 생물학 박사 학위 연구를 했다.

1961년 『화성과 금성의 대기: 우주과학위원회의 행성 대기 특별 위원단의 보고서The Atmospheres of Mars and Venus: A Report by the Ad Hoc Panel on Planetary Atmospheres of the Space Science Board』(W. W. 켈로그와 공저)가 국립과학아카데미에서 출간되다. 이즈음 벌써 세이건은 금성의 뜨거운 대기가 온실효과 탓이라는 이론을 주장하는 것으로 사람들에게 알려졌다. 이 견해는 훗날 그의 환경 운동 활동에서 중요한 역할을 한다.

1962~1968년 하버드대학교 천문학과의 조교수 겸 스미스소니언연구소의 상주 천체물리학자로, 그리고 학술지 〈이카루스〉의 보조 편집자로 일하다.

1963년 『우주의 지적 생명』(소련 과학자 이오시프 S. 시클롭스키와 공저)이 출간되다. 세이건과 린 알렉산더는 이혼했고, 알렉산더는 같은 해 캘리포니아대학교 버클리 캠퍼스에서 생물학 박사 학위를 받다. 그녀는 이후 린 마굴리스라는 이름으로 알려진 유명 생물학자가 되어 31권의 책과 80편이 넘는 논문을 썼다.

1966년 타임-라이프 과학 라이브러리 시리즈 중 한 권인 『행성The Planets』(프리랜서 작가 조너선 레너드와 공저)이 출간되다.

2월, 미국 공군의 UFO 목격담 기록 문서 『프로젝트 블루북』을 검토한 특별 위원회에서 일하다. 위원회는 "19년 동안 1만 건이 넘는 목격담이 기록되고 분류되었으나 현재 알려진 과학기술의 틀을 명백하게 벗어나되 실증적으로 확인되고 완벽하게 만족스러운 증거가 있는 사례는 단 하나도 없는 듯하다"라고 결론 내렸다.

1968년 화가 린다 살츠먼과 결혼하다.

1968~1970년 하버드대학교를 떠나 코넬대학교에서 조교수로 일하다.

1968~1979년 〈이카루스〉의 편집장으로 승진하다.

1970년 오리건주립대학 천체지질학과에서 했던 연속 강연이 『행성 탐사: 콘던 강의Planetary Exploration: The Condon Lectures』라는 책으로 출간되다. NASA가 주는 아폴로상을 받다. 아들 니컬러스가 태어나다.

1970~1976년 코넬대학교에서 천문학 및 우주과학 정교수가 되다.

1971년 『행성의 대기Planetary Atmospheres』(토비아스 오언과 할런 J. 스미스와 공동으로 엮은 선집), 『우주 연구 XI Space Research XI』(키릴 콘드라티예프와 마이클 라이크로프트와 공동으로 엮은 두 권짜리 선집)이 출간되다.

1972년 『UFO: 과학적 토론UFOs: A Scientific Debate』(동료 천문학자 손턴 페이지와 공동으로 엮은 선집)이 출간되다.

1973년 『외계 지적 생명과의 소통Communication with Extraterrestrial Intelligence』

(세이건이 엮은 선집), 『화성과 인간의 정신Mars and the Mind of Man』(레이 브래드버리, 아서 C. 클라크, 브루스 머리, 월터 설리번과 공저), 『지구 너머의 생명과 인간의 정신Life Beyond Earth and the Mind of Man』(리처드 베렌젠, 애슐리 몬터규, 필립 모리슨, 크리스테르 스텐달, 조지 월드와 공저), 『우주적 연결』이 출간되다. 세이건은 이미 많은 글을 쓴 작가이자 과학자로서 약간은 유명 인사에 가까웠지만, 우주탐사 전반과 특히 SETI의 가치를 씩씩하고 유창하게 옹호한 책 『우주적 연결』이 출간되고서야 비로소 평생 유지할 과학 홍보 대사의 자리에 올랐다.

1975년 미국과학진흥회 천문학 분과의 분과장으로 일하다. 『다른 세상들Other Worlds』이 출간되어 세이건의 페르소나에서 또 다른 측면, 즉 과학의 굳건한 옹호자이자 사이비 과학의 단호한 반대자로서의 면모를 보여주다. 이 책은 주로 임마누일 벨리콥스키(『충돌하는 세계』)와 에리히 폰 데니켄(『신들의 전차Chariots of the Gods?』)의 이론에 반대하는 내용이다.

1975~1985년 스미스소니언연구소 협의회의 정회원으로 일하다.

1975~1976년 미국천문학회 산하 행성과학 분과의 분과장으로 일하다.

1976~1996년 코넬대학교에서 데이비드 덩컨 천문학 및 우주과학 교수가 되다. 대단히 영예롭고 주목받는 이 교수직을 그는 이후 평생 유지했다.

1977년 『에덴의 용』이 출간되다. 이 책에서 세이건은 과학 글쓰기의 영역을 성공적으로 넓혀 천문학과 비교적 관계가 먼 과학 분야로도 진출했다. 앤 드루얀과 보이저 골든 레코드 프로젝트를 함께한 것을 시작으로 평생의 공동 작업을 개시하다.

1977~1979년 NASA의 '기계 지능과 로봇 공학에 관한 연구 그룹'의 의장으로 일하다.

1978년 『에덴의 용』으로 퓰리처상을 받다. 『지구의 속삭임』(프랭크 드레이크, 앤 드루얀, 존 롬버그, 티머시 페리스와 공저)이 출간되다. ABC 뉴스의 〈20/20〉 프로그램에서 과학 통신원으로 일하다.

1979년 아버지 새뮤얼 세이건이 사망하다. 『브로카의 뇌』가 출간되다. 이 책에서 그는 폭넓은 과학적 주제를 다루되—천문학에 집중했지만 다른 분야로도(진화생물학에서 인공지능까지) 진출했다—인간성과 우주에 관한 개인적 감상의 맥락 속에서 논했다.

1980년 PBS 미니시리즈 〈코스모스〉가 방영되었고, 그 짝이 되는 책 『코스모스』도 출간되다. 세이건은 〈코스모스〉의 성공으로 유명 인사 지위를 다져, 미국에서 살아 있는 과학자 중 가장 유명한 사람이 되었다.

1980~1996년 행성협회 회장으로 일하다.

1981년 〈코스모스〉로 피바디상을 받다. 린다 살츠먼과 이혼하고 앤 드루얀과 결혼하다.

1982년 어머니 레이철 세이건이 사망하다. 딸 알렉산드라(사샤)가 태어나다.

1982~1996년 카네기멜론대학교의 로봇공학연구소에서 특별 연구원으로 일하다. 캘리포니아공과대학의 제트추진연구소에서 초빙 과학자로 일하다.

1984년 『핵겨울』(폴 R. 에를리히, 도널드 케네디, 월터 오어 로버츠와 공저)이 출간되다. 경력의 이즈음에서 세이건은 이미 핵 감축의 옹호자이자—"핵겨울"이라는 표현이 만들어지는 데 중요한 역할을 했다—환경적 지속 가능성의 옹호자가 되어 있었다.

1985년 『혜성』(앤 드루얀과 공저), 『콘택트』가 출간되다. 『콘택트』는 세이건이 쓴 스물여섯 권의 책 가운데 유일한 소설이다.

1988~1996년 '인간 생존에 관해 논의하는 정신적 지도자들과 의회 지도자들의 세계 포럼'에서 공동 의장으로 임명되다.

1989년 『아무도 상상하지 못했던 길: 핵겨울과 군비 경쟁의 종말A Path Where No Man Thought: Nuclear Winter and the End of the Arms Race』(대기과학자 리처드 터코와 공저)이 출간되다.

1991년 아들 새뮤얼이 태어나다.

1992년 『잊혀진 조상의 그림자』(앤 드루얀과 공저)가 출간되다. 1977년 퓰리처상 수상작인 『에덴의 용』에 이어 인류의 진화를 다룬 두 번째 책이다.

1994년 『창백한 푸른 점』이 출간되다. 이전에도 세이건은 환경적 지속 가능성에 대한 글을 자주 썼지만, 이 책에서 지구의 심대한 취약성과 인류를 위해 지구를 보호해야 할 필요성을 제일 강하게 주장했다. 끝내 그의 목숨을 앗아 갈 희귀한 질병인 골수형성이상을 진단받다.

1995년 『악령이 출몰하는 세상』이 출간되다. 회의주의를 옹호하고 사이비 과학을 비판한 책이다.

1996년 12월 20일, 칼 세이건이 골수형성이상으로 인한 폐렴으로 사망하다.

1997년 『에필로그』가 출간되다. 『콘택트』를 원작으로 삼고 조디 포스터가 출연한 영화 〈콘택트〉가 개봉하다.

1 Jack Rightmyer, "Stars in His Eyes," *Hightlights for Children*, January 1997.

2 Lynda Obst, "Valentine to Science," *Interview*, February 1996.

3 Stephen Budiansky, "Keeper of the Flame," *U.S. News and World Report*, March 18, 1996.

4 Obst, 앞의 글.

5 Rightmyer, 앞의 글.

6 앞의 글.

7 Boyce Rensberger, "Carl Sagan: Obliged to Explain," *New York Times*, May 29, 1977.

8 Obst, 앞의 글.

9 William Poundstone, *Carl Sagan: A Life in the Cosmos*, New York: Holt, 1999. (윌리엄 파운드스톤, 『칼 세이건』, 안인희 옮김, 동녘사이언스, 2007.)

10 Glenn Collins, "The Sagans: Fiction and Fact and Back Again," *New York Times,* September 30, 1985.

11 Jim Dawson, "The Demon-haunted World," *Minneapolis Star-Tribune*, March 2, 1996.

12 Terry Gross, *NPR Fresh Air*, May 29, 1996.

13 Obst, 앞의 글.

14 앞의 글.

15 Budiansky, 앞의 글.

16 앞의 글.

17 Anne Kalosh, "An Interview with Carl Sagan," *The Planetarian*, March 1995.

18 Budiansky, 앞의 글.

19 Carl Sagan, *Pale Blue Dot*, New York: Random House, 1994, pp. 8-9.(칼 세이건, 『창백한 푸른 점』, 현정준 옮김, 사이언스북스, 2001.)

20 "Today's Technology May Find E.T. If He's Out There," *U.S. News and World Report*, October 21, 1985.

21 앞의 글.

22 "Kidnapped by UFOs?: Interview with Carl Sagan," PBS NOVA Online, www.pbs.org/wgbh/nova/aliens/carlsagan.html

23 Ann Druyan, epilogue to *Billions and Billions: Thoughts on Life and Death at the Blink of the Millenium* by Carl Sagan, New York: Random House, 1997.(칼 세이건, 『에필로그』, 김한영 옮김, 사이언스북스, 2001.)

24 Carl Sagan, *The Cosmic Connection*, New York: Doubleday, 1973, p. viii.

ㅅ

ㅇ

ㅈ

ㅊ

ㅋ

책 · 논문 · 편 · 매체명

ㅌ

ㅎ

기타

영화 · 노래 · 방송프로그램명

ㄴ

ㄷ

ㅁ

ㅅ

ㅈ

ㅊ

ㅋ

기타